# 地 质 图

## ——认识地球从这里开始

胡健民等 著

科 学 出 版 社
北 京

## 内 容 简 介

本书是一部普及地质图基本知识的科普图书，从不同角度解读地质图的基本概念、来龙去脉和表达内容，以及地质图的制作与用途；用比较通俗的语言阐述地质图是地质科研、地质资源勘查、地质环境调查等各种地质工作的基础图件。告诉读者，通过地质图可以读懂地球的故事，了解地球的过去、现在和未来，如美丽的阿尔卑斯山是怎么形成的，喜马拉雅山为什么是世界屋脊，以及罗布泊是如何走向干涸。总之，这是一部可供不同年龄层次、不同专业背景的读者阅读的科普读物。

全书图文并茂，语言生动，探索性强，适合自然科学爱好者，尤其对地质科学感兴趣的大众阅读，也可供从事地球科学领域相关工作的人员参考。

**图书在版编目（CIP）数据**

地质图：认识地球从这里开始 / 胡健民等著．—北京：科学出版社，2021.1

ISBN 978-7-03-056190-9

Ⅰ．①地…　Ⅱ．①胡…　Ⅲ．①地质图—基本知识　Ⅳ．① P623.7

中国版本图书馆CIP数据核字（2017）第321154号

责任编辑：王　运 / 责任校对：张小霞
责任印制：吴兆东 / 封面设计：无极书装

科学出版社 出版
北京东黄城根北街16号
邮政编码:100717
http://www.sciencep.com
北京中科印刷有限公司印刷
科学出版社发行　各地新华书店经销
*
2021年1月第　一　版　开本：787 × 1092　1/16
2024年1月第四次印刷　印张：11 1/2
字数：280 000

**定价：168.00元**

（如有印装质量问题，我社负责调换）

# 前　言

《地质图——认识地球从这里开始》是一本扼要介绍地质图和典型地质现象的科普读物。本书没有试图包括地质图的方方面面，而只是涉及了有关地质图的一些最基本的知识和在不同方面的用途。目的是想让读者跟随地质工作者打开的地质图来看地球，通过地质学家的解读，对这颗独一无二的蓝色行星多一些了解；并希望通过对地质科学知识的介绍，引起大家对地球科学的兴趣。

什么是地质图？这个问题在专业教科书里有着标准的答案，但用专业术语来解释未免有些枯燥无趣。你可以试着把它简单理解为一类特殊的地图，在标准的经纬度、地理标志、行政区域划分等基础上，添加了很多诸如地形、岩石、地层、古生物、矿产和地质年代等地质信息。地质图是地质研究成果的载体和集中体现，它不但可以为矿产资源、地质环境和地质灾害的勘查、评价提供基础地质资料，而且可以为创新地质科学理论开启道路。可以说只要有地质工作，就必须绘制地质图件；哪里有地质工作，哪里就有地质图件（李廷栋，2014）。

地质学家们把制作地质图的过程称为“地质填图”，顾名思义是在地形图上填绘上准确的地质信息。听起来和画家作画很类似，但过程却要困难很多。在20世纪90年代初，当我和同事以及学生们开始参与地质填图工作时，我才真正懂得了地质填图，懂得了这一项在所有地质工作中最基础的，然而又最有难度、最艰苦的工作。说它最基础，是因为地质图是从事地质科学研究、找矿、预防各类地质灾害的基础工具，也是所有地质工作的最后总结，是地质工作的结晶和表现。每一个地质学专业的学生，从大学一年级的第一门专业课——普通地质学开始，就要学习阅读和制作地质图，这也是地质学家们的必修课和基本功。如果毕业后从事地质工作，更是完全离不开各种类型、不同比例尺的地质图。说它最有难度，是因为地质填图是一项高度科学集成、要求严格的系统工程，是对某个时期特定区域的地质科研成果的记录，表达了地质学家对该区域地质现象的认识。地球已经经历了46亿年的历史演化，地质现象非常复杂。我们平时在路边看见的大部分岩石、地层已经历了数百万年、数亿年甚至更长时间的地壳运动的改造，多数已不再像它们初始沉积时那样近水平分布，而是被挤压、拉张，从而褶皱、掀斜，或者被切断，或者被深部侵位上来的岩浆岩弄得千疮百孔，更有甚者被强烈的造山作用改造得支离破碎、面目全非。有道是岁月变迁、沧海桑田，我们今天所看见的地球表面洋-陆格局与几亿年、十几亿年之前的洋陆格局完全不同。地质学家们在一个地区填制地质图，就是要把那些经历了复杂历史的地层、岩石、地质构造等，按照规定的比例尺填绘在相应比例尺的地形图上，难度之大可想而知。

不仅如此，在野外填制地质图，地质学家们还要经历各种艰难险阻。现在“驴友”们追求的跋山涉水、风餐露宿的生活，对于地质学家们来讲，只是工作常态，家常便饭。我读大学时曾听老师们讲述过野外地质工作的艰难情形，说者有意但听者无心，当时只当做是野史轶事一笑而过，完全没当回事。等到自己去做填图工作的时候才知道，“艰难”二字并不能准确描述这一项工作的难度。还记得90年代初在秦岭填图时，大家每天背着干粮、水壶和沿途采集的岩石样品穿行在大山深处。秦岭险峻，深处人烟稀少，道路少且险，有一首诗这样描写秦岭大巴山之险峻：“臂挽金盆向九天，横空斜卧水云间。雄拔数岭冲霄汉，傲视双江挽巨澜。野岭蛮荒花有泪，深山寂寞草含冤。君王日日悲白发，恶梦哭折一座山！”（隗合明，《大巴山感怀》）在工作时，能找到一条村民们上山砍柴或者割胶踩出来的小路就是万幸，而这种路往往是断头路，经常是到村民砍柴的地方就截止了。实在没有路时，我们只能穿行在灌木丛中，有时沿着野猪钻行的路弓背弯腰前行。当时正值炎夏，每天正午时分，灌木丛中热气腾腾，热浪一浪高过一浪，至半山腰处，林木茂密闷热难耐。通常到这时候随身带的水基本上已经被喝光了，大家口干舌燥，极易中暑。运气好一点的时候，我们会在山顶附近遇到人家，能有个地方稍事歇息，否则就只能忍耐着，任由汗水肆意流淌，等待着太阳稍稍收起它炽热的光芒。在填图工作的过程中，除了道路险阻和高温酷暑，我们还攀过岩、溜过索道、蹚过冰水，遭遇过山体滑坡、崩塌和突如其来的暴雨冰雹袭击等等。不仅如此，相信那些常年在青藏高原、昆仑、天山、大兴安岭等地区开展地质填图的地质学家们比我们曾经经历过的这些还要艰难。

值得欣慰的是，这些填图工作后来取得了很多的成果。正是一代代地质工作者的艰辛努力，使秦岭和其他神秘的山脉一样，一点一点向我们揭开了它被重重时光掩盖的过往，而这些发现所带来的发自内心的欣喜，是最单纯、最简单的一种快乐，也正是地质学家们能忍受艰苦工作并甘之如饴的原因。

最近几年，我们又在与之前工作地区完全不同的地貌区域填图，很多填图区域没有山石林立，没有高山峡谷，甚至只是一马平川，几乎完全被农田、草原、戈壁荒漠覆盖。很多调查区域所到之处一望无边，竟然看不到一块出露的岩石。于是，新的难题扑面而来，在这样的区域填制地质图，填什么？怎么填？填出来的图有用吗？传统的岩石裸露区的填图手段在这些地貌区域还是否有效？这些问题从立项开始就困扰着大家。但是在这种区域进行地质填图，又是现今国家生态文明建设和生态环境保护迫切需要的。翻开中国地图，可以看到我国重要经济区带主要分布在具有这种地貌特点的地区，如长江三角洲地区、珠江三角洲地区、京津冀地区等经济区。除此之外，一些重大工程建设也亟须查清楚松散沉积层的结构构造。这对地质调查工作提出了新的要求，必须改变原来在岩石裸露区进行地质填图的方法和理念，充分利用新的信息技术与地球探测技术。于是，我们用了几年的时间，在戈壁荒漠，在森林沼泽，在黄土高坡，在河套盆地，在长江三角洲地区、珠江三角洲地区，在喧闹的城市周边，甚至在南极茫茫冰雪之间，与众多地质学家一起探索，终于形成了初步的成果，在这本书里我们将着重介绍的是在这些地区进行的地质填图过程和对这些地质图的解读。

本书大体包括了两部分的内容：一是地质图的基本知识，二是不同地区或者不同类型地质图的解读。非常希望非地质学专业的读者也能通过这本书更多地了解地质学、了解我们所处的环境和我们的地球，但愿我们的目的能达到。

本书作者基本上都是参与中国地质调查局“特殊地区地质填图工程”的科研人员。在初稿交付出版社之际，“特殊地区地质填图工程”的调查与研究成果作为“现代区域地质填图技术方法体系构建与示范”的主要组成部分，入选了中国地质调查局、中国地质科学院2018年度“地质科技十大进展”及中国地质学会2018年度“地质科技十大进展”，这是对过去几年中每一位参与这项艰难探索的地质学家工作的肯定。

胡健民

2020年12月

# 目　录

# 第 1 章　地质图的基本情况

## 1.1　什么是地质图

让我们先来看一下书上的概念：地质图是“一定的符号、颜色和花纹将某一地区各种地质体和地质现象（例如各种地层、岩体、构造、化石、矿床形态等的产状、分布、形成时代及相互关系）按一定比例尺综合概括地投影到地形图上的一种图件”（俞鸿年和卢华复，1986）。

通俗地讲，地质图就是将自然界见到的各种地貌、岩石、地质构造及矿床等，按照它们的形成时代和现在的空间位置与方位，用不同符号、花纹和颜色按一定比例尺表示在地形图上（图 1.1、图 1.2）。

在地图学的分类中，地质图属于专题地图，它能够比文字更清晰、更直接地表示出各种地质体之间的相互关系，一目了然地反映出区域地质基本特征的时空分布规律。

按照用途的不同，常见的地质图可以分为不同的类型。一般按比例尺可划分为小比例尺（1 ∶ 50 万及以下）、中比例尺（1 ∶ 25 万～ 1 ∶ 20 万）和大比例尺（1 ∶ 5 万及以上）地质图。其中，小比例尺地质图一般是世界地质图、洲际或者跨洲地质图以及全国性地质图等，最常见的比例尺有 1 ∶ 1000 万、1 ∶ 500 万、1 ∶ 400 万、1 ∶ 250 万、1 ∶ 100 万及 1 ∶ 50 万等，主要用于表达大区域范围地质特征，提供国家资源环境的宏观战略调查与部署。大中比例尺地质图是国家基本国情调查的基本图件，主要包括 1 ∶ 25 万、1 ∶ 20 万、1 ∶ 10 万和 1 ∶ 5 万的地质图。自 2013 年 8 月起，我国中比例尺区域地质图数据（包括 1 ∶ 20 万地质图及报告、1 ∶ 20 万水文地质图及报告、1 ∶ 25 万地质图及报告、1 ∶ 50 万地质图和矿产资源潜力评价成果中的 1 ∶ 25 万建造构造图）面向社会开放，感兴趣的读者可以在全国地质资料馆及其官网（www.ngac.cn）进行查阅。比例尺更大的地质图，如 1 ∶ 2.5 万、1 ∶ 1 万、1 ∶ 1000 等，多用于矿产资源调查和工程建设等专门用途。

现代地质图正在向着专门化方向发展，种类也越分越细，依据所表达的内容不同可将地质图分为：普通地质图、基岩地质图、第四纪地质图、地质矿产图、岩性 - 岩相分布图、构造地质图、矿产图、古地理图、水文地质图、工程地质图和环境地质图等。随着人类社会和生产的发展，当前地质图的主题呈现出向天体地质图（如月球地质图等）、洋底地质图、城市环境地质图和三维地质图等扩展的趋势。

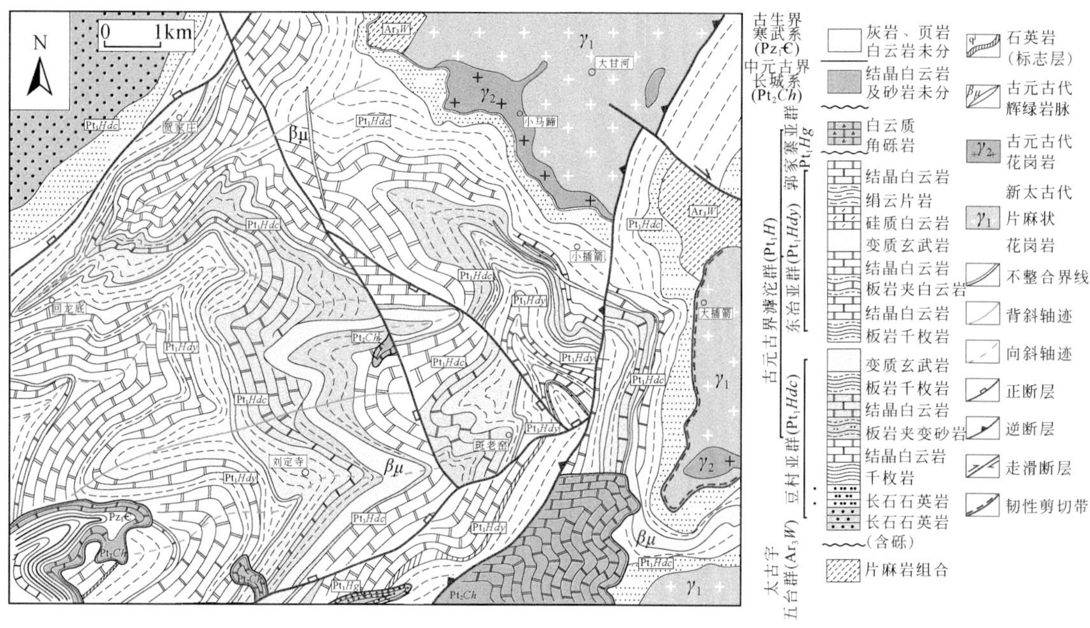


图 1.1 山西云帽山地区地质简图

图 1.2 地质工作者在野外进行地质填图

a. 西南极菲尔德斯半岛野外填图过程中交流（陈惠玲拍摄）；b. 东南极拉斯曼丘陵地区野外地质填图过程中填图人员在午餐时讨论（邓德迎拍摄）；c. 贺兰山地区野外调查（胡健民拍摄）；d. 库布齐沙漠地区野外地质雷达探测（胡健民拍摄）

地质学家们在科学研究中根据研究需要，对地质图的内容和编制方式会有不同侧重。例如在他们的科学论文或研究报告中，地质图主要反映研究区地质概况，与研究内容无关或者关系不大的内容往往不表达或者简略表达，科学研究论文中地质图的比例尺，完全由研究内容的需要确定。

## 1.2　地质图的用途

地质图对国民经济建设、国防建设及科学研究都有着极其重要的参考价值。1903 年，鲁迅先生在他的一篇地质学术论文《中国地质略论》的“绪言”中写道：“入其境，搜其市，无一幅自制之精密地形图，非文明国；无一幅自制之精密地质图（并地文土性等图），非文明国。”可见，地质图可以反映一个国家的地质科技水平和地质研究程度。随着经济社会的发展和科学技术的进步，以及地质工作服务领域的空前扩展，地质图作为地质工作成果的集中体现和服务于经济社会发展的主要工具，受到各国政府及国际地质组织的高度重视。例如，我国全国性地质图曾前后更新过 7 次；法国 1 ∶ 100 万地质图自 19 世纪末至 21 世纪初平均每 20 年修编一次；意大利 1 ∶ 100 万全国地质图也修编过 5 次。每一次修编都会运用一个国家当时最先进的地质理论和制图技艺，综合地质学、地球物理、地球化学等各学科，集中体现一个国家或一个地区的地质研究水平和科技水平。

地质图可以为矿产资源勘查评价提供基础地质资料。地质学家 William Andrew Thomas 甚至在《地质图遇到的挑战》一书中说：“地质图是了解和利用地球唯一的最重要和最有价值的工具。”而随着对矿产资源的迫切要求，各国现在都把编制全国性和地区性地质图作为一项重要的工作。举例来说，矿产分布图上标绘有不同时代、不同类型的岩石和构造，标注有各种矿产及其建造的主要时代，可以用来分析研究矿床形成的地质背景、成矿条件、矿床类型和产出地点。因此，在第二次世界大战战略矿产资源紧缺时期，美国就曾派地质学家为军队编制地质图用于矿产勘查。

各类专题地质图可以为预防地质灾害、国家经济建设和优化地质环境提供科学依据。比如利用不同比例尺的地震地质图、活动构造图和地壳稳定性地质图可以分析地震的时空分布规律、发生的地质背景，为中长期地震预报提供依据；滑坡灾害图可以根据岩石类型、岩石产状和地形坡度评估产生滑坡的可能性；工程地质图和基岩地质图可以为国家大型基础建设，如桥梁、水库、水坝选址提供参考；农业地质图和地质－生态环境图可以用于根据不同岩性和不同性质的土壤来预测适宜生长的植物群落和生态环境；世界冰川图则可以用来探索全球冰盖、冰川的变化及其对气候、环境的影响；城市地质图可以为市政工程设计和施工提供基础资料，为更合理地开发利用城市土地资源、地下空间资源、保护城市环境提供科学依据。

看到这里，非地质学专业的读者们可能会觉得，地质图是专业工具，离自己很遥远，其实不然。或许你确实看不太懂构造地质图或者古地理图，但是还有一些地质图每个人都可以阅读和使用，例如旅游地质图，现今在各大国家地质公园经常可以见到。在图上，通常会标绘地质、地理景观和地质遗迹点，包括湖泊、平原、沙丘、冰川，各种岩石露头、火山、古生物遗存点，各种构造形迹等，可以让人们在旅游娱乐的同时了解地质、地理科学知识。

## 1.3 地质图的发展历史

### 1.3.1 地质图发展概述

有意思的是，最早的一些地质图并不是由地质学家们绘制出来的，而是出自画家、雕塑家、探险家、矿业主和地理学家等人之手，他们完全是被周围的地质现象所吸引，凭兴趣勾绘和填制地质图。后来随着采矿业的发展，人们迫切需要了解地下矿体的空间分布与延伸，所以矿业主和矿山工程师制作了以找矿与采矿为主要目的的地质图。无论从内容还是制作方法上，这些地质图都促进了自然科学包括地质学基础理论的早期发展。

17 世纪，地层学和构造地质学创立，表示矿物－岩性的地质图、表示地层的地质图和原始的构造地质图出现。被称为“匈牙利土地勘探者”的意大利人留吉•费尔兰多•马吉西里（1658 ～ 1730）于 1726 年出版了匈牙利的第一张矿山地质图，其中附有含地质标记的地形图、矿相图以及盐矿平面图和剖面图。英国旅行家和科学家罗伯特•汤逊（1762 ～ 1827）于 1793 年编制了匈牙利第一幅彩色地质图。苏格兰文物收藏家、商人和矿业主、风景画家和雕刻家约翰•克拉克（1782 ～ 1872）则完成了英国最早的地质图。美国地理学者刘易斯•伊万斯 1775 年出版的《中部不列颠科隆里斯地图》一书中出现了美国最早的一张地质图，图中主要刻画了水文学和区域地质学的内容。旅行家 K. 弗朗柯易斯等人编著的《美国的土壤和气象景观》（1803 ～ 1804 年出版）一书中附有一张大西洋与密西西比河之间的区域地图，这幅图上圈定了所见到的花岗质岩石、砂岩、钙质岩和冲积物等的范围。这些早期的萌芽状态的地质图是作为地理游记、探险活动、矿业活动或者自然科学乃至其他学科调查研究的一种手段，记录了人们对地质现象和地质体的认识和解释。

而第一张现代意义上的地质图直到 19 世纪初才产生。1799 ～ 1815 年，英国土木工程师威廉•史密斯（William Smith，1769 ～ 1839）为英国的新运河网勘察地形时，发现国内各地的岩石有时会包含相似的化石，他以此为基础，将不同地方的岩石相关联，创立了“用化石鉴定地层”的方法，建立了一个全面的序列，并于 1813 ～ 1815 年编制并出版了英国第一幅现代意义的地质图，以此奠定了现代地质图填制的基础，威廉•史密斯也因此被誉为英国地层学的奠基人之一。这幅地质图上不仅标出了不同类型的岩石，还注明了它们的时代，并总结提出了比较系统的生物地层学的科学概念。

1881 年，地质年代表在第二届国际地质大会上讨论并建立，开始出现古地理图、岩相图和矿产图。之后，地球的平面地质——地层模式，再加上垂直模式（地质剖面）就成为传统地质填图的基本模式。

20 世纪，自然科学取得了极大的进步，地质填图也迅速发展，各国相继编制了一些小比例尺和特殊目的的图件，如古大地构造图、岩石成因类型图、地貌概要图、新构造

运动图等等。

到了 20 世纪后半叶，海洋地质学、地球化学、地球物理学和深部断裂理论获得了大发展，其间确立了全球构造和板块构造学说。随着新型的构造地质图、大地构造图、断裂构造图、古地磁图等图件的编制出版，地质编图有了飞跃发展。1974 年，环太平洋能源和矿产资源理事会组织实施了"环太平洋编图计划"（The Circum-Pacific Map Project，CPMP），由 50 多个国家 200 多个单位的科学家参与，持续 20 余年，编制了"环太平洋地质图系"。这套地质图系包括了地质、地球物理、地球化学等多学科的内容，由 9 张 1 ∶ 1000 万地质图组成，包括地理底图图系、地理图系、大地构造图系、板块构造图系、地球动力学图系、能源资源图系、矿产资源图系、自然灾害图系。20 世纪 90 年代，美国地质调查局编制了包括太阳系地质图、金星北半球地形图集、月球阴影地形和表面标志图、火星水手号峡谷（Valles Marineris）区地质图、木星最大卫星 Ganymede 地质图的行星地质图系；同一时期，由国际岩石圈计划（ILP）组织实施，开展了全球地学断面编图计划（GGT），在全球共编制了 170 余条地学断面图，涉及区域包括所有大陆、海洋和极地，用于分析研究断面走廊域或岩石圈构造与演化。

进入 21 世纪，地质填图开始更多地采用新技术和新手段，数字填图与智能填图成为新的趋势，传统的手工制图走向计算机数字制图。地质学开始与数学、航空、计算机等学科融合，由专业性向实用性发展，出现了农业地质图、城市地质图、旅游地质图、地质灾害图等。地质图越来越呈现出多学科系列图件的特点，并且由国家级图件向洲际、全球及宇宙天体地质图件发展。与此同时，地质图还开始从地表走向深部，向三维地质图件发展。

### 1.3.2　我国地质图发展简介

我国最早的区域地质图是 1905 年邝荣光编制的 1 ∶ 250 万《直隶地质图》，该图载于 1910 年《地学杂刊》创刊号卷首，目前藏于中国地质图书馆（馆藏档号：P/206/208-71）。1906 年上海普及书局出版了顾琅、周树人（鲁迅）合著的《中国矿产志》，附图《中国矿产全图》是我国编制的首张矿产图。1911 年《地学杂志》又发表了邝荣光编制的《直隶矿产图》。这三张地质、矿产图的编制和出版，被认为是中国区域地质编图工作的开端。

1914 年，丁文江等赴滇、黔、川等地勘查，沿途绘制了多幅 1 ∶ 20 万路线地质图，开创了我国地质填图的先河。

在此之后，我国地质事业先驱翁文灏先生于 1919 年在《地质专报》乙种第一号发表《中国矿产志略》一文，其中附图《中国地质约测图》（1919 年），这是中国学者自己编制的第一张全国地质图（中国地质图书馆藏）。而《北京西山地质图》（1919 年）则是中国人自己测制完成的第一幅 1 ∶ 10 万地质图（全国地质资料馆藏，馆藏档号：X00010541）。在这一阶段，地质图件几乎均为手绘，线条相对简单，以单色图件居多，多色图件绘制上色以水彩颜料为主，使用的纸张较为轻薄，也比较粗糙。地质制图没有绘制标准，比例尺以文字描述为主，其中很多图件为中英双语，绘制的多为区域地质图和矿产地质图。这些手绘地质图件更多地体现了地质前辈们的个人艺术修养。

1936 年，黄汲清发表了《中国地质图着色及符号问题》，南延宗发表了《地质图上

火成岩花纹用法之商榷》，1937 年王炳章发表了《地质图符号着色及花纹之商榷》。这 3 篇文章为中国地质填图统一化和规范化奠定了基础。

从那时开始一直到新中国成立之前，地质学家们所做的一切调查都是以完成全国或者区域地质图为目标。在老一辈地质学家们的艰辛努力下，20 世纪 30 ～ 40 年代，就已经初步查明并建立起了中国地质构造格架、地层系统及不同时代地层的分布状况。1939 年李四光先生所著《中国地质》和 1945 年黄汲清先生所著《中国主要地质构造单位》是对中国地质构造和地层序列的系统总结。《中国主要地质构造单位》附图中的《构造单位图》是我国首份大地构造图。这些都为我国第一代《中国地质图（1 ∶ 300 万）》（中国地质图书馆馆藏）奠定了牢固的基础。这张图以及之前黄汲清先生负责完成的 14 幅区域性 1 ∶ 100 万地质图为我国第一个五年计划的完成做出了重要贡献，也为我国此后地质工作规划和部署提供了重要的基础地质资料。

岁月荏苒，前人故去，图纸仍存。从这些如今看上去非常简略的地质图中，我们依旧能够感受到早期地质学家们的探索创新精神，更能感知在当时的工作条件、科学发展程度下，完成这些地质图所要付出的艰辛劳动。

1959 年，地质部地质研究所组织实施了 1 ∶ 300 万中国“一套图”的编制计划，这套图里包括中国地质图、中国大地构造图、中国内生金属成矿规律略图、中国前寒武纪地质图、中国煤田及煤质预测图。这套图的出版是中国地质填图工作的一个里程碑。

到 20 世纪 80 年代初，我国完成了 1 ∶ 100 万区域地质调查，分省编制了区域地质志和相应的地质图件，并完成了一批全国性和洲际的海、陆地质图和专业性专题地质图集。1980 年，我国首幅计算机辅助绘制的地质图《1 ∶ 200 万中国阴山 - 燕山地质图》完成，数字地质填图逐渐兴起。1992 年，我国完成了首次全海域、多图种的《中国海区及邻域地质 - 地球物理系列图》。此后经过一代又一代地质学家的努力，现在已经完成了我国陆域 1 ∶ 100 万地质图、1 ∶ 20 万地质图、1 ∶ 25 万地质图，基岩出露区 1 ∶ 50000 地质图等大中比例尺地质图，以及各种专业类地质图，如矿产地质图、水文地质图、环境地质图等等。1999 年，利用 GIS 技术编制了全国分省 1 ∶ 50 万数字地质图数据库。这些地质图的完成，基本上查明了我国矿产资源、能源形成以及地质灾害发生的地质条件与地质背景，为国家的经济发展和我国地质科学研究做出了重要贡献。

进入 21 世纪，完成了全国各省区域地质志与系列图件编制，建立了全国范围内的空间数据库。2013 年出版了由任纪舜院士主编的《1 ∶ 500 万国际亚洲地质图》，这是第一份全面反映亚洲及相邻海域地质，并带有数据库的国际亚洲地质图。目前，地质填图出现了新的趋势。首先，基于 GIS 系统开发的数字填图以及地质图空间数据库全部普及，平原区和城市三维地质填图逐步推进；新一代的《中国区域地质志》和各省地质志相继完成，并提交了我国陆域 1 ∶ 50 万国际分幅地质图、各省（市、区）1 ∶ 150 万～ 1 ∶ 50 万不同比例尺地质图、全国重要构造单元地质图、全国系列地质图及空间数据库。其次，填图开始由地表向深部地壳结构、由传统岩石裸露区域向特殊地貌区域发展。再者，由专业性图件向实用性图件发展，城市地质图、农业地质图、旅游地质图、岩溶地质图等新型实用性图件得到了很大的发展。现在已经由单一的地质图向多学科系列图件发展，例如我国目前正在进行的“中国海陆及邻域地球物理系列图”项目，就包括了地理底图、

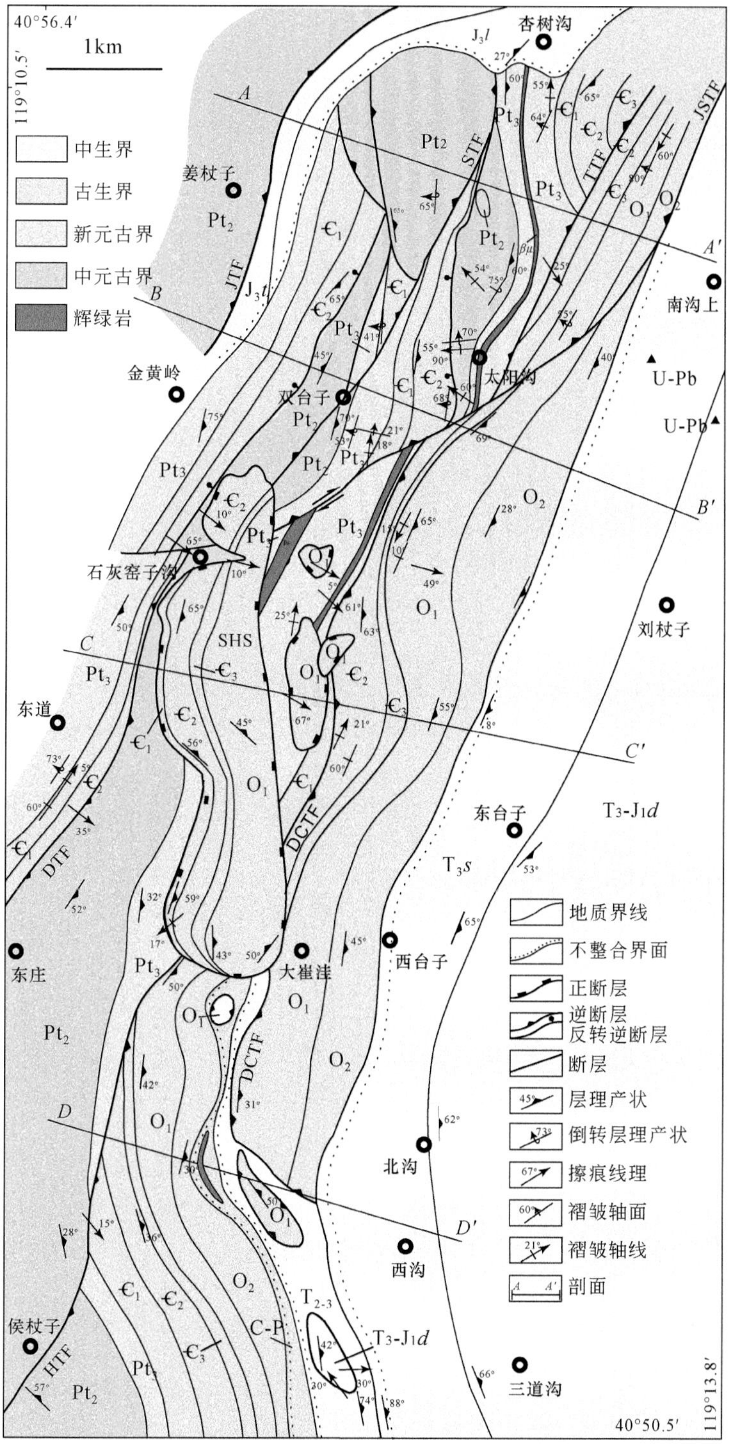

图 1.3　辽宁凌源市黄金岭一带地质图（**Hu et al.，2010**）

$J_2t$. 中侏罗统土城子组；$J_2l$. 中侏罗统蓝旗组；$T_3$-$J_1d$. 上三叠统—下侏罗统邓杖子组；$T_3s$. 上三叠统水泉沟组；$T_{2-3}$. 中－上三叠统；C-P. 石炭－二叠系；$O_2$. 中奥陶统；$O_1$. 下奥陶统；$€_3$、$€_2$、$€_1$. 上、中、下寒武统；$Pt_3$. 新元古界；$Pt_2$. 中元古界；$\beta\mu$. 辉绿岩脉。DTF. 东庄逆冲断层；HTF. 侯杖子逆冲断层；DCTF. 大崔洼逆冲断层；JSTF. 金黄岭－三皇庙逆冲断层；TTF. 太阳沟逆冲断层；FTF. 范家沟逆冲断层；XTF. 杏树沟逆冲断层；JTF. 姜家沟逆冲断层；XFT. 西沟飞来峰；SHS. 石灰窑子沟崩塌滑覆岩片

海陆大地构造格架图、地质图、重力图、磁力图、莫霍面深度图等一系列的图件。

图 1.3 是我们填制的一张地质图（Hu et al.，2010）。从图面显示的内容来看，这里曾经经历过强烈的构造运动。这个地区出露的地层有中、新元古界沉积岩（$Pt_2$、$Pt_3$），下古生界寒武系（下统 $Є_1$、中统 $Є_2$ 和上统 $Є_3$）、奥陶系（下统 $O_1$ 和中统 $O_2$）、石炭 - 二叠系（C-P），中生界三叠系（$T_{2\text{-}3}$，$T_3s$）、上三叠统—下侏罗统（$T_3$-$J_1d$）以及辉绿岩脉（$\beta\mu$）。这里括号里的字母和数字是地质上用来表达不同时代地层的代号。我们知道，年代地层序列从下到上为中、新元古界（$Pt_2$、$Pt_3$），下古生界寒武系（$Є_1$、$Є_2$、$Є_3$）、奥陶系（O），上古生界石炭 - 二叠系（C-P），中生界三叠系（T）、侏罗系（J）。按照地层层序率叠置，应该是老地层在下、新地层在上，但我们这个填图区内常常由于断层的改造，导致老地层压在新地层之上。这种老地层压在新地层之上的现象，一般都是由地壳运动造成的挤压作用所形成的逆断层造成的，或者是由挤压作用形成紧闭倒转褶皱所致。为了清楚地表达变形的地层结构和地层之间的压盖关系，我们常常要沿着一定的方向切剖面表达（图 1.4）。图 1.4 中的 4 条剖面位置标在图 1.3 上。从这几条剖面中，我们可以清楚地看出老地层覆在新地层之上。

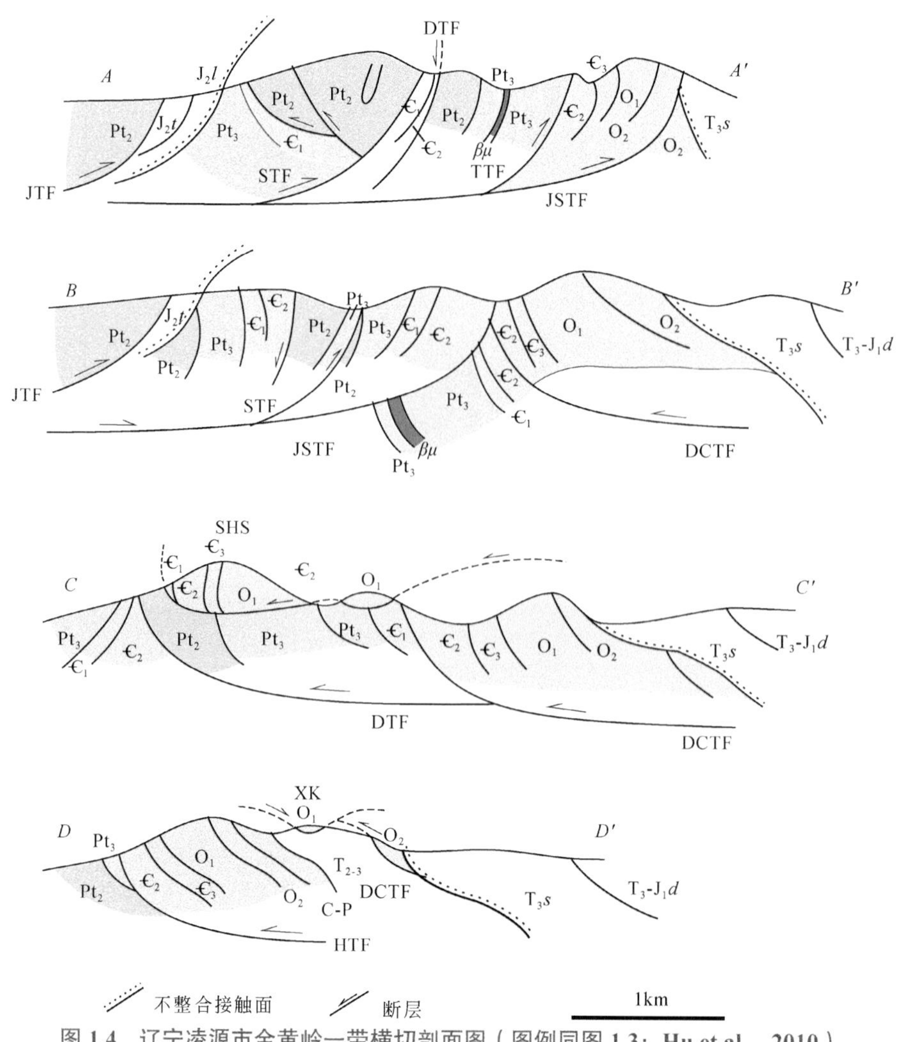


图 1.4　辽宁凌源市金黄岭一带横切剖面图（图例同图 1.3；Hu et al.，2010）

# 第2章　地质图的制作

英国地质学家、科普作者马丁·雷德芬（Martin Redfern）在《地球》（*The Earth*）一书中，曾经这样写道："如何在薄薄一本小册子里容纳一个巨大的星球？尺幅千里已显不足，不过倒是有两种天差地别的方法可供一试。"这两种方法，一种是自上而下的地球系统科学方法，把地球理解成一个动态系统，由一系列过程和循环组成，这种方法很有趣，但却不是我们这本书想要讨论的；而另一种就是地质学家的方法：自下而上，观测岩石。

假设某一天你走在山间小道上，在路边的岩石中无意间发现了一块稀奇古怪的化石或者一块晶莹剔透的矿物，它们是什么？是怎么形成的？为什么有的岩石中有化石，而有的岩石中没有？如果仔细观察，你还会发现路边的岩石互相之间差别很大。有的岩石表面光滑犹如被巨人之手打磨过，有的岩石则像砂纸一般粗糙不堪；有的岩石层层叠叠像极了千层饼，而有的岩石则表面起伏犹如波浪，逼真到能听到水流的声音。沟壑两侧地层往往朝着同一个方向倾斜，明显可以连接起来，而有些则倾斜方向完全不同，像被折断了一样（图2.1）。究竟是什么力量使得它们掀斜或者褶皱了呢？

这些问题的答案，其实都藏在岩石里。岩石是地球故事最忠诚的记录者，它忠实地用身体记下漫长历史里的所有经历：表面是风、水和冰留下的痕迹，而内里却由热量和压力塑造。它或许曾经是炽热的岩浆，穿过地壳从地球深部而来，侵入地壳浅层的岩石之中，形成我们平常说的花岗岩、闪长岩、辉长岩等；当岩浆喷涌出地表，逐渐冷却形成火山岩；又或许曾经是松散的颗粒，经过河流的搬运，在静静的湖水或者在波涛汹涌的大海边缘沉积下来，或者在河流搬运的过程中沉积在河道拐弯或者河流心滩处沉积下来，经过一定的时间逐渐固结成沉积岩。在寒冷的南北两极，以及青藏高原这样的高海拔地区，冰川活动形成各种不同冰川沉积物等等。

地质锤、罗盘和放大镜是地质学家的标准配置，数百年来，无数的地质学家们带着它们跋山涉水，走遍地球表面。他们用地质锤敲击岩石，用放大镜观察岩石，用罗盘测量岩石的方位，用各种方法和仪器让岩石说出它们身负的秘密。

地质学家们会先用肉眼和放大镜观察和判断岩石类型、岩石的矿物组成、结构和构造，然后再将它们带回实验室，用显微镜、电子探针和高精度质谱仪等，给岩石分类、命名、分析矿物组成，并将结果进行对比和分析。

这些岩石里蕴藏的地球秘密，被从最细小的矿物颗粒开始分析，矿物学家们会详细地分析每种矿物的成分、形态和同位素组成，从而判断矿物颗粒形成的年代、变质程度

图 2.1　贺兰山地区侏罗纪地层变形（胡健民拍摄）

和变质演化。高精度的质谱仪能分辨矿物颗粒的痕量成分中同位素的不同比例，而这些数据可以帮助地质学家们确定矿物颗粒形成的年代，从而了解它们是否来自更古老的岩石。

岩石里有时还会有另一个沉默的记录者，那就是化石。英国古生物学家理查德·福提（Richard Fortey）曾经用优美的笔触这样描述过化石的形成："我仿佛看见一只三叶虫，在距今约 5 亿年前的软泥上爬行，在脱壳的时候被含有硫黄的有害气体熏死，不过它留下了坚硬的背甲。细泥慢慢地在上面堆积，千年之后变得层层叠叠……最后经过长时间（这里说的是地质时间，不是短短的几千年，而是好几百万年之后）的锻炼，变成了我挖掘出的黑色岩石，仍然带着它的珍藏。代表永恒的背壳是一份用碳酸钙写出的档案，铭记着它曾经保护过的生命……它定格了地质时代中的一个瞬间……千万个这样的碎片拼凑出一段地质往事。"

每一块岩石都记载着它的经历，而当这些岩石集合到一起，就成了地质学家所说的岩层。如果你仔细观察，经常能看到岩石层层叠叠，平缓或倾斜地延伸出去。这些岩层就像是一本书的书页，讲述着一个情节、时间连贯的历史。地质学家会选取岩层完整、包含地质信息丰富的某一段进行详细的研究，它会像一本石头日记，写满了岩石组合、地层层序、构造形态、岩浆活动等内容。这样的地方，通常称为典型地质剖面。选取典型地质剖面是填图工作的重要一环。它是地质图中的点，将这些点连起来，就组成了地质图上的那些线段。

矿物、化石、岩石、地层以及由它们组成的各种地质地貌景观，都是地球过去历史的记录。岩石会诉说历史，化石会铭记瞬间，连矿物都有自己的故事要讲，将这些单个的故事串联起来，就能看到某一个区域的过往，就能解答之前的种种问题。地质学家们就是要通过对岩石的解读，认识地球演化的历史，揭示其形成过程和形成条件，而这一切的基础，就是从一张地质图开始。

## 2.1　岩石裸露区地质填图

地质填图的目的是把地表岩石、地层、构造、矿产资源，以及松散沉积物、人文历史遗迹、生物化石等表达在地形图上，以期为国家和社会提供基础地质资料，从资源、环境，甚至人文方面更全面地认识我们生活的地球。地质填图是一项高度科学集成、要求严格的系统工程，是对某个时期特定区域的地质科研成果的记录，表达了地质学家对该区域地质现象的认识成果。

一般地质图都是在基岩裸露区填制的，所谓的基岩，在地质学中是指裸露的岩石或者是指地表松散层（如黄土、土壤和河沙等）之下的已经固结的岩石。按照成因不同，基岩可主要分为沉积岩、变质岩、深部的侵入岩体及喷出地表的火山岩。

沉积岩是在地表条件下由母岩的风化产物、火山物质、有机物质、宇宙物质等沉积岩的原始物质成分，经过搬运作用、沉积作用以及沉积后作用而形成的一类岩石。沉积岩最初形成时都是水平层状，后来在地壳运动强烈的地区，早期形成的沉积岩会被褶皱、倾斜甚至直立起来。最常见的类型是河流沉积形成的砂岩、泥岩、砾岩，河流出山口堆积成冲积扇的砾岩、砂泥岩，形成于湖泊中的泥岩、细粉砂岩，以及形成于海岸带附近的砂岩、泥岩和碳酸盐岩等。地质学家们根据这些不同的沉积岩中保留下来的沉积构造，就可以确定它们形成时的沉积环境，还可以根据它们所含有的生物化石确定它们形成的时代。

侵入岩是来自地壳深部或者上地幔的岩浆侵入到地壳一定部位冷凝结晶而成的岩石，它们一般与周围的沉积地层之间是穿切关系。在野外，有时候我们也会见到一套沉积岩层覆盖在侵入岩体之上，这表明这个侵入岩体在覆盖它的沉积岩层沉积之前已经从它原来冷凝结晶的深处被抬升到地表，并经历了一定时间的风化剥蚀作用，之后被后来形成的沉积岩层覆盖。而深部岩浆如果直接喷出地表，就会形成各种不同类型的火山岩，流纹岩、安山岩和玄武岩是火山岩的三种最主要的类型，区别它们的标志是岩石中二氧化硅（$SiO_2$）的含量，一般认为，火山岩成分中 $SiO_2$ 含量大于 63% 的是流纹岩，含量 52% ～ 63% 的是安山岩，含量 45% ～ 52% 的是玄武岩。我们所熟知的长白山天池的火山岩是玄武岩。

在漫长的地质历史过程中，上述的这些沉积岩、侵入岩和火山岩，经过构造运动的改造，会经历不同温度、压力的变质作用形成变质岩。变质之后的岩石与未变质时的岩石在化学成分上基本一致，但岩石中的矿物成分会发生改变，往往会形成新的矿物组合。比如在我国的秦岭 - 大别山深处便存在着一种变质程度较高的岩石——榴辉岩，榴辉岩的主要矿物成分是石榴子石和绿辉石。地质学家们经过研究发现，这种矿物组合只能在深几十千米的下地壳或者上地幔才能形成。但现在这种岩石出现在了地表，又是为什么呢？原来，秦岭－大别山是华南和华北两个板块碰撞形成的造山带，这些榴辉岩变质之前位于地表或者近地表，之后由于两大板块的碰撞被从地表附近俯冲到地幔深处，后来的地壳运动又把它们抬升到地表附近。这种岩石可以向我们提供地球深处的信息，因此也被地质学家们称为探索地球深部的“探针”。

现在我们大致了解了地球表面岩石的组成，但地球表面积达 5.1 亿 $km^2$，不同种类的基岩之间往往混杂分布，这给地质填图工作带来了相当大的困难。但这也正是地球科学的魅力和活力所在。君不见，月球上只有单一的玄武岩，但它在几十亿年之前就已经陷入了死寂。地质学家们从这些复杂性中寻求规律以破解地球的秘密，更好地为国计民生服务正是研究意义所在。那么地质学家们在野外是如何把这么复杂的地质现象、地质结构和岩石组成填绘在一张图上的呢?

在一个未知的区域，岩石地层分布可能会非常复杂。地质学家们在填图之前，必须要确定在图上最终要表达什么，这项任务被称为填图单位划分，即确定基本的填图单位。要确定填图单位，首先要做的是对前人在该区域的地质工作成果进行认真的分析整理，结合卫星遥感影像地质解译，对这个地区出露的地层按照时代、岩石类型和岩石组合等进行划分。图 2.2a 是新疆乌鲁木齐市某地的遥感影像图，经过遥感解译与前人地质调查资料综合，形成遥感解译地质图，该地区出露地层见图 2.2b。根据前人调查资料，图中地层主要岩性由新到老为：新近系安集海组灰质砾岩、泥质砾岩、粉砂岩；新近系紫泥泉组棕红色泥岩、砂质泥岩，少量砾岩；中白垩统东沟组黄灰色薄层泥岩夹泥质粉砂岩及灰绿色砾岩；下白垩统吐谷鲁群上段紫红色薄层钙质泥岩；下白垩统吐谷鲁群下段灰绿色薄层泥岩与粉砂质泥灰岩互层。

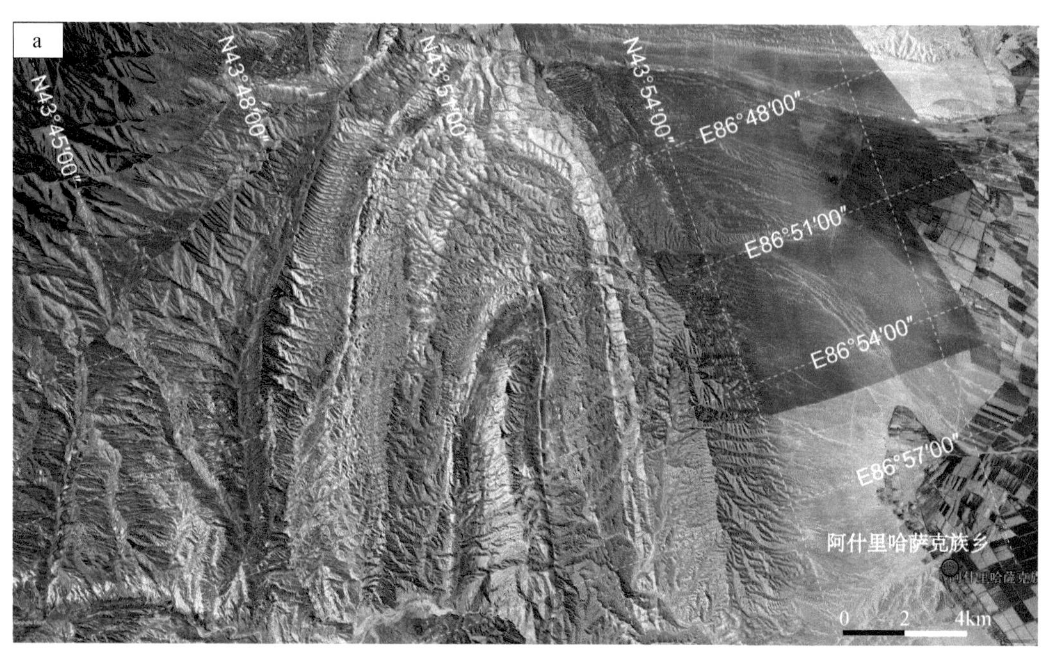

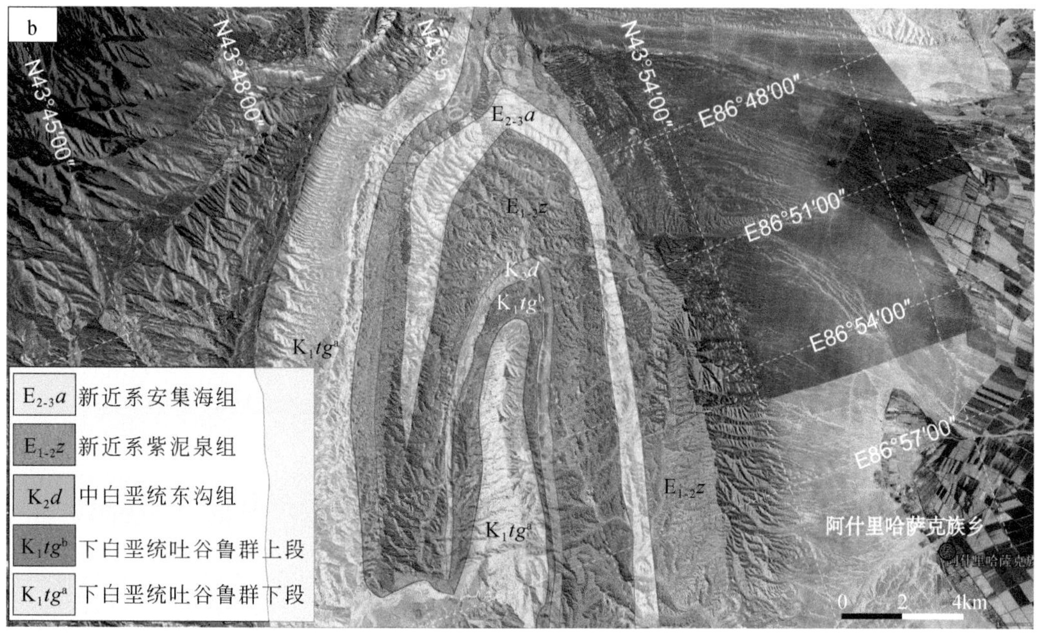


**图 2.2　遥感影像解译图**

a. 卫星遥感影像图（Google Earth）；b. 解译地质图

但如果前人资料和遥感地质解译还不能确定填图单位的话，地质学家们就必须进行野外实际剖面测量以确定填图单位（图 2.3）。具体做法是在野外选择一条地层出露比较齐全的沟堑或路堑，用测绳一绳一绳地测量，把测量的同一地层厚度、地层岩性及所含化石、产状等记录下来，根据这个实测剖面，结合前人资料，确定填图要用的地层单位、侵入岩体的岩石单位等等。

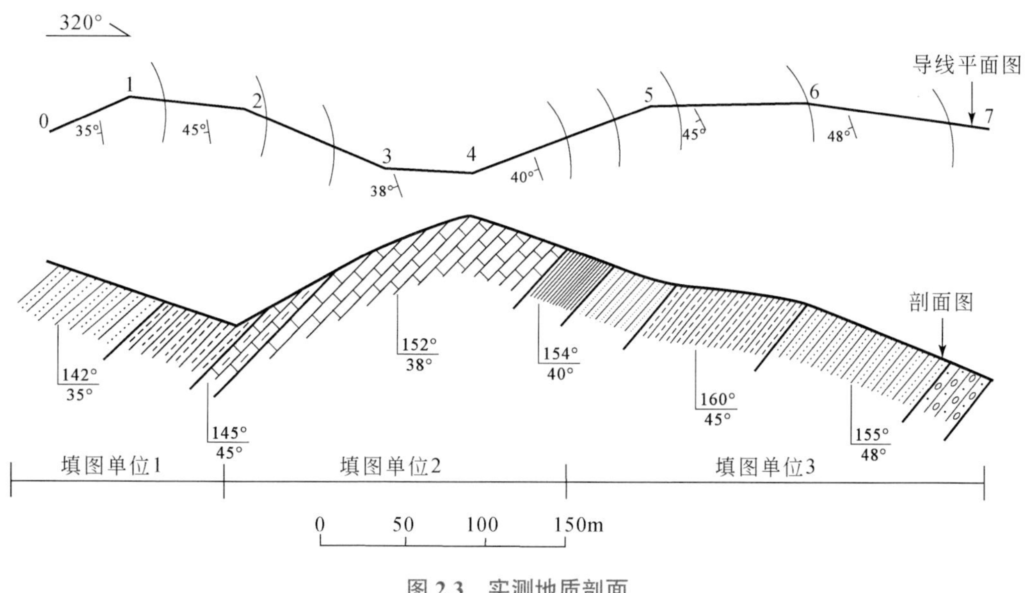


**图 2.3　实测地质剖面**

接下来，在进行野外工作之前，还需要完成一项准备工作，即计划野外填图路线。地质填图路线一般是安排在垂直于地层走向的方向上，根据填图比例尺按一定间距平行部署，这种填图路线专业上叫做穿越法填图路线（图 2.4a）。还有一种地质填图路线则是沿着不同地层单位界线或者不同侵入岩的边界追索，不规则行进，这类填图路线专业上叫追索法填图路线（图 2.4b、c）。穿越法填图的优点是基本上不会漏掉一些小的或者孤立的地质体，完成填图面积相对较快，适合在没有工作积累的空白区使用。但目前我国大部分基岩裸露区都已经积累了一定的地质调查资料，已经不再有真正意义上的空白区，因此最近完成的填图规范中提倡以追索路线为主的填图方法，目的是要野外填图专家的主要精力放在不同地质体或不同填图单位边界的圈定、边界性质的研究以及边界产状的测量上。

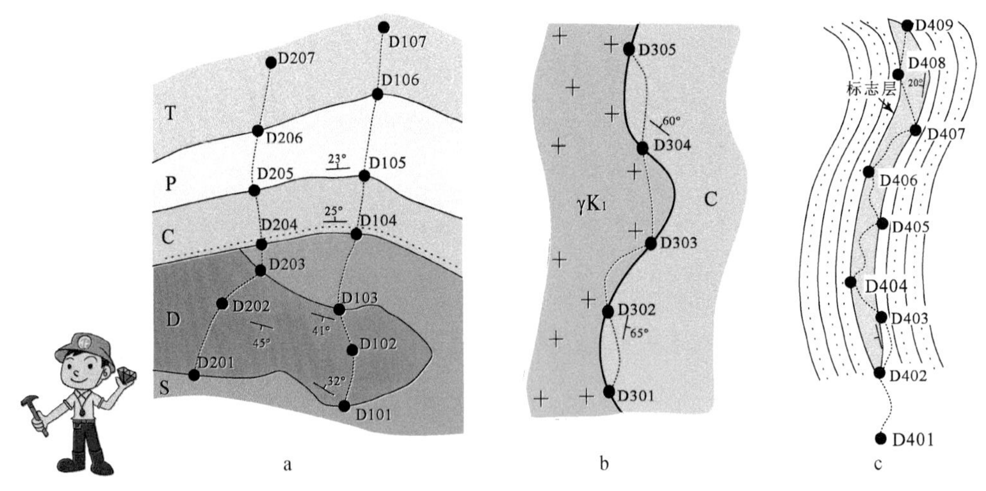


**图 2.4　路线地质调查方法**

a. 穿越法填图路线；b. 路线追索地质界线；c. 路线追索重要标志层

在安排好填图路线之后，我们就可以进行野外填图了。老一辈的地质学家一般是在纸质的地形图上进行填图，随着科学技术的发展，现在地质学家们使用平板电脑进行工作，在平板电脑中的地形图或者卫星遥感影像图上直接进行填图。野外工作时，每条野外地质路线的安排一般是两人一组，一个人是填图专家，另一个人是填图助手。填图专家负责沿路分层描述，填图助手负责记录、拍照、地质素描及采样等。这里所说的分层就是采用先前划分的填图单位，或者比填图单位更细分的岩石地层组合进行地层划分，确定地质界线。回到室内后，将填图专家的野外记录分层整理并将已经确定的填图单位及地质界线绘制在地形图或者遥感影像图上，使用平板电脑操作，把填图区内所有填图路线所确定的地质边界连接起来，就基本上完成了地质图的填绘。当然，大部分地区都会因为断层的错动导致地层和侵入体的边界不完全连续，这需要我们根据野外断层的测量、遥感影像解译和地球物理探测资料，将它们画在填图所用的地图上，与地层单位和侵入岩单位的界线等，一起构成完整的地质图（图 2.5）。在这张地质图上，我们可以读到的信息很丰富：一是地质图覆盖的区域出露的地层包括晚古生代二叠系（$P_1$、$P_2$）、中生代

三叠系（$T_1$、$T_2$、$T_3$）和白垩系（K）；二是根据地层年代序列，中生代的完整地层序列自下而上应该由三叠系、侏罗系和白垩系组成，因此这个地区缺失了侏罗系；三是二叠系和三叠系被后来构造挤压形成了褶皱轴向近南北向的紧闭褶皱，图幅范围内主要有以二叠系为核部的背斜和东部以三叠系为核部的向斜构造；四是白垩纪地层没有卷入这期构造运动，其地层边界线明显切穿了早期地层，与下伏三叠纪地层之间为角度不整合接触，显示在白垩系沉积之前，该地区发生过强烈的构造运动。由于该地区缺失了侏罗纪地层，可以推测这次构造运动的大致时代是在侏罗纪。

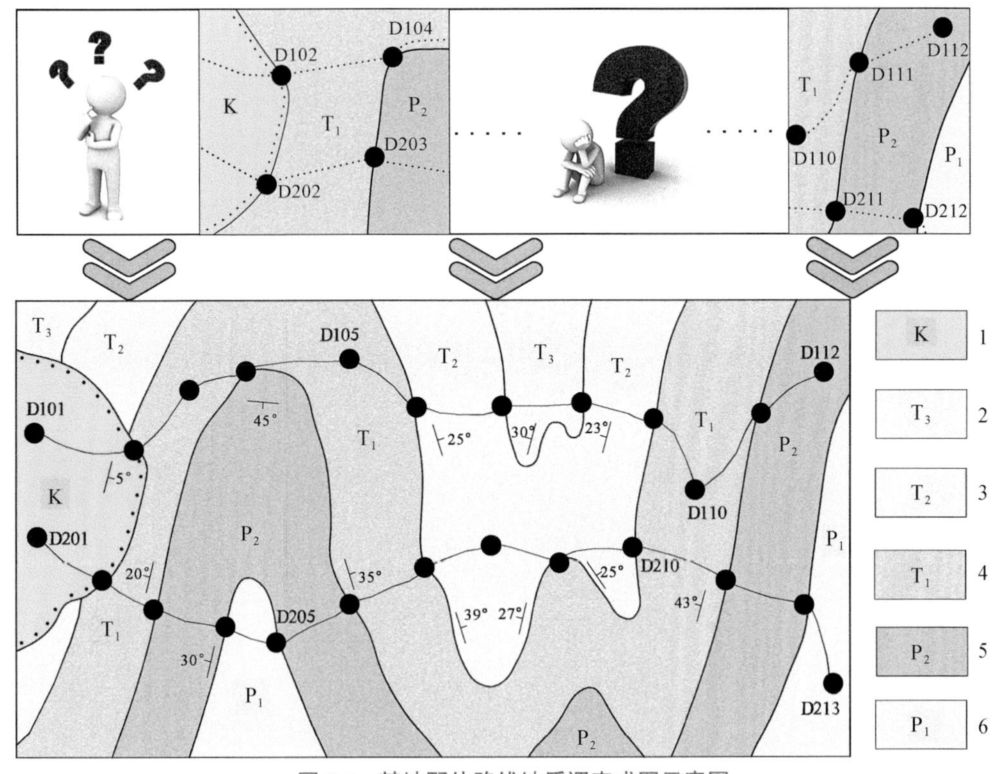


图 2.5　某地野外路线地质调查成图示意图

K. 白垩系；$T_3$. 上三叠统；$T_2$. 中三叠统；$T_1$. 下三叠统；$P_2$. 中二叠统；$P_1$. 下二叠统

## 2.2　第四纪松散层覆盖区地质图制作

我国幅员辽阔，戈壁荒漠、森林沼泽、辽阔的平原等覆盖了大半个中国的陆域面积。这些区域共同的特点是，沉积物松散没有固结，几乎见不到裸露的基岩。由于国家经济发展的需要，从 20 世纪 80 年代起，我国就开始尝试在覆盖区部署地质填图，探索覆盖区地质填图工作的方法技术。在这些地区填图，困扰地质学家的最大问题就是：填什么？怎么填？填出来的地质图有什么用处？

大约 5 年前，中国地质调查局正式立项探索覆盖区地质填图的技术方法。尽管 20 世

纪 80 年代到现在不过 30 多年，但地球科学领域的探测技术及信息技术却经历了飞跃式发展。人们利用星 - 天 - 地一体的探测技术，可以探测覆盖区不同深度层次的地质结构。卫星遥感数据的精度已经达到厘米级，不同的地球物理探测办法，可以精确地确定地下地质体的范围、埋藏深度、地质体的类型和结构及空间延伸，不同深度的钻探技术也可以更加准确地圈定地下地质体的范围，人们在松散沉积层覆盖区实施的钻探可以获取超过 90% 的岩心，这些技术进步让现今覆盖区填图要比 30 多年前更加现实。

先来看几张图片，都是我们去填图时拍摄的。我国西北大漠戈壁和黄土高坡、东北森林沼泽和华北辽阔草原，处处风景优美（图 2.6）。在华南地区，常年的风化作用，使得地表岩石被风化成松散的土状沉积物，地质上习惯称之为强风化覆盖层，有的地区直

a b c d e f

图 2.6　不同类型覆盖区地貌景观（胡健民拍摄）

a. 沙漠覆盖区（甘肃敦煌）；b. 草原湿地覆盖区（四川诺尔盖）；c. 森林沼泽覆盖区（黑龙江大兴安岭）；d. 戈壁荒漠覆盖区（新疆巴里坤）；e. 荒漠草原覆盖区（内蒙古翁牛特）；f. 黄土覆盖区（陕西千阳）

接形成红土壤（图 2.7）。很显然，在这些地方找到露出地表的岩石都很困难，让我们用传统的地表地质调查方法，依赖地质学家常用的地质锤、罗盘、放大镜开展地质调查、填制地质图，几乎无从下手，甚至难以想象在这些地区如何填制地质图。

图 2.7　南方强风化层覆盖区（胡健民拍摄）

没有了出露于地表的岩石，怎么办？前面已经说过，长期以来，我国基础地质调查一直围绕着一个目标进行，就是服务于各种矿产资源、能源资源勘查。后来地质环境调查对人们的生活、生产越来越重要，基础地质调查的目标逐渐演变为资源－环境型。进入21 世纪以来，国家对基础地质调查的要求发生了根本的变化，现在除了寻找各种资源外，还有一个重要任务，就是服务于生态文明建设和生态环境保护。因此，现在的地质调查实际上是资源－环境－生态并重型。在上面几张图所展示的这些地区，地质学家们需要调查的目的层包括松散沉积物之下覆盖的基岩及相关资源和松散沉积物本身这两个方面。

简单而大片覆盖的松散沉积物并不意味着地质调查工作简单，也不意味着在这些地区填地质图没用。地质历史上，第四纪是与人类生存关系最密切的一个时代，因为第四纪沉积物中记录了约 250 万年以来地球环境变化、气候变化的信息。我国西部黄土高原上分布的几米到几十米、上百米厚的黄土，与深海沉积物、南极冰川一起，已经成为人们认识晚新生代以来全球古环境和古气候变化的三大支柱。被誉为“黄土之父”的我国著名科学家刘东生院士，通过对黄土的研究发现了黄土与全球气候环境变化之间的关系（图 2.8）。

现代地质填图的一个重要目的，就是要调查松散沉积物中反映地球不同圈层（岩石圈、水圈、生物圈、大气圈等）相互作用以及古环境、古气候变化的地质记录。第四纪松散沉积物与人类生存环境息息相关，当我们研究人类文明发展与地球演化的关系时，会发现人类起源与非洲大裂谷的形成密切相关，古代人类文明的兴盛、衰亡，往往与古环境、古气候的变化有关。我国华北地区 12 万年以来一些重要的古文化层，与华北地区第四纪几次重要的古大湖事件有关。工业革命以来，地球环境的变化逐渐成为制约和影响人类文明进程的重要因素，现在全世界都在关心碳排放量的增加对于全球气候变暖的影响。

世界上经济最发达的地区基本上都分布在广阔的第四纪松散沉积物覆盖的地区，如我国的长江三角洲地区位于长江三角洲冲淤积平原，京津冀经济区位于广阔的华北平原等。所以松散沉积层覆盖区地质填图的一个重要目的就是服务于城市规划与建设，一些

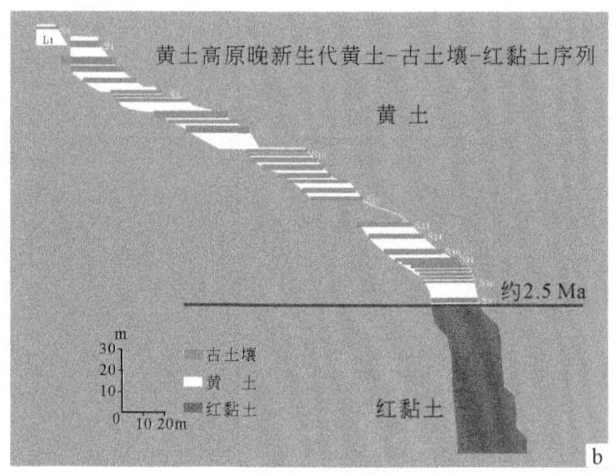


**图 2.8　黄土高原晚新生代黄土剖面及地层结构**

a. 庆阳黄土剖面照片（李朝柱拍摄）；b. 黄土高原晚新生代黄土 – 古土壤 – 红黏土序列（据李徐生课件修改）

重大工程建设也往往在第四纪松散层的基础上实施。

说到这里，我们基本上可以理解在第四纪松散沉积层覆盖的地区填图“填什么”和“填图何用”的问题。那么，现在还有一个棘手的难题是怎么填。它可不像我们在基岩裸露的大山里填图，地质学家可以直观地看到岩石、地层、矿产以及它们之间的接触关系，可以直接判断地层的新老关系，直接识别断层、测量断层的产状、了解断层两盘的错动关系等。在覆盖区填图，我们也不能只出一张简单的地表地质图，因为松散沉积物一般都是近水平的，地表地质图可能就是几种简单的松散沉积层的分布图。覆盖区地质填图要采取地表地质调查和地下地质调查相结合的方式，所以必须借助于各种有效的现代探测技术，以查明地下各种地质体的岩石地层组成、分布及空间延伸等。

根据不同经济发展区域，我们对第四纪松散沉积层覆盖区进行了大体分类，分为西部戈壁荒漠浅覆盖区、东北森林沼泽浅覆盖区、华北中部荒漠草原浅覆盖区、黄河冲淤积平原区、长江冲淤积平原区、北方黄土覆盖区以及南方红土壤覆盖区等。不同的覆盖类型采用不同的调查方法：覆盖层厚度小于 200m 的区域为浅覆盖区，大于 200m 的区域为深覆盖区。以 200m 为界限划分浅、深覆盖区，是个人为的限定，主要原因是现在我国城市地下空间探测深度为 200m。

大兴安岭地区是我国的重要成矿带，分布着很多重要的矿床，区域内松散层的厚度很薄，对地质填图来说基本上没有意义。我们需要把覆盖层之下的基岩地质结构查明，以便能为进一步的找矿服务。因此，一些天然沟堑、人工路堑，以及人工挖开的其他基岩露头，对于地表地质填图非常重要。总之，一切可以利用的地表基岩露头，对这个地区的地质填图都非常有意义，因为我们可以直接观察到岩石的性质，是花岗岩还是成层的砂岩等等。卫星遥感影像可以很准确地告诉我们哪里有沟堑、路堑，以及其他人工岩石露头，所以我们需要在遥感图上已经标出位置的一些岩石露头所在地进行详细野外描述、测量和采样（图 2.9）。同时，由于所处大面积的森林 – 沼泽浅覆盖区，需要通过地表岩石或土壤地球化学信息，依照土壤和岩石元素地化 – 航空物探 – 地表地质调查等综合信息圈定地质体，完成地质填图（图 2.10）。依据化探和物探圈定的地质体具有多解性（图 2.10a、b，表 2.1），而经过地表和浅层钻探调查及岩石的同位素测年可最终确认填图区地质单位（图 2.10c，表 2.2）。

图 2.9　大兴安岭地区地貌特征（田世攀提供）

a. 路堑岩石露头；b. 多布库尔河河谷阶地

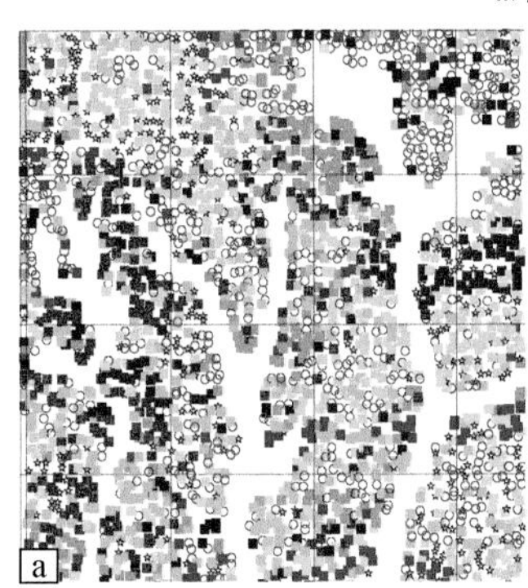
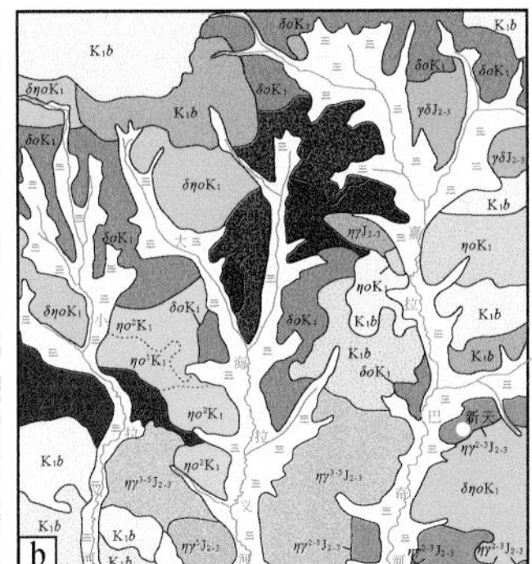
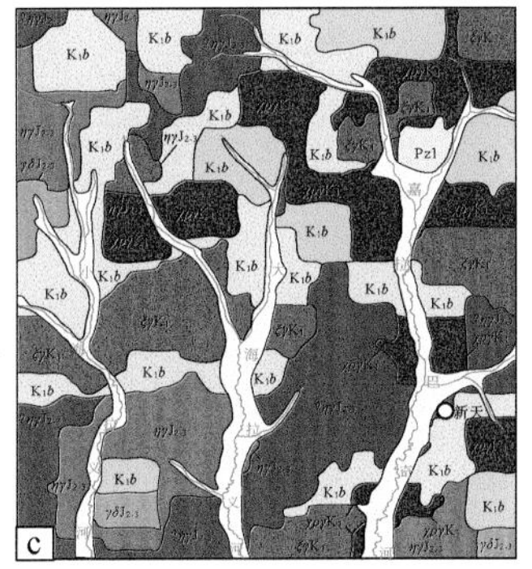

图 2.10　物探反演探索地质体边界示意图

a. 地球化学信息反演分类；b. 航磁地球物理信息划分；c. 地球物理信息反演地质体分类图

表 2.1　土壤地球化学反演覆盖层之下岩性

| 代号 | 岩石化学成分 | 推测地质单元 |
| --- | --- | --- |
| A1 | 英安岩类，石英安山岩类，流纹岩类 | 下白垩统白音高老组 ($K_1b$) |
| A2 | 流纹岩类，英安岩类 | |
| A3 | 英安岩类，流纹岩类 | |
| A4 | 英安岩类，石英安山岩类，安山岩类 | |
| B1 | 英安岩类，石英安山岩类，安山岩类，流纹岩类 | |
| B2 | 英安岩类，石英安山岩类，安山岩类，粗面岩类 | |
| E | 英安岩类，石英安山岩类，石英粗面岩类，碱流岩类 | 碱长花岗岩 |
| $\gamma1$ | 英安岩类，粗面岩类 | 花岗岩 |
| $\gamma2$ | 英安岩类，石英安山岩类 | 花岗岩 |
| $\eta\gamma1$ | 英安岩类，石英安山岩类，流纹岩类 | 二长花岗岩 |
| $\eta\gamma2$ | 英安岩类，石英安山岩类，安山岩类 | 二长花岗岩 |
| $\eta\gamma3$ | 英安岩类，石英安山岩类 | 二长花岗岩 |
| ? | 英安岩类，石英安山岩类，流纹岩类 | 二长花岗岩 |
| K | | 二长花岗岩 |
| $\gamma\delta$ | 英安岩类，安山岩类 | 花岗闪长岩 |

续表

| 代号 | 岩石化学成分 | 推测地质单元 |
|---|---|---|
| $\delta o$ | 英安岩类，石英安山岩类，安山岩类，流纹岩类 | 石英闪长岩 |
| $\eta o1$ | 英安岩类，石英安山岩类 | 石英二长岩 |
| $\eta o2$ | 英安岩类，石英安山岩类 | 石英二长岩 |
| $\delta\eta o$ | 英安岩类，石英安山岩类，安山岩类，流纹岩类 | 石英二长闪长岩 |

**表 2.2　土壤地化－航空物探－地表调查及圈层钻探综合推断覆盖层之下地质体**

| 代号 | 推测地质单元 | |
|---|---|---|
| K | 下白垩统 | 白音高老组 ($K_1b$) |
| $\chi\rho\gamma$ | 下白垩统 | 碱长花岗岩（$\chi\rho\gamma K_1$） |
| $\xi\gamma$ | | 正长花岗岩（$\xi\gamma K_1$） |
| $\eta\gamma$ | 中－上侏罗统 | 二长花岗岩（$\eta\gamma J_{2-3}$） |
| $\gamma\delta$ | | 花岗闪长岩（$\gamma\delta J_{2-3}$） |
| ? | | 类二长花岗岩体（？ $\eta\gamma J_{2-3}$） |
| $Pz_1$ | 中－新元古界 | 兴华渡口岩群（$Pt_{2-3}$） |

由于大兴安岭地区覆盖层松散沉积层中土壤与岩石主要是由原地风化作用造成的，利用这个特征，我们尝试利用土壤地球化学组成反演其在风化前岩石的主要矿物成分，并由此再根据反演的矿物成分和大致含量，推断岩石组成，进而圈定不同地质体的分布范围。这个尝试在实地填图中已经取得了很好的效果。

西部戈壁荒漠浅覆盖区地质填图则需要查明覆盖层中含水层和隔水层分布情况，以及覆盖层之下基岩地质结构，以便查明邻近区域裸露地质体向戈壁荒漠区覆盖层之下的延伸。我们在东天山巴里坤盆地及其两侧的克拉美丽山、麦钦乌拉山完成了 4 幅地质填图（图 2.11）。与大兴安岭地区不同的是，戈壁荒漠区填图主要靠地球物理探测和少量的钻探完成。人烟稀少直接导致覆盖层的调查几乎没有意义，好在巴里坤盆地分布着一些水井，我们充分地利用了这些水井资料，查明浅层三维地质结构，从而控制含水层与隔水层的深度和厚度，进一步调查当地水资源。

平原区地质填图技术方法已经比较成熟，就是地震地质调查＋钻探＋地球物理探测。这样可以勾画出第四纪松散沉积形成的三维地质结构。钻探控制的密度越大，三维地质结构的真实度越高。在一些城市区或者经济发达区，已实现松散沉积层的三维地质结构调查和活动断层的精确定时、定位。

针对不同覆盖类型和不同的填图目的，可以采用不同的填图技术和方法组合。一般 7m 以内的近地表探测，主要工具是类似于考古用的洛阳铲和槽型钻；覆盖层厚度在 10 ～ 30m 时，多采用便携式浅层钻探，也叫背包式钻探；大于 30m 的覆盖层区使用的就是正规的钻探工具。地球物理填图方法主要是利用地质体的物性差异圈定地质体范围和性质，主要包括电法、磁法和重力方法，以及天然地震和人工地震方法。其中，人工地震和天然地震是覆盖区地质填图最重要的地球物理手段，它可以清楚地查明隐伏地质体

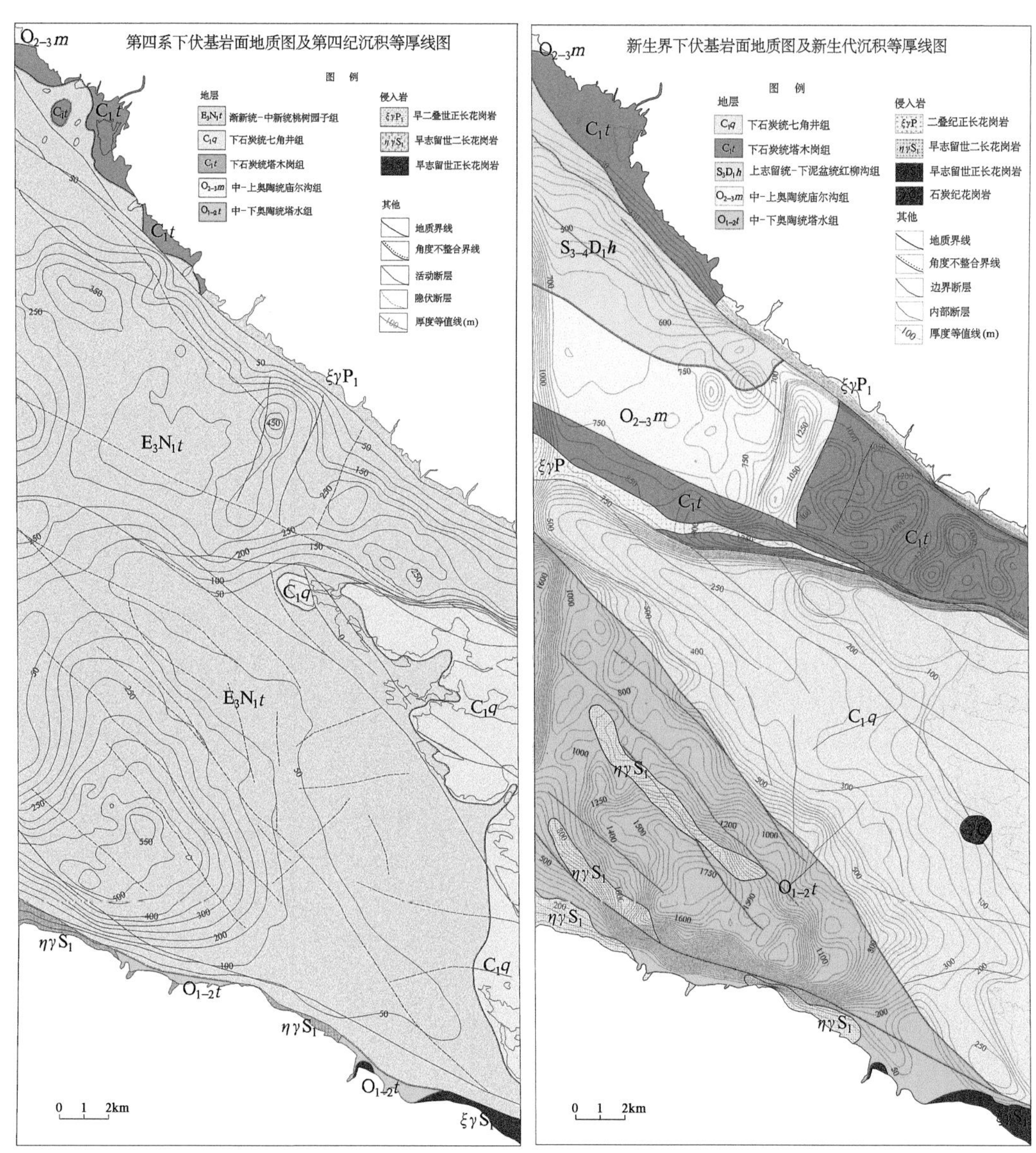


图 2.11　新疆巴里坤盆地基岩面地质图（王国灿等，2017）

的位置和产状，特别对层状沉积层的延伸是最有效的。但是地震方法也有不足之处，首先近地表 40m 以浅的区域基本上是它探测的盲区；另外，地震方法成本较为昂贵，不能在任何地区都利用地震法查明地下地质体的分布和性质。这样，就得用重力法、磁法和电法针对特定的探测目标来进行调查，如高密度电法，查明地质体成层性特点和侧向延伸情况（图 2.12）。磁法主要对一些高磁性矿物组成的岩石具有非常好的探测效果，特别是一些磁铁矿化的地质体，所以对铁矿层和高磁性的基性侵入岩和火山岩具有非常好的效果。而重力法则是根据地质体的密度来区分和圈定地质体分布。

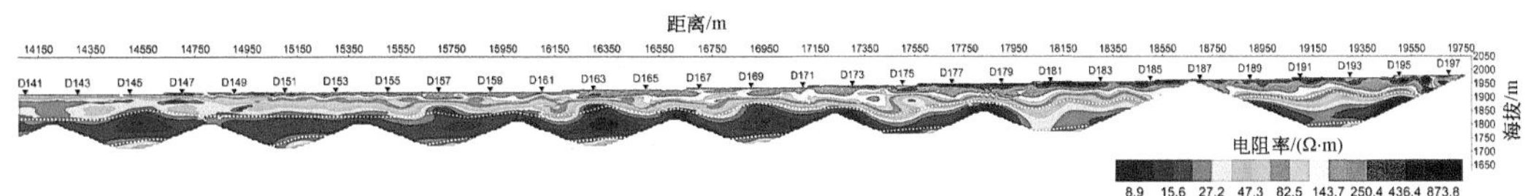


图 2.12　盆地中部平缓草原地带高密度测量结果带地形反演模型（王国灿等，2018）

50 ～ 70m 以下的低阻层带对应桃树园子组（$E_3N_1t$）的分布

# 2.3　高山峡谷区地质图制作

## 2.3.1　从望山兴叹到上天入地

“巍峨高耸、蜿蜒崎岖、绝壁奇峰、沟深谷险”是我国西南部众多高山峡谷区域的真实写照（图 2.13）。高山险峰常孕育着丰富的人文资源及自然资源，以昆仑山脉为例，它又被称为昆仑虚、中国第一神山、昆仑丘或玉山，在中华民族的文化史上具有“万山之祖”的显赫地位，古人称昆仑山为中华“龙脉之祖”“龙山”“祖龙”等，并编织出了许多美丽动人的神话传说。此外，昆仑山自然资源丰富，成矿条件优越，已经形成铅、锌、铜、铁、玉等勘查开发基地，成为当地经济发展的重要推力。但是，犹如玫瑰拥有色彩艳丽的柔软花瓣，也有尖锐的花刺一样，高山峡谷区往往因为降雨集中、落差大和构造复杂等原因而生态环境脆弱，地质灾害频发。

图 2.13　天山、阿尔金山及巴颜喀拉山自然景观（辜平阳拍摄）

与此同时，高山与低温缺氧、深谷与难以逾越往往相伴相随，当地质学家们怀着满腔热血来到高山峡谷区准备开展工作时，却发现高山上不去、峡谷下不来，一个个都只能望宝山而空叹息。“上不去、下不来”这个问题一直以来困扰着地质学家们，值得庆幸的是，近年来随着科学技术的日益发展，地质勘查“上天入地”终于成为可能。众所周知，飞机和卫星等航空航天器远离地面，不受地形地貌限制，若有针对性地加载传感器或者探测器，就可以捕捉到地球任何部位地表或者地下一定深度的信息，若再加上全球定位系统，就有望逐步揭开高山峡谷区域的神秘面纱。

### 2.3.2　从天空看地表

那么我们将如何通过天空中的传感器来划分高山峡谷区的地表岩石、地层等信息呢？目前，应用最广泛的方法是遥感技术和航空物探技术，这里我们以遥感技术为例加以说明。

说起“遥感”这个词，大家应该都不陌生，但是究竟什么是“遥感”呢？遥感就是根据电磁波理论，应用各种传感器对远距离目标辐射和反射的电磁波信息，进行收集、处理，最后成像，从而对地面各种景物进行探测和识别的一种综合技术（图 2.14）。简单来说，遥感技术其实并不神秘，你可以把它简单地理解成在卫星上携带一台功能强大的照相机，通过对照相机拍摄的图像进行分析，人们就可以获得需要的数据。不同的遥感平台上可以加载不同的遥感器，如照相机、多光谱扫描仪、微波辐射计或合成孔径雷达等，就可以完成针对不同目标的遥感工作。不同的遥感数据对地物的识别能力存在差异，且各具特点和应用的针对性。目前，国际上已经有十几种不同用途的地球观测卫星系统，并拥有全色 0.8 ~ 5m，多光谱 3.3 ~ 30m 的多种空间分辨率，如“风云 *X* 号”气象卫星、航空摄影其实都是在应用遥感技术。

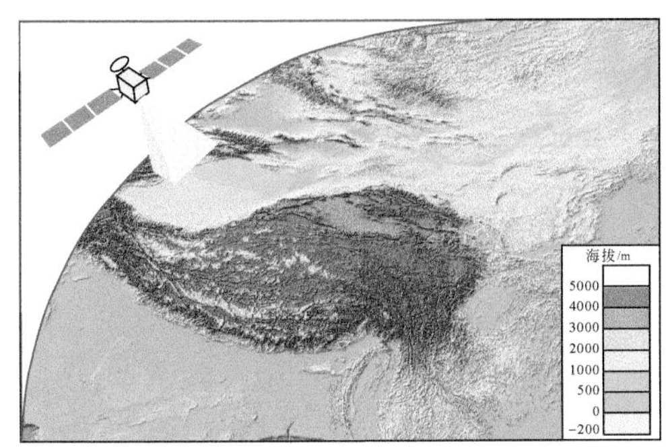

图 2.14　传感器收集地面目标电磁波信息及成像

在地质调查工作中，为了更精确地了解高山峡谷区域的地质状况，通常会采用不同类型的遥感数据进行综合解译（区分与识别）以提高鉴别能力。高山峡谷区地质图制作的过程中，需对比分析不同类型遥感数据，以图 2.15、图 2.16 的新疆 1 ∶ 5 万喀伊车山口等 3 幅高山峡谷区地质图为例，我们对比了六种不同类型的遥感数据对同一岩性的区分能力，选择解译程度较高的几种数据开展综合岩性解译。

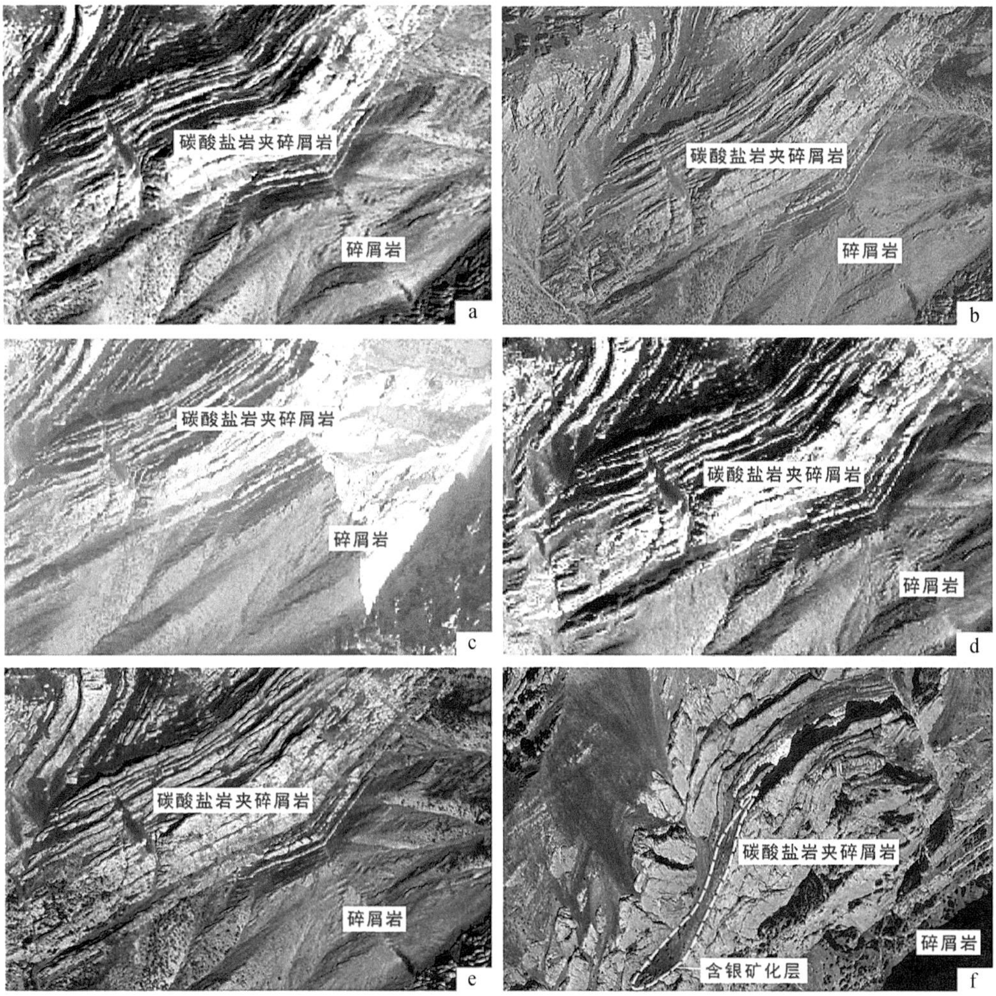

图 2.15　同一地区不同空间分辨率遥感数据岩性解译效果对比图

（图片来自辜平阳等，2016，2018）

a. SPOT-5 遥感影像图；b. SPOT-6 遥感影像图；c. Geoeye-1 遥感影像图；d. QuickBird 遥感影像图；e. WorldView-2 遥感影像图；f. WorldView-3 遥感影像图

为什么需要比较这么多的遥感数据？难道就没有一种遥感数据可以一次满足地质填图的所有需要吗？很遗憾，答案是没有。这是由于受遥感成像中瞬时视场的限制，同一传感器难以同时获得高光谱分辨率和高空间分辨率数据。遥感岩性识别中，高空间分辨率遥感数据能较好地探测细节信息，对于不同类型岩石、构造及岩性单元之间的接触关系都具有较好的识别能力。中等分辨率多光谱遥感数据短波红外波段对于岩石和矿物的区分具有一定优势。也正因为如此，遥感数据对于岩石、矿物信息识别能力的发展和进步，是各个传感器光谱探测能力和空间探测能力相互影响、相互制约“协同”推动的。因此，实现多源遥感数据的空间分辨率优势和光谱分辨率优势的协同（优势互补）是遥感地质发展的趋势，也就是常说的“1+1 ＞ 2”。

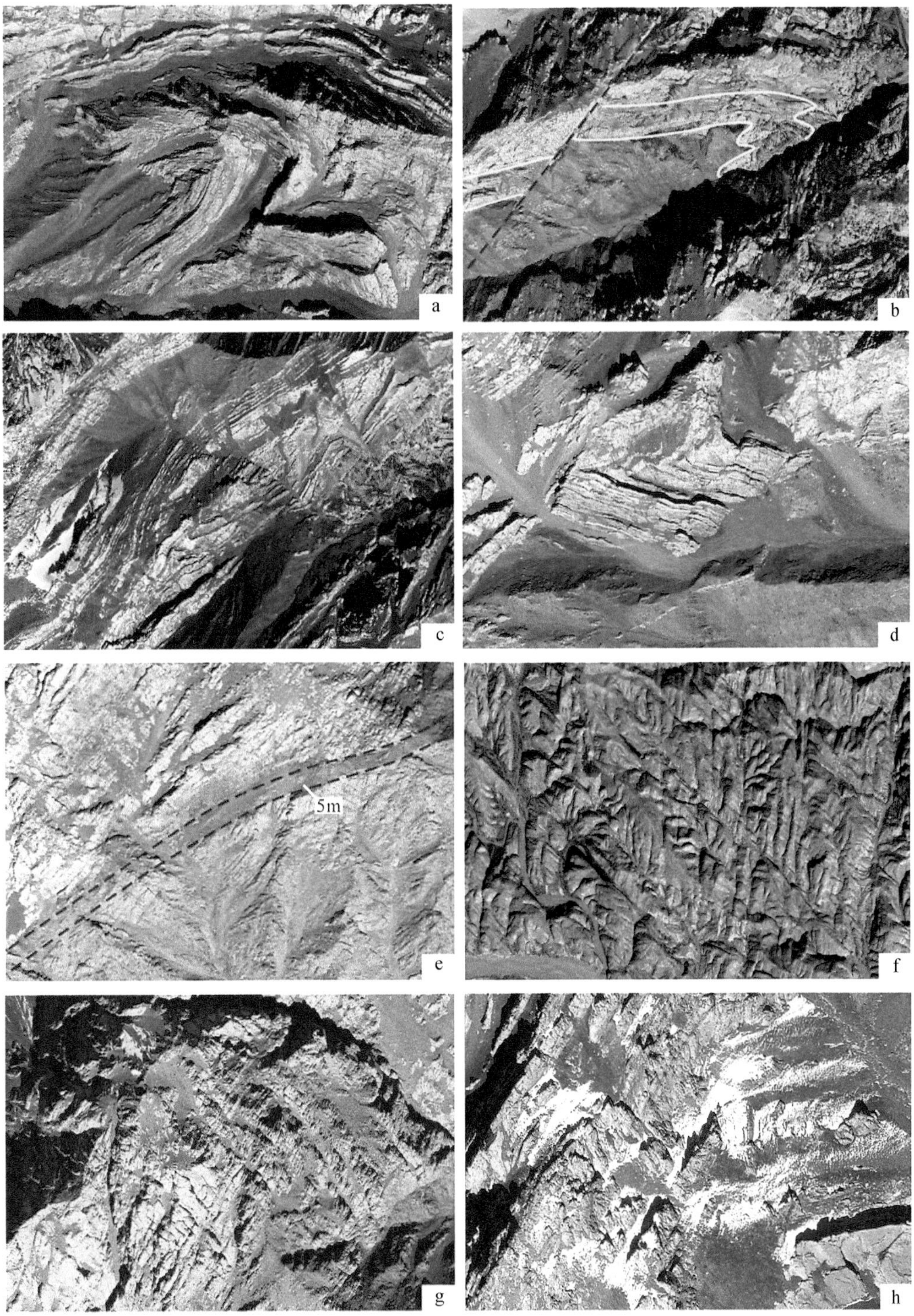

图 2.16　不同空间分辨率遥感数据构造解译效果对比图

（图片来自辜平阳等，2016，2018）

a. 斜歪倾伏褶皱影像；b. 不对称褶皱影像；c. 褶皱构造影像（局部剥蚀露头）；d. 断层构造影像；e. 断层破碎带影像；f. 两期节理构造影像；g. 两期劈理构造影像；h. 层理、劈理构造影像（a～f 为 WorldView-2 数据；g、h 为 WorldView-3 数据）

在地质图制作过程中，我们可根据相应的算法，将多光谱数据与高分辨率数据进行叠加获得协同图像。例如，利用两种数据协同，使原本可解和可分性不强的影像(图2.17)，成为界线清晰、色率差异更为明显的影像单元(图2.18)。因此，不同遥感数据间的这种“互补效应”可以有效提高岩性区分的效果和精度。

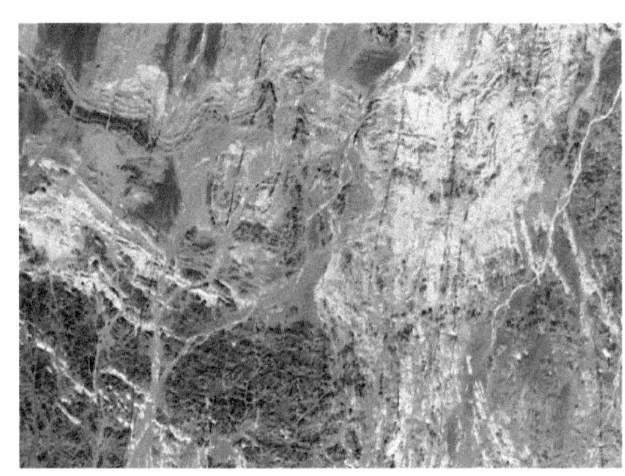

图 2.17　WorldView-2 遥感影像(图片来自辜平阳等，2016)

图 2.18　Landsat-8 和 WorldView-2 协同影像(图片来自辜平阳等，2018)

此外，每种遥感数据还具有不同波段，例如 WorldView-2 卫星除了提供 4 个常见的波段外(蓝色波段、绿色波段、红色波段和近红外波段)，还提供 4 个彩色波段(海岸波段、黄色波段、红色边缘波段和近红外 2 波段)。地质学家们会按照信息量最大的原

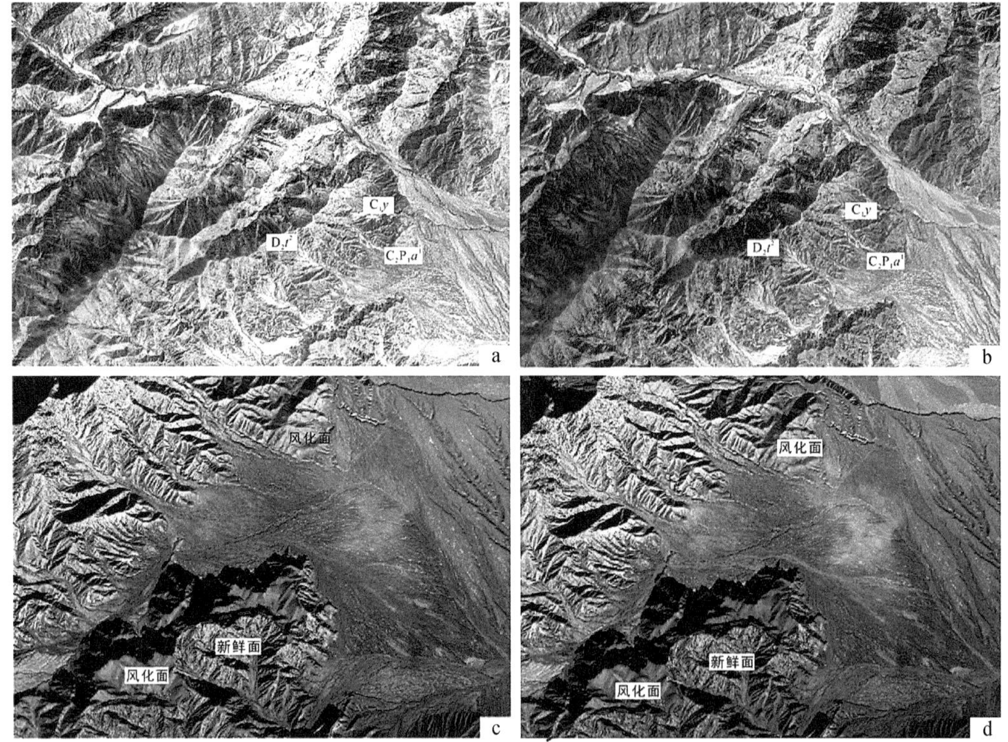

图 2.19　同一遥感数据不同波段组合图像解译效果对比

（图片来自辜平阳等，2016，2018）

a. SPOT-5 数据 1、2、3 波段组合影像；b. SPOT-5 数据 2、3、4 波段组合影像；c. Geoeye-1 数据 1、2、3 波段组合影像；d. Geoeye-1 数据 2、3、4 波段组合影像；e. QuickBird 数据 1、2、3 波段组合影像；f. QuickBird 数据 2、3、4 波段组合影像 $D_2t^2$. 中泥盆统托格买提组第二岩性段（厚层亮晶灰岩等，含腹足类化石）；$C_1y$. 下石炭统野云沟组（薄层泥晶灰岩等，含珊瑚化石）；$C_2$-$P_1a^1$. 上石炭统 – 下二叠统阿衣里河组第一岩性段（亮晶灰岩、泥晶灰岩等，含珊瑚化石）

则选择最佳遥感波段组合成信息量丰富的彩色图像，提高岩性和构造解译程度。仍然以图 2.15 和图 2.16 为例，对三种数据进行图像特征分析，分别选用不同波段融合成假彩色图像，就可以有效提高岩性、构造的解译能力（图 2.19）。

## 2.4　在城市区进行地质填图

### 2.4.1　拥挤的城市

如果你生活在北京、上海、纽约或者东京这样的大城市，每天的生活很可能是从挤地铁开始的：随着潮水一般的人群涌向狭小的地铁入口，奋力在人群中挣扎向前想要早几分钟踏入车厢，在不知道几米深的地下，跟着急速行驶的地铁车厢一起穿越大半个城市，不见蓝天白云，只见黑暗隧道中闪烁的灯光，照亮四通八达的地下路网。

我们的城市，在日新月异的发展中，变得越来越拥挤，变得越来越大，越来越立体，不仅向上向四周扩展，也不断地向地下延伸。城市化进程大大加快，由于大量人口不断涌向新的工业中心，城市获得了前所未有的发展（图 2.20）。

1955 年至 2015 年世界处于急速城市化时期，超过一半的世界人口选择迁移到城市和城镇居住，至 2015 年全世界有 8 个城市常住人口过 2000 万。其中，日本东京以惊人的 3800 万高居世界第一。如此多的人口快速集聚，带来的不仅仅是充足的劳动力和城市快速发展，更有交通拥堵、环境污染与资源短缺、就业困难、治安恶化等问题。

交通拥挤对社会生活最直接的影响是增加了居民的出行时间和成本，交通事故增多，城市环境被破坏。交通状况恶化是城市环境质量恶化的主要原因，拥挤的交通导致车辆

图 2.20　现代化的大城市（徐士银拍摄）

只能在低速状态行驶，频繁停车和启动不仅增加了汽车的能源消耗，也增加了尾气排放量，增加了噪声。根据伦敦 20 世纪 90 年代的检测报告，大气中 74% 的氮氧化物来自汽车尾气排放。

传统上，城市环境问题以公共健康问题为主，如水源性疾病、营养不良、医疗服务缺乏等，而近年来，环境污染使得城市环境问题转向现代的健康危机，包括交通和工业造成的空气污染、噪声、震动、精神压力导致的疾病等。大城市在发展进程中所遇到的资源短缺主要为水资源短缺和土地资源短缺，世界上 80 多个国家或占全球 40% 的人口严重缺水。土地资源紧缺问题对现代化大都市可持续发展的制约作用更加突出。城市不断地扩张，土地资源短缺还会造成大量的农民失去土地，将会带来更多的问题。

### 2.4.2　城市地质填图的目的

城市扩张、人口膨胀，亟待查明城市地区生态、资源、环境承载力。这就需要开展适当比例尺的区域地质调查，填制城市地质图，为城市管理者和建设者提供科学的规划依据。城市地质调查及城市地质填图的主要目的就是要系统调查清楚与城市规划、建设和发展相关的各种地质资源、环境状况。因此，城市地质调查的主要任务首先是查明城市地区各类地质体（如沉积地层、侵入岩体及断层等）的空间分布与赋存状态，构建地下三维地质结构，服务于城市地下空间的科学开发利用。

人类活动的干扰和改造使城市地质调查区别于其他地区区域地质调查，也使得城市地区地质结构远比非城市建设区地质结构要复杂得多。城市地质图也与传统地质图不同，它一定是三维立体地质图，完整的演示需要利用现代化的多媒体播放设施完成。为了某些特殊的用途，城市地质图也会有一些专门的纸质三维结构表达。

地下空间是一个建筑学名词，指属于地表以下的建筑空间，涉及范围很广，比如地下商城、停车场、地铁、矿井、穿海隧道等。城市地下空间是一种巨大而丰富的空间资源，城市地下空间可开发的资源量为可供开发的面积、合理开发深度与适当的可利用系数之积。2012 年我国城市建设用地总面积为 32.28 万 $hm^2$，按照 40% 的可开发系数和 30m 的开发深度计算，可供合理开发的地下空间资源量就达到 3873.60 亿 $m^3$。这是一笔很可观而又丰富的资源，若得到合理开发，那么将对扩大城市空间、实现城市集约化发展具有重要的意义。目前，开发城市地下空间可应用于 4 个领域，对应的具体功能有：

1）地下公共活动，提供公共服务、步行网络、景观环境及其他公共设施。

2）地下交通类设施，交通设施和地下物流系统。

3）地下市政设施，地下能源利用设施和市政设施。

4）地下防灾安全，人防工程、抵御自然灾害、地下军事指挥中心、重要军事设施（军事光缆、通道、物资储备等）、数据存储和危险品处理等。

因此，地下空间结构的复杂性使得城市地质调查的必要性增强，而调查的难度大大增加。

### 2.4.3　城市地质填图深度

最新出台的“覆盖区区域地质调查技术要求（1 ∶ 50000）”中规定的浅覆盖区地质填图深度范围与我国正在实施的城市地下空间探测深度一致。其实，根据城市规划发展规模，不同规模的城市，这个调查的深度可以不同。大型和特大型城市调查深度 0 ～ 200m，中等城市达到 100m 深即可，而在地级小城市，0 ～ 50m 的调查深度足够。除非一些特别的原因，否则就应该按照大体统一的标准进行，如在一些特别干旱缺水城市，地下水的深度应该是确定调查深度的主要因素。

在城市地区开展地质填图与大山基岩出露区填图不一样，地表没有岩石、地层出露，城市建设致使核心城市区几乎全部被人工建筑群及浇灌了混凝土和柏油的路面掩盖。地质学家们必须依赖钻探和各种地球物理探测相结合的办法，来探测、查明地下一定深度范围地质结构。幸运的是，一般城市都会施工过各种钻探施工工程，如建筑工程实施的钻探、调查地下水资源施工的水文钻、调查地热资源施工的地热钻，有的城市地区还有石油或煤炭勘探实施的相应钻探工程。在充分利用这些已有钻探工程的资料的基础上，我们再补充实施一些地质调查钻探，就可以大大节省填图项目经费。

### 2.4.4　神奇的地球物理探测

岩石、地层深埋地下，我们看不到，也摸不着。要在城市地区完成地质填图，必须借助各种地球物理探测技术。那么，如何了解地下情况呢？这要从岩石的物理性质谈起。岩石物理性质是指岩石的导电性、磁性、密度、地震波传播等特性，地下岩石不同，其物理性质也随之而变化。各种物理性质都表现为一种或几种不同的物理现象，如导电性不同的岩石在相同的电压作用下，具有不同的电流分布；磁性不同的岩石，对同一磁铁的作用力不同；密度不同的岩石，可以引起重力的差异；振动波在不同岩石中传播速度不同等。运用现代探测技术，完全可以记录到上述物理现象的变化，进而可以了解地下岩石的性质及其分布规律，达到合理利用地下空间的目的。我们把这种以岩石间物理性质差异为基础，以物理方法为手段的勘探技术，称为地球物理勘探技术，简称物探技术。听起来很高深，其实有些手段是大家很熟悉的，如果说到 X 光、CT（计算机断层扫描）、B 超、核磁共振等医学检测手段，大家应该都不陌生，医生利用这些技术对人体内部进行检测，而地质学家则利用同样的手段对地球内部进行检测，了解地下情况。

常用的物探技术手段有以下几种。

重力勘探：是利用组成地壳的各种岩体、矿体间的密度差异所引起的地表重力加速度值的变化而进行地质勘探的一种方法，简单地说，就是利用各种不同岩石之间的密度差异来分析地下情况。这种测试技术的基础就是我们熟知的牛顿万有引力定律。只要勘探地质体与其周围岩体有一定的密度差异，就可以用精密的重力测量仪器（主要为重力仪和扭秤）找出重力异常，从而推断覆盖层以下密度不同的岩石埋藏情况和地质构造情况（图 2.21）。

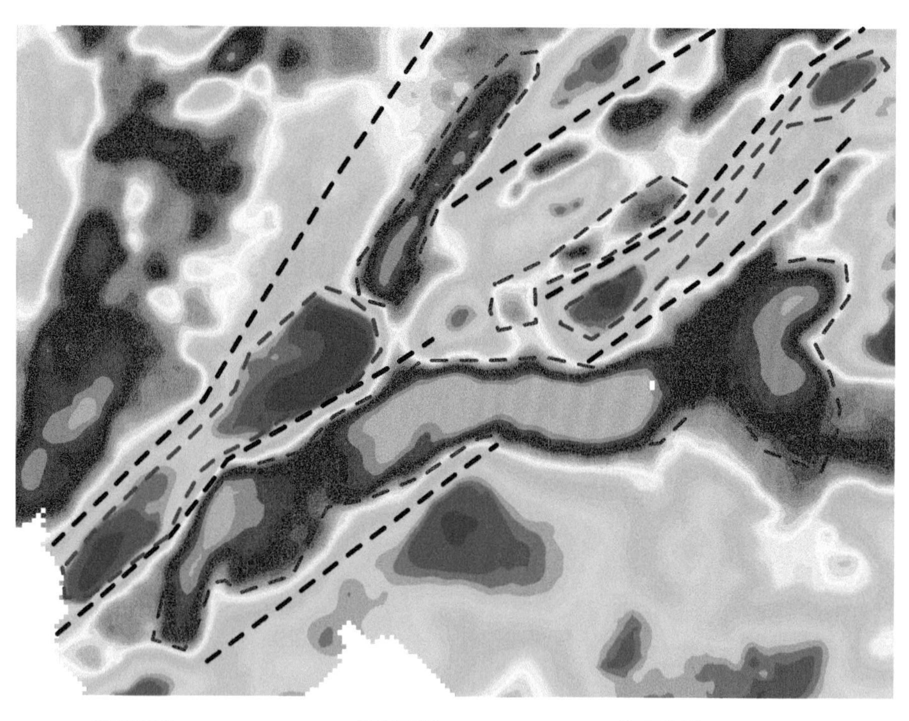

图 2.21　重力勘探成果图（李向前等，2019）

磁法勘探：自然界的岩石和矿石具有不同磁性，可以产生各不相同的磁场，这些磁场使得地球磁场在局部地区发生变化，出现地磁异常。利用仪器发现和研究这些磁异常，进而寻找磁性矿体和研究地质构造的方法称为磁法勘探（图 2.22）。

电法勘探：是根据岩石和矿石的电学性质（如导电性、电化学活动性、电磁感应特性和介电性，即所谓“电性差异”）来找矿和研究地质构造的一种地球物理勘探方法。这种方法是通过仪器观测人工的、天然的电场或交变电磁场，分析、解释这些场的特点和规律达到勘探的目的。电法勘探分为两大类：直流电法和交流电法（图 2.23）。

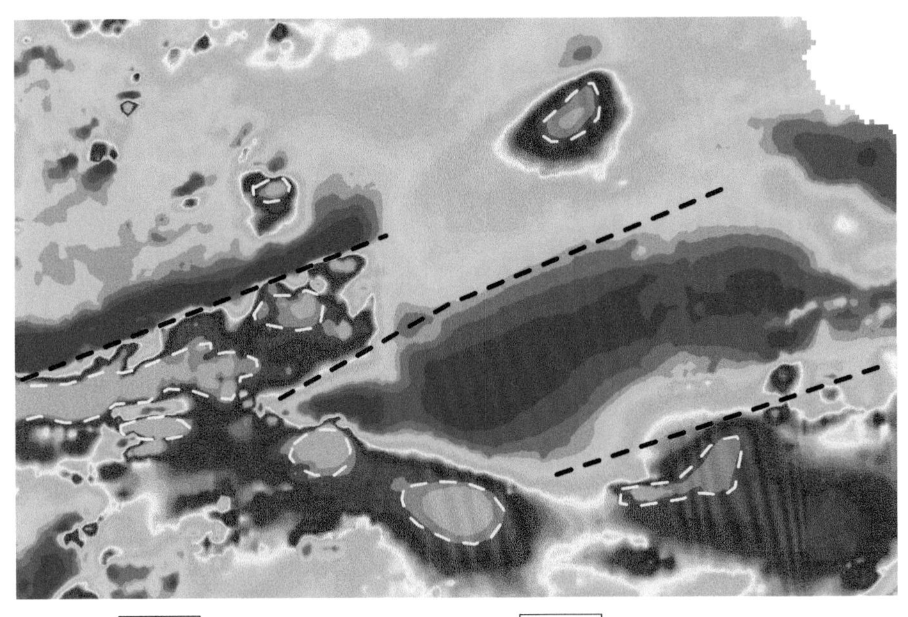

推断断裂构造　　推断磁性岩体

图 2.22　磁法勘探成果图（李向前等，2019）

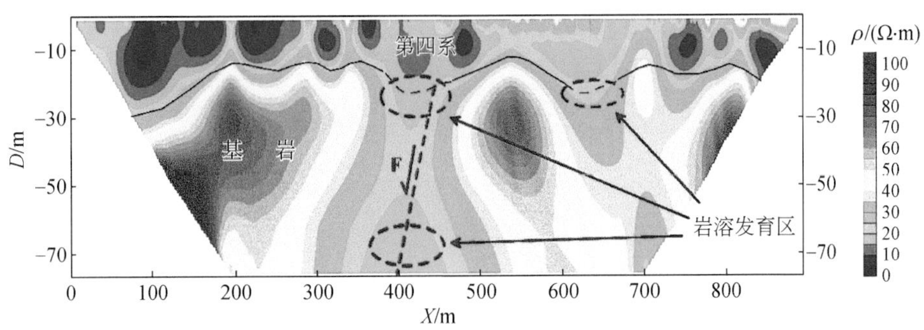


图 2.23　电法勘探成果图（黄敬军等，2014）

地震勘探：利用人工激发的地震波在弹性不同的地层内的传播规律来勘探地下的地质情况。简单来说，就是地质学家们会人为制造一场小规模地震，然后用特殊的仪器记录地震波在不同类型岩石中的反射波，分析所得记录的特点，如波的传播时间、振动形状等，通过专门的计算或仪器处理，判断岩石地层的岩性。

运用浅层地震勘探方法，长江三角洲地区某地地质填图项目对地下沉积物结构进行探测，新近系－第四系松散沉积物由于物性差异，产生多组较好的地震反射波（图 2.24），详细展示了岩性的空间变化以及重要的地质界面起伏状况。

探地雷达：是近几十年发展起来的一种探测地下目标的有效手段，顾名思义，它是一种特殊的针对地下空间的雷达，利用天线发射和接收高频电磁波来探测介质内部物质特性和分布规律，相比其他常规地球物理技术，具有探测精度高、效率高以及无损的特点（图 2.24）。

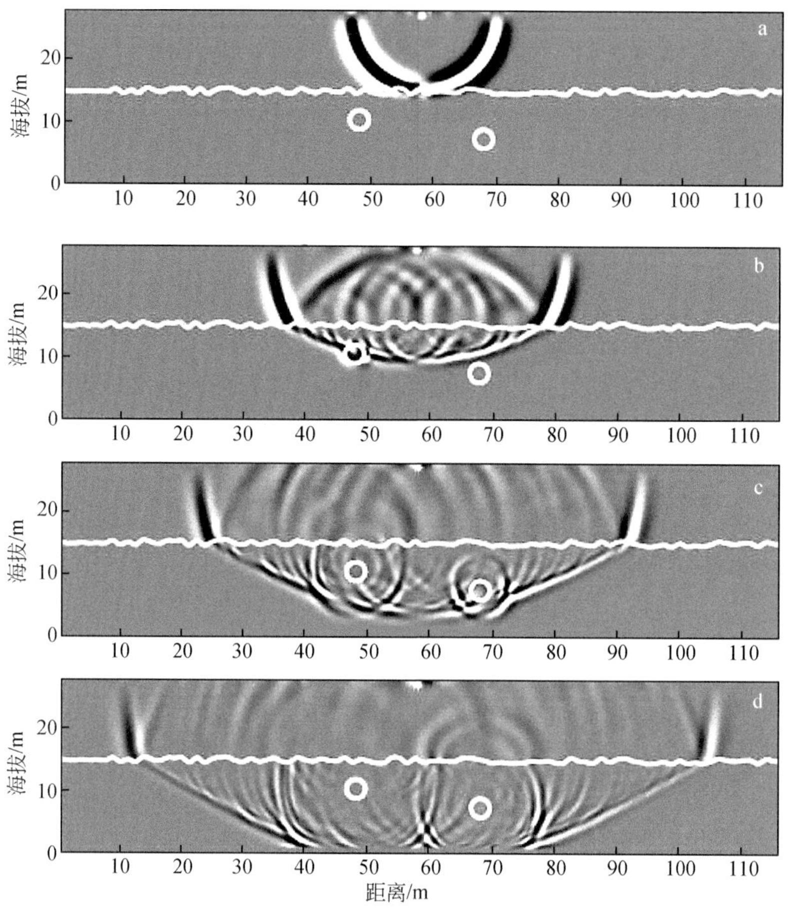


图 2.24　探地雷达成果图（傅磊等，2014）

### 2.4.5　钻探与一孔多用

地球物理勘探方法都是根据物理现象对地质体或地质构造做出解释推断，因此，它们是间接的勘探方法，具有多解性。为了获得更准确更有效的解释结果，地质学家们一般会尽可能地通过多种物探方法配合，进行对比研究和分析判断。

那么，有没有直接的手段可以用于探索地下空间呢？答案是肯定的，最直接的手段就是钻探。钻探是指用钻机向地下钻孔，取出土壤或岩心供分析研究。这里的岩心指的是在钻井过程中使用特殊的取心工具把地下岩石成块地取到地面上来，这种成块的岩石叫做岩心，岩心是了解地下最直观、最实际的资料，通过它可以测定岩石的各种性质，直观地研究地下构造和岩石沉积环境，了解其中的流体性质等。

城市地质调查中主要使用的钻探种类包括地质矿产钻探、水文水井钻探、地热钻探、工程勘察钻探等。

1）地质矿产钻探：地质调查中，钻孔直径小（46 ～ 91mm），按矿种的不同，深度从几十米到几千米，从钻孔中不同深度处取得岩心、矿样进行分析研究鉴别查明矿体或划分地层，判定地层地质情况，是地质找矿工作的重头戏，其费用常常要占地质找矿整体花费的 40% 以上（图 2.25）。

图 2.25　地质钻探（徐士银拍摄）

2）水文水井钻探：用于满足人畜饮水、农田灌溉问题或为地质部门提供水文观测，在钻探至含水层（位）时固井成孔。普查孔直径小于 150mm，勘探孔直径 150 ～ 350mm，水井直径 150 ～ 550mm，孔深 300m 以上。

3）地热钻探：为勘探和开发蕴藏在地壳内部的地热能源进行的钻探和成井技术，钻井深度一般可以达到 3000 ～ 5000m。

4）工程勘察钻探：用于勘察坝基、水库、渠道、港口工程、高层建筑以及铁路、公路沿线的工程地质情况。从钻孔中取得岩心、土样进行物理性质分析从而判断其地基基础是否满足工程建设的承载重力和稳定性（图 2.26）。

图 2.26　工程勘察钻探（徐士银拍摄）

5）文物勘察钻探：适用于具体了解遗址堆积分布范围、厚度、大型建筑基址、大型墓葬和古城的形状和布局等。能直观准确地取得一定地点的文化堆积资料，比发掘省工，破坏性小，能在短时间内了解较大面积的地下情况。

所谓的“一孔多用”，即一个钻孔结合地质、水文地质勘察进行，除获取岩心（图 2.27），抽、压水试验资料外，还根据需要进行物探综合测井、无线电波透视、钻孔电视、钻孔摄影、孔间 CT 扫描和钻孔原位测试、样品采集等，综合研究各种物性参数和物理力学试验指标之间的相互关系，为评价岩体质量提供更多的基础资料和定量资料。

图 2.27　岩心（徐士银拍摄）

其中，抽水试验主要用于测试地下水位的变化，而压水试验主要用来测试地下岩体的透水性和裂缝发育程度（图 2.28）。

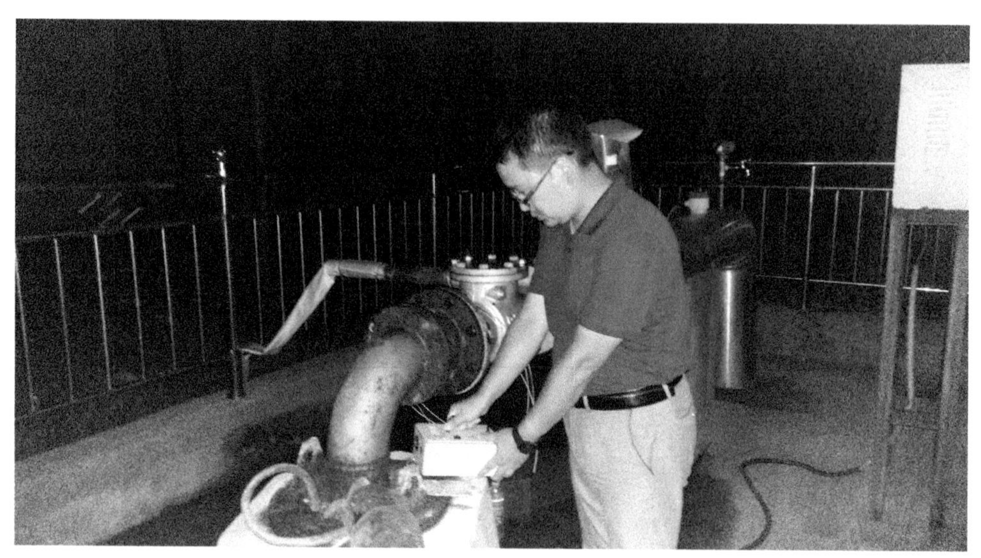

图 2.28　抽水试验（贾根等，2020）

物探综合测井则是在钻孔中使用的上述地球物理勘探方法的通称。测井是将地质信息转换成物理信号，然后再把物理信号反演回地质信息的一种技术。根据所利用的岩石物理性质不同，可分为电测井、放射性测井、磁测井、声波测井、热测井和重力测井等（图 2.29）。

图 2.29　物探综合测井（徐士银拍摄）

钻孔原位测试顾名思义，指的是直接在钻孔里用仪器测试土的物理力学性质的作业（图 2.30）。

图 2.30　静力触探（瞿婧晶拍摄）

通过测井资料划分地层岩性以获得详细的岩性解释剖面，在此基础上，进行岩性剖面分析，岩样化验，再辅之以测井曲线形态识别来进行地层年代细分以及沉积相的研究。根据对每个钻孔测井资料的分析，确定各个钻孔各地质时期的分界线；以此为基础扩展到区域性的地层对比，以此划分区域性的地质界面（图 2.31）。

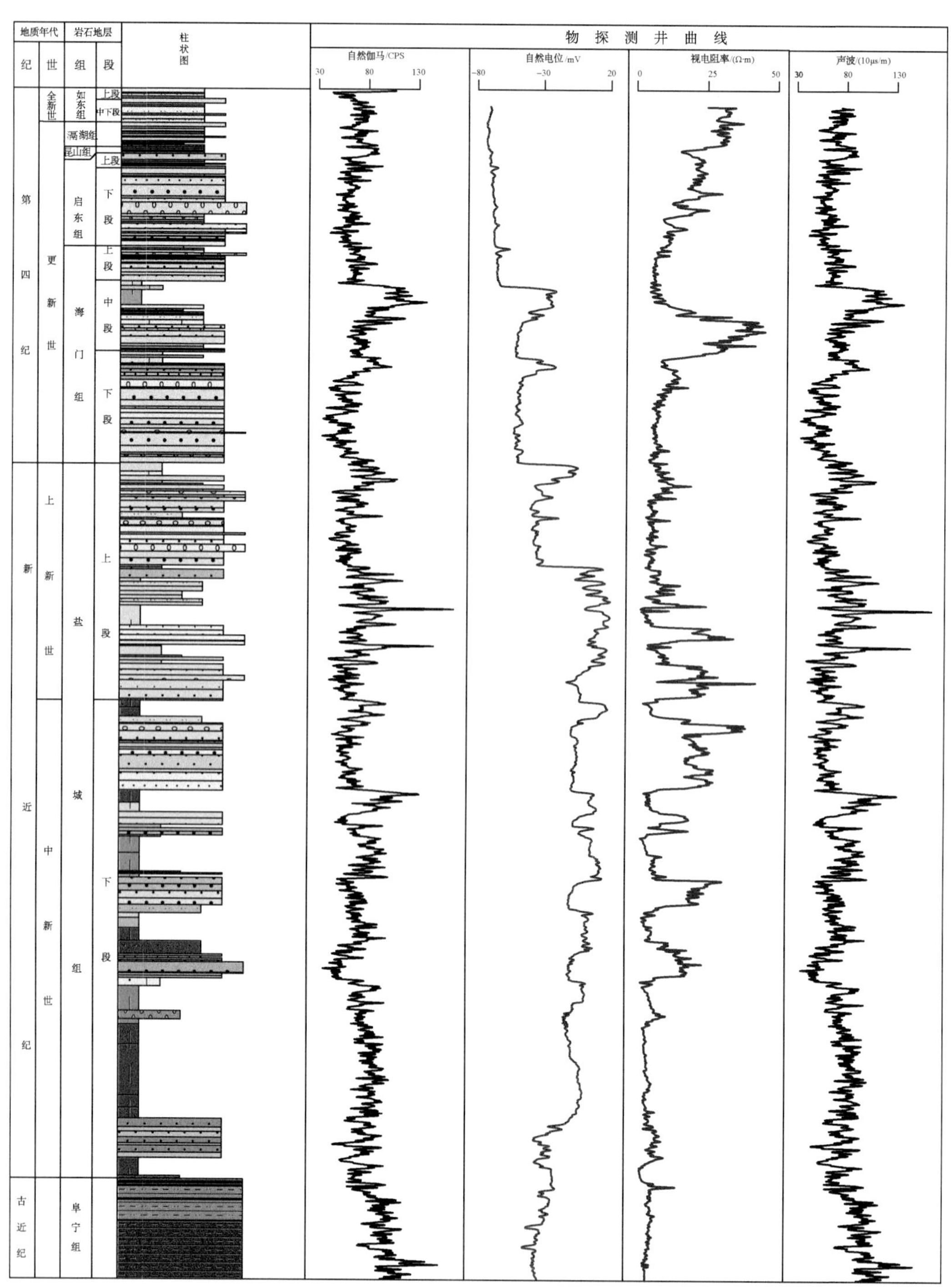


图 2.31　长江三角洲地区某地城市地质填图地层柱状剖面及测井结果

样品采集：在地质调查工作中根据研究目的的不同，需要采集一系列的相关分析、测试及鉴定样品，主要有岩石薄片、矿石光片、重砂样、岩石化学样、光谱分析样、稀土分析样、电子探针样、单矿物样、组分析样、孢子花粉样、化学分析样、物性测试样，以及同位素年龄、古地磁等测试样品（图 2.32）。通过分析、测试及鉴定，获取相关的信息和数据，为全面提高工作成果质量提供重要依据。

图 2.32　古地磁采样（徐士银拍摄）

## 2.4.6　城市三维地质填图

在利用地球物理及钻探等技术手段对地下空间进行探测后，我们对地下情况已经有了清晰的认识，但是，如何将这些情况直观地展示出来呢？这就需要三维地质建模和可视化技术。将计算机技术、三维可视化技术等信息技术结合起来，在三维环境下进行模拟展示，即三维地质建模。这项技术最早由 Houlding 在 1993 年提出，现在已广泛应用于工程、能源、地球科学及可视化等众多领域。它可以对复杂的地质体和地质构造现象进行可视化表达，实现三维地质建模、三维资料综合评价、地质过程的仿真模拟等高级可视化应用功能，为相关决策提供科学依据。基于大量地表地质调查、钻探及物探和化探调查基础上完成的三维地质结构，实际上就是城市地质图的重要表达方式，在形式上大大区别于以往纸介质地质图。

大部分城市都坐落在松散沉积物覆盖区，在这些城市区开展松散层三维地质结构调查的手段是地质钻探和各种地球物理探测。在收集前人钻探资料的基础上，地质填图人员按照一定的密度补充部署一定的钻探工程，构成对地下地层和岩石的网状控制（图 2.33），对每个钻孔岩心进行详细的分层描述、确定每个地层单位的岩石组成和地层结构特征，划分确认其沉积时的沉积环境，如是河流边滩沉积，还是湖泊沉积？等等。对所有钻孔岩心的地层结构进行分析对比，确定相同地层单位在空间上的展布。一般情况下是将一定方向上排列的钻孔岩心分别对比，形成钻孔连井剖面（图 2.34），再将若干个钻孔岩心资料部署根据三维地质结构表达内容的不同，将三维地质结构分为岩性模型、地层年代模型以及岩相模型。

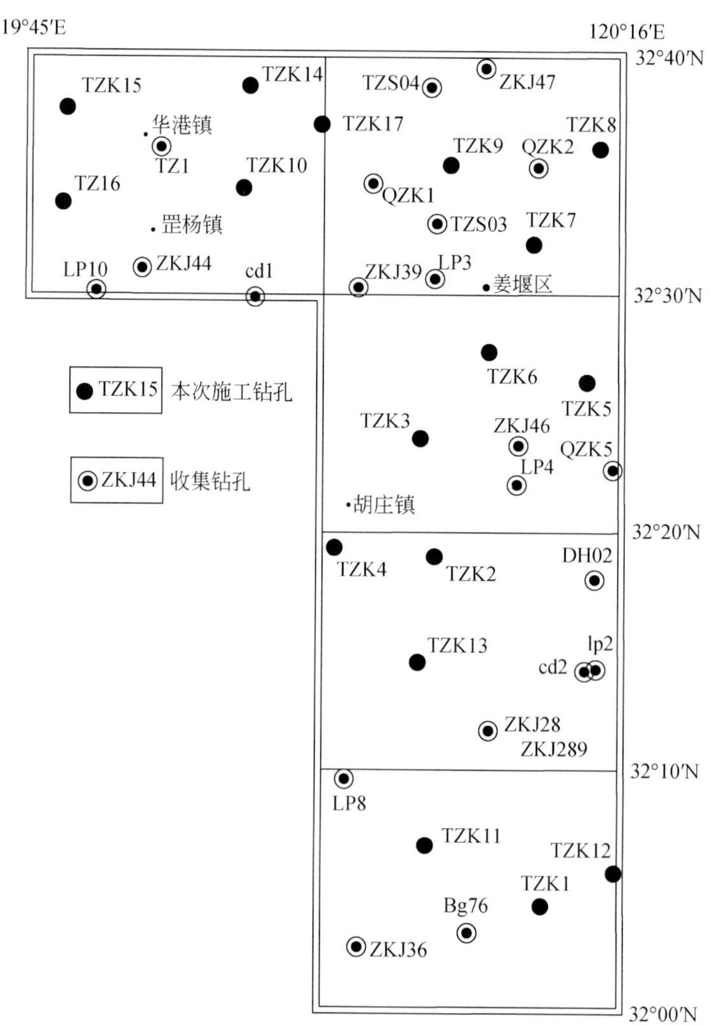


图 2.33　长江三角洲地区某地地质填图钻探分布（李向前等，2018）

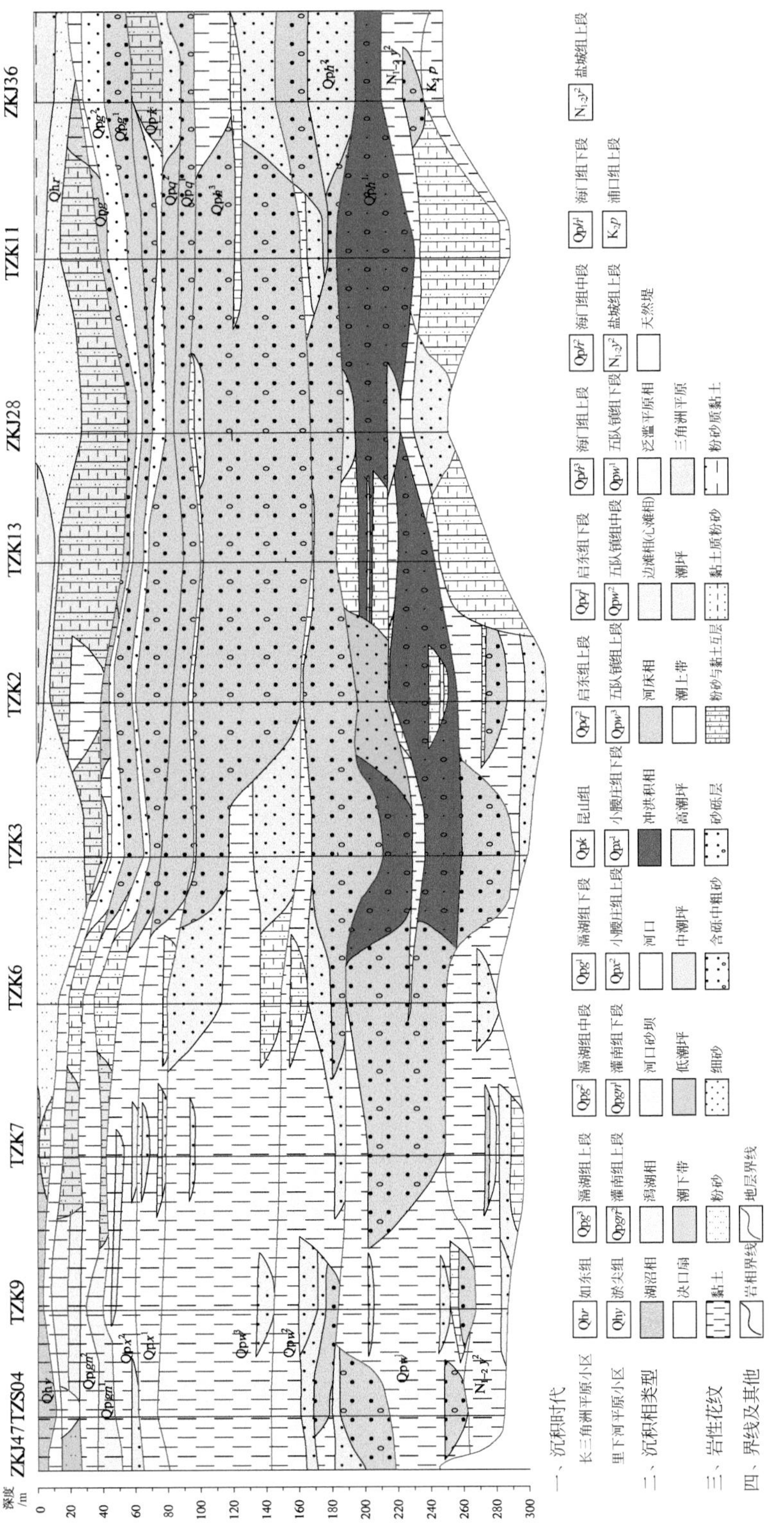

图2.34　长江三角洲地区某地地质填图钻孔连井剖面

地层岩性模型主要揭示岩性的三维空间分布。基于对钻孔岩性的原始描述，采用合适的三维属性插值方法，建立三维地层岩性模型。

地层年代模型主要表达的是不同时期地层界面的起伏及地层厚度的空间变化。基于地层综合划分对比研究，按照地层划分方案进行分层，必要时，在地层界面起伏较大区域，添加虚拟钻孔，采用合适的插值方法，模拟各地层界面的起伏，最终与模型边界共同形成地层年代模型（图 2.35）。

岩相模型主要用以揭示不同沉积相的空间展布，可直观表达不同地质时期沉积古地理的特征。首先对所有岩相按照海相 > 陆相的顺序，将岩相排序，赋予代号，在地质钻孔联合剖面基础上，对每个钻孔进行岩相特征的分层，即对每个钻孔进行岩相标准化，最后采用合适的三维属性插值方法，建立岩相模型。

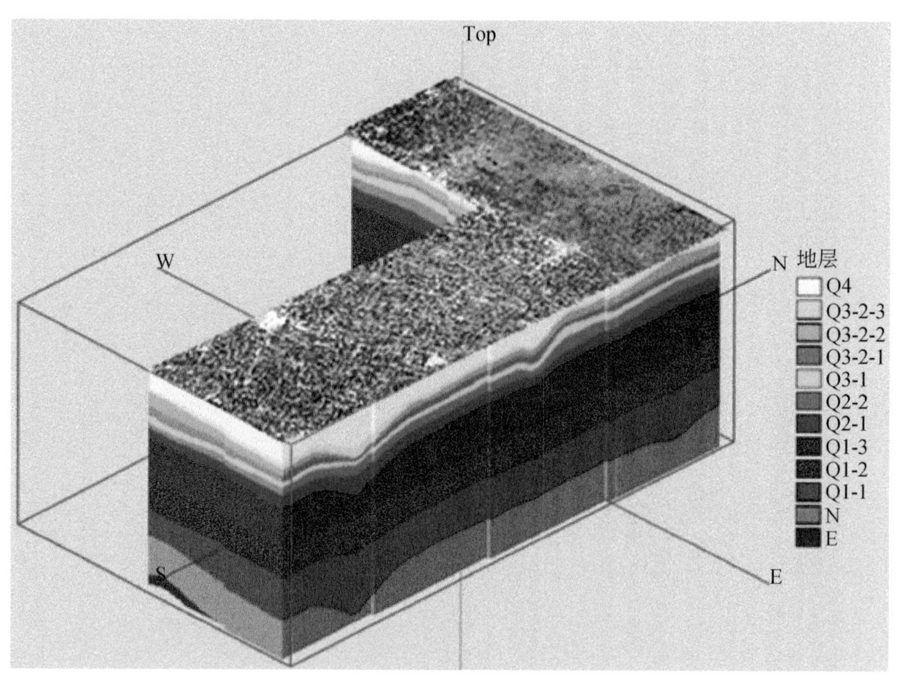


图 2.35　长江三角洲地区某地地层年代模型

城市地质图的另一个重要内容，是基底界面三维起伏模型的构建，主要是用以结合地球物理调查确定的断裂构造等，形成基岩面地质图。

长江三角洲地区平原区基岩面三维模型构建以区域地球物理资料解译为主。对于基底垂向上的构造分层特征是在分析深部岩石地层密度参数的基础上，结合地震勘查获取的地质界面顶、底特征，建立重力－地震联合反演剖面初始模型，结合钻孔揭露、以往资料以及地球物理测井，对初始模型中的界面的分布位置及埋深加以修正，再通过测井测量的物性数据进行人机交互计算，获取剖面反演图，解释深部重大地质界面的位置及埋深（图 2.36）。

自 2000 年以来，我国的城市地质调查工作逐步引入了更多的信息技术手段，如遥感卫星、探地雷达、高分辨率地震、三维地质建模（图 2.37）和地质灾害监测等，在城市规划、城市环境、城市资源等方面的研究都有了较大的进展。

图 2.36　基底界面起伏三维模型

绿色代表新近系底界；蓝色代表新生界底界；黄色代表中生界底界

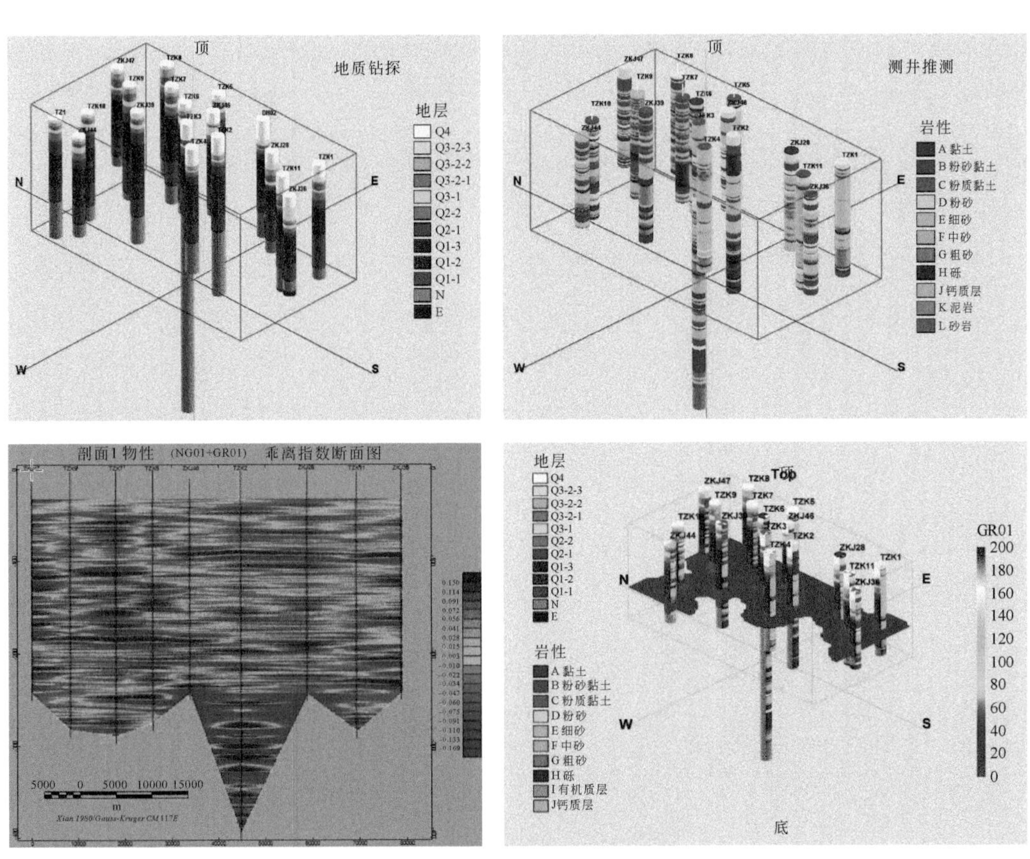


图 2.37　利用钻探 + 综合测井构建第四纪地层空间结构（李向前等，2018）

2006年，国土资源部和中国地质调查局启动了三维城市地质填图试点，随后于2011年又启动了三维区域地质填图试点（图2.38）。这些试点工作把三维地质建模作为重点技术，开展大陆地壳、城市、含油气盆地、重要成矿带、重要经济区、重要地质环境脆弱区的深部探测工作。工作内容主要包括地铁真三维地质结构模拟、三维地理信息系统可视化管理和分析、城市三维空间数据库建设与管理、城市环境的可视化应用研究、三维水文地质模型研究等，将城市三维地质海量数据与地理信息系统、数据库、可视化进行有机结合，为城市地质工作中遇到的各种问题提供更为科学的解决方案。

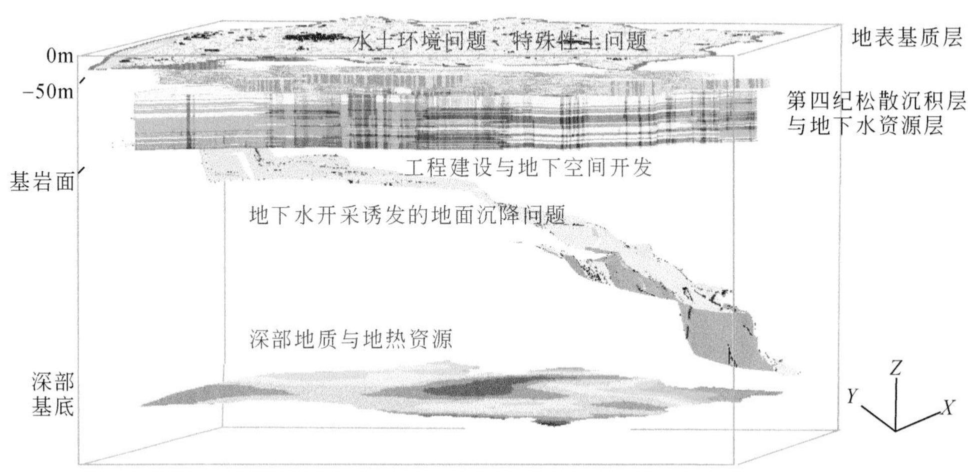


图2.38　江苏省某市城市三维地质图

# 第3章　岩石和地层的年龄

对三维宇宙内的时间和空间关系，我国古人有着非常精练的概括——上下四方曰宇，古往今来曰宙。日常生活中，我们对位置的变化非常敏感而对时间的流逝不甚关注，往往到了回忆往事的时候，才对时间流逝之快惊讶不已。而在地质学中，时间和空间同时展布于一张地质图上，一张图便说明了这一地区几亿年乃至几十亿年的时空演变历史。当我们打开一张地质图，首先跃入眼帘的便是不同形状的符号和五颜六色的色块，国家地质行业部门对形成于不同时代的地层、侵入岩等的颜色和花纹有统一的规定。在国家地质调查部门出版的正规地质图上，同时代的地层、侵入岩的颜色与花纹基本一致。在科学家们发表的科学论文中，有时候因为表达习惯问题，采用的颜色和花纹有所不同。一张高质量的地质图重要的一个环节是确定地层、岩石及其他地质体的地质年代或同位素年龄。

在《银河系漫游指南》一书里，道格拉斯·亚当斯这样写道："太空很宽广。实在太宽广了……你或许觉得沿街一路走到药房已经很远了，但是对于太空而言，也就是粒花生米而已。"我们也可以用类似的话来描述时间维度的巨大：你或许觉得十年前的事情已经遥远得记忆模糊，百年前的清王朝是故纸堆里的陈旧记载，千年前的唐王朝古旧得似一场梦，但这些比起地球所经历的时间，都不过是一瞬间。

举例来说，我们小时候从课本里学到了很多描写祖国山水的诗词歌赋，如庐山盛景："日照香炉生紫烟，遥看瀑布挂前川。飞流直下三千尺，疑是银河落九天。"根据地质学家的研究，庐山最古老的地层距今已有23亿年了，从23亿年到距今约2.5亿年，也就是到地质学家常说的二叠纪时期，庐山所在的地区还是一片汪洋大海。1.6亿年前左右一次规模巨大的地壳运动——地质学家称之为燕山运动——导致了庐山崛起，直到6500万年前庐山上升达到现在的高度。

这些以"千万年""亿年"为计时单位的岁月，漫长得超出人们的想象。早在18世纪，被称作"现代地质之父"的詹姆斯·赫顿（James Hutton）就提出了"深时"（deep time）的概念，用来形容地质时间超出平常想象的漫长，他曾慨叹："No vestige of a beginning，no prospect of an end."意思是地质时间如此之漫长，地质过程看起来似乎没有开始也没有结束。这自然是因为地质学草创时期科技不够发达，但也从侧面说明了当时的科学家对无法精确确定岩石年龄的无奈。事实上，直到20世纪的后半叶，随着放射性同位素测年方法的建立，这个问题才初步得到了解决。

# 3.1 相对地质年代——地层的相对年龄

现代地质学将地质学中的年龄分为相对地质年代和绝对地质年代。相对地质年代指的是地层之间的相对的年龄，而绝对地质年代则是指地层形成距离当下的一个确切的年龄。在缺少能够精确测定岩石年龄的手段的时代，地质学家们主要做的其实是相对地质年代的工作。

我们都知道地球上的岩石有三大类：岩浆岩、沉积岩和变质岩（图 3.1）。沉积岩和部分层状的岩浆岩和变质岩组成了覆盖地球表面的地层，如果我们能够判断出这些地层的相对年龄，那么意味着我们就能知道组成地层的岩石的相对年龄大小。在主要由沉积岩组成的地层中，地质学家们总结出了三定律：地层叠覆律、地层水平律和地层横向延伸律（图 3.2）。地层叠覆律告诉我们的是地层形成时，必然是先形成的地层在下，后形成的地层在上，地层呈现出下老上新的规律，这个定律是我们判断地层形成相对时间的一个基础。地层水平律和横向延伸律则是指地层形成时基本保持水平，并且在侧向上可以大范围存在，这就为我们进行不同地区乃至全球的地层对比工作提供了便利。

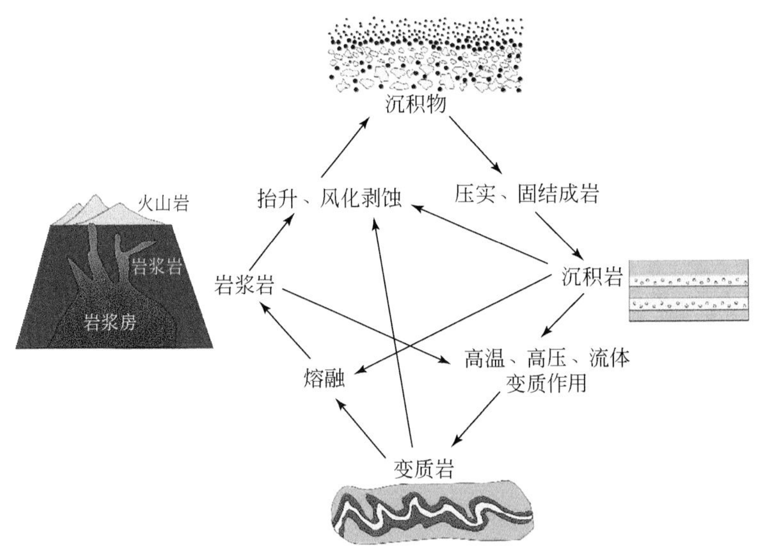


图 3.1 地球三大岩类的岩石循环图解

根据这三个规律，面对沉积岩乃至部分的层状岩浆岩和变质岩，我们便都可以轻松地判断地层之间的新老关系，知道它们的相对地质年代。但并非所有的地层都如同千层饼一样层层叠叠地形成，在地球发展的过程中，有着数不清的沧海桑田的变迁，地层在这样的过程中被抬起、断裂，抑或弯曲、褶皱，甚至被剥去消失，地层之间形成了复杂的接触关系，地质学家将其称为整合和不整合关系（图 3.3）。呈整合关系的地层相互之间叠置如同千层饼，而不整合的地层或者缺失某些地层，上下地层并非连续形成，但新

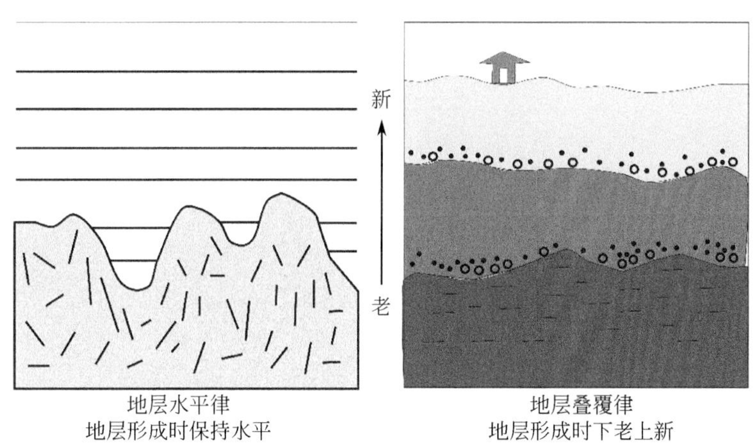


图 3.2　地层的水平律与叠覆律

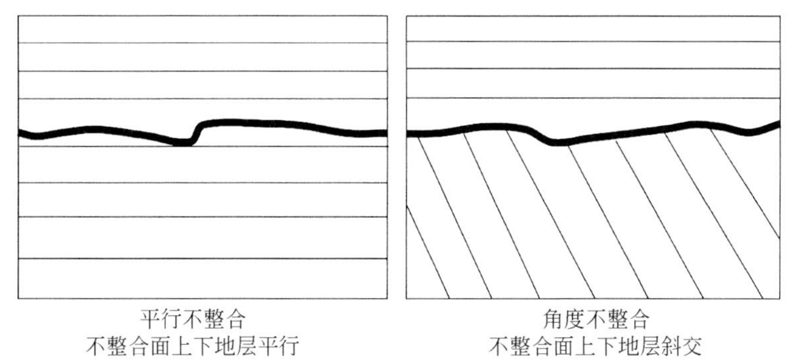


图 3.3　地层的不整合接触关系

老关系仍然成立；或者地层呈交切关系，被切的地层要老于切割的地层。

这些定律和接触关系为我们确定地层的相对年代提供了很大的便利，但在复杂的地球历史中，仅仅靠这些定律显然是不够用的。这个时候，地层中的一个重要的标志——化石，便派上了用场。英国的地质学家 William Smith 首先将化石用于地层的识别和定年。他在负责英国运河工程的测量工作时，发现运河两侧的露头上有着非常多的化石，而这些化石在地层中出露的顺序是有规律可循的，以化石为标志，对比不同的地层剖面，就可以确定地层的顺序和时间（图 3.4）。地质学家将那些演化速度比较快，在某一段时间内大量出现，并且比较容易识别的化石叫做标准化石。标准化石是一套地层中最具有代表性特征的化石，利用标准化石可以确定地层的时代（图 3.5），比如寒武纪的三叶虫，奥陶纪和志留纪的笔石等。在地球发展史上，同一时期往往存在着非常多的生物，这些生物组成了生物组合，分布于广大的地域中，因而现在不同地方相同时间的地层中，我们往往能发现相似的生物组合，这也是用来判断地层形成的年代的重要依据。

除了以上这些方法，沉积地层中记录的地球磁场的变化也可以帮助我们判断地层的年代。地质历史中，地球的磁场发生过多次的倒转，而地层中磁性矿物排布方式记录了这一变化。几十年以来，科学家们已经积累了大量的地球磁场变化的资料，制作出了标

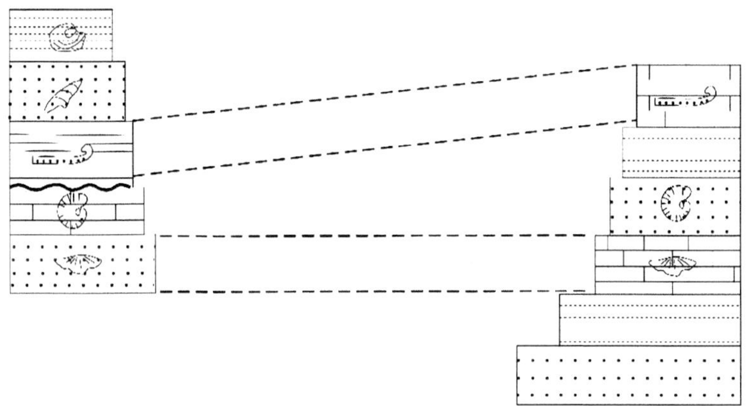

图 3.4　通过化石对比不同地区的地层

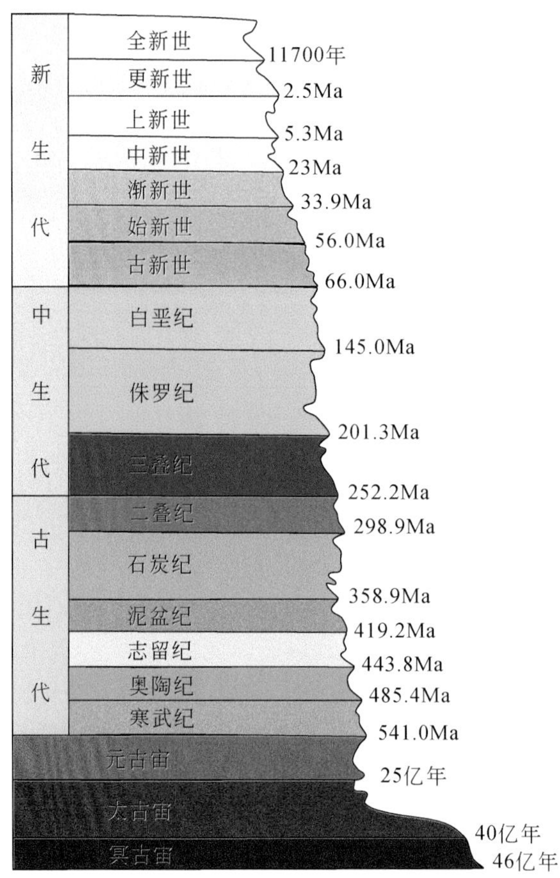


图 3.5　地质年代简表

准的地磁极性年表（Global Polarity Timescale，GPTS）。对于一个未知年代的地层，通过一定的实验手段，地质学家们可以测得地层中磁场的变化，获得其极性变化，再通过与标准地层极性年表的对比，便可以获得地层的年代。图 3.6 为宁夏盆地平罗地区 PL02 孔的古地磁年代结果，该结果表明 PL02 孔揭露的地层记录了该地区约 3.4Ma 以来的沉积演化历史。

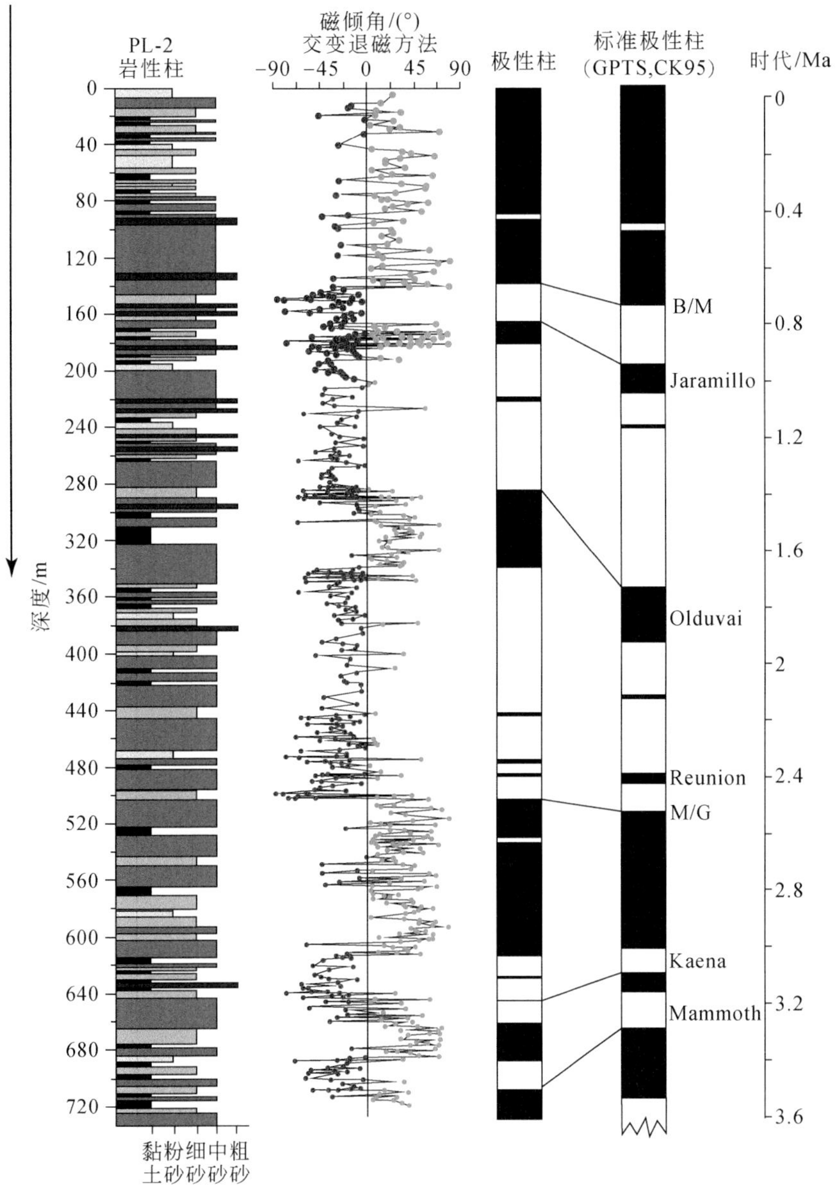

图 3.6　银川盆地 PL02 孔热退磁及交变退磁结果及其与标准极性年表的对比（Wang et al., 2015）

B/M 为布容（Brunhes）正极性时 / 松山（Matsuyama）反极性时；Jaramillo 为贾拉米洛极性亚时；Olduvai 为奥都威极性亚时；Reunion 为留尼旺极性亚时；M/G 为松山（Matsuyama）/ 高斯（Gauss）极性时界线；Kaena 为凯纳极性亚时；Mammoth 为马莫斯极性亚时

根据以上种种办法，我们终于分辨清楚了全球各个地层相互之间的年龄大小关系，并命名了地球发展历史中的各个时代，这就是我们今天在地质年代表中见到的诸如寒武纪、奥陶纪等等（图 3.5）。然而，一个问题始终在地质学家的脑海中萦绕不散，那就是绝对地质时代——岩石的精确年龄！地球的三大岩类中，除了沉积岩，还有岩浆岩和变质岩，它们从地下侵入，切穿地层，暴露出地表，或者向上抬起，形成大片的基岩区。在这种情况下，研究相对地质年代的工作无法进行，我们需要知道这些岩石形成的确切年龄。

## 3.2 绝对地质年代——岩石的精确年龄

如同现代地质学最重要的理论之一——板块构造学说，并非由地质学家提出而是由地理学家魏格纳首创一样，绝对地质年代问题的解决则要归功于一群杰出的物理学家们。19 世纪和 20 世纪是物理学大发展的世纪。1898 年，居里夫人发现了元素镭，并将其发射现象称为“放射性”。进一步的研究发现，自然界中的放射性元素会不断发射射线或者粒子，进而蜕变为另一种元素的原子，这种现象称为放射性衰变（图 3.7）。如放射性元素铀（U）的一种同位素 $^{238}$U，会经过多达 14 次的连续衰变，最终形成稳定的元素 $^{206}$Pb。物理学家们将衰变的放射性元素称为母体，将蜕变形成的新的原子称为子体。母体衰变成为子体的过程不受任何外界因素（如温度、压力、磁场）影响，而是按照其固定的衰变速率进行变化的。这就给测定地层的精确年代带来了契机：如果岩石或矿物在其形成时就含有了某种放射性元素，就相当于给自己装上了一台计时器：随着放射性元素不断衰变，子体不断积累到现在，只要没有外来的放射性物质干扰，只要我们测定出来子体和母体的含量，按照放射性衰变的速率，就可以计算出岩石或矿物形成的时间。

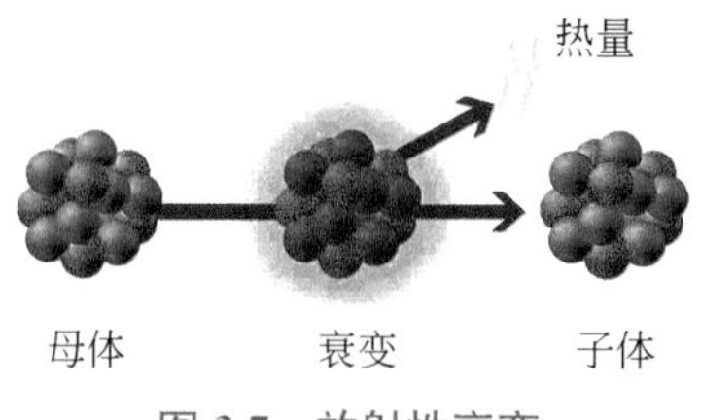


图 3.7 放射性衰变

科学的发展急速向前，放射性衰变理论提出之后不到十年，1907 年，美国地质学家 Boltwood 采用化学 U-Pb 法，根据沥青铀矿中的 U/Pb 摩尔比值得出了沥青铀矿的年龄，开创了利用放射性元素测量绝对地质年代的先河。又过了二十多年，至 1935 年，尼尔改进了质谱仪，建立了 U-Th-Pb 法测年，代替了复杂的化学法。接下来，在 20 世纪 40 年代，除了 U-Pb 体系的定年方法，其他体系的定年方法如 Rb-Sr 法、K-Ar 法都建立了起来；50 年代则建立了 $^{14}$C 法；60 年代建立了 Re-Os 法、铀系不平衡法、裂变径迹法和 Ar-Ar 法；70 年代建立了宇宙核素沉降法、Lu-Hf 法和 Sm-Nd 法；80 年代建立了电子自旋共振法和微区离子探针锆石 U-Pb 定年法。测年技术的发展如此之快，相对于动辄以“百万年”为计时单位的地质历史而言，几乎是一夜之间便全都出现，并被迅速地应用到了科学研究中。

但一个疑问相信很快就会浮现在读者的心头，为什么会有着这么多的不同种类的测年方法呢？难道就没有一种万能的、普遍适用的方法，能够用于测量所有的岩石的年龄？

很不幸，这种方法并不存在！这里就要提到半衰期的概念。所谓半衰期，即放射性元素的原子核有半数发生了衰变所用的时间，它代表的是一个放射性元素的衰变速率。不同的放射性元素的半衰期差别很大，比如钋（Po）的半衰期只有 0.0018s，真的是连一眨眼的工夫都不到；而铀（U）的同位素之一 $^{238}$U，半衰期长达 44.7 亿年，与地球的年龄大致相当。在这种情况下，在测定岩石或矿物的年龄时，就需要根据测试对象的不同，选用具有合适的半衰期的同位素进行定年。目前测定较古老的岩石的年龄时，往往采用锆石（图 3.8）U-Pb 法。因为铀（U）的半衰期非常长，$^{238}$U 半衰期达 44.7 亿年，而 $^{235}$U 半衰期为 7 亿年。Rb-Sr、Sm-Nd、Lu-Hf 和 Re-Os 等体系，因为它们的半衰期比较长，也可以用来测定较老的样品。而对比较年轻的地层，尤其是新生代 6500 万年以来形成的地层，多采用半衰期比较短的放射性元素体系进行测年，如 K-Ar 法、$^{14}$C 法等。我们平常看电视时，在新闻报道中常看到某个地方考古学家发现了几万年之前的人类遗迹，这些几万年的年龄往往都来自 $^{14}$C 测年方法（图 3.9）。

a　　　　b

图 3.8　锆石是一种常见的用于测年的矿物

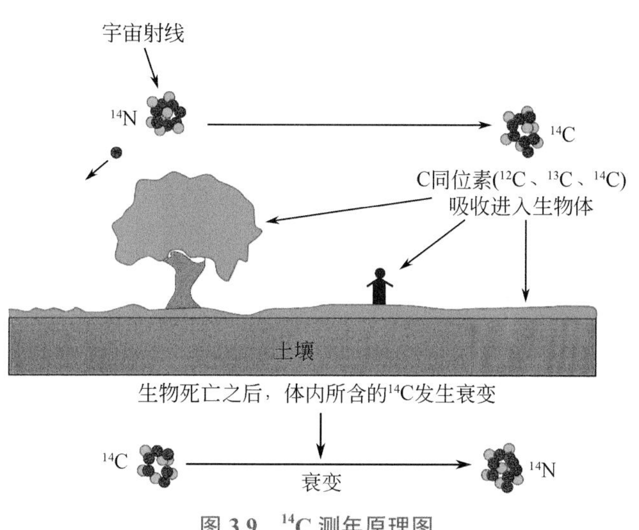


图 3.9　$^{14}$C 测年原理图

# 第 4 章　坐地巡天，望沧海桑田

## 4.1　喜马拉雅山——板块碰撞的杰作

### 4.1.1　美丽的喜马拉雅山

雄伟的喜马拉雅山坐落于青藏高原南侧边缘、横亘于中印之间，是世界上海拔最高的山脉，也是东亚大陆与南亚次大陆的天然边界。它西起克什米尔的南迦－帕尔巴特峰，东至雅鲁藏布江大拐弯处的南迦巴瓦峰，全长近 2500km，南北宽 200 ～ 300km，总面积约 60 万 $km^2$。中国与尼泊尔边界上的主峰珠穆朗玛峰更是达到了惊人的 8848.86m，为世界最高峰，更是全世界登山爱好者心中的圣地（图 4.1）。此外，喜马拉雅山脉中还有一百多座高度超过 7200m 的山峰。

图 4.1　喜马拉雅山（图片来自 pixabay.com，授权基于 CCO 协议）

当我们把视线从喜马拉雅山向西移动，经帕米尔高原、伊朗高原，经过巴尔干半岛延伸至横跨中欧的阿尔卑斯山，便会发现，我们眼前所见全部都是连绵起伏的高山，科学家将其称为阿尔卑斯 - 喜马拉雅山系（图 4.1）。这条山系同时也是著名的火山 - 地震带，称为欧亚地震带或者地中海 - 喜马拉雅地震带，与鼎鼎大名的环太平洋火山 - 地震带齐名（图 4.2）。据统计，全球约 15% 的地震都发生于这一地区。而山脉高耸入云，高度越过雪线在山顶形成冰川和厚层积雪，一旦扰动，极易发生雪崩。2014 年 4 月 18 日，珠峰南侧尼泊尔境内发生雪崩，珠峰 2 号营地被掩埋，十几名夏尔巴人登山向导遇难；10 月 15 日再次发生雪崩，200 多人被困，最终超过 40 人遇难。

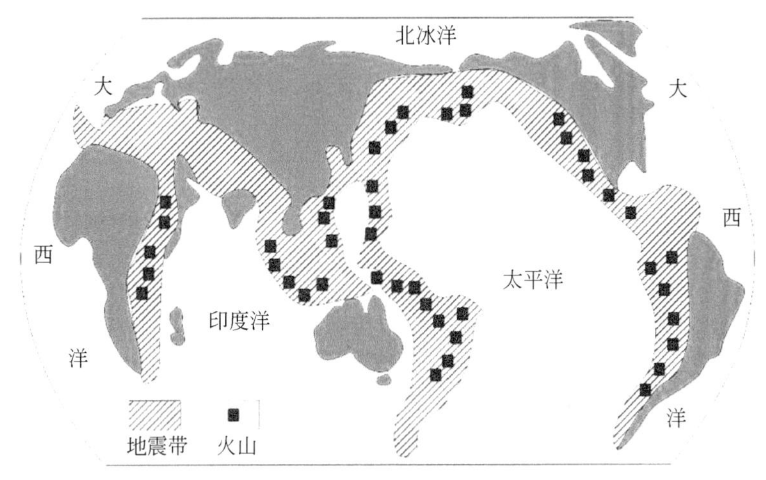


图 4.2　全球火山地震带分布

相信每个目睹过喜马拉雅雄壮辽阔身姿的人，都会不由自主地感慨造物之神奇、自然之伟大，那么究竟是如何神奇而伟大的力量造就了喜马拉雅，又是哪种力量让这个神奇的地方地震频频？

这一切，要从板块构造学说谈起。

### 4.1.2　板块构造学说与喜马拉雅山的形成

20 世纪地质学最伟大的发现莫过于魏格纳的“大陆漂移学说”，这一点因为魏格纳的传奇故事已经广为人知。但实际上，大陆漂移学说仅仅是地质学家接近地球真相的第一步。20 世纪 60 年代，海底科学考察的发现引起了地学界的革命，“海底扩张”的概念应运而生；而至 1968 年，法国地质学家萨维尔 • 勒皮雄等人提出了板块构造学说，地球上大陆大洋演化的秘密才初步揭开。因此也有人将大陆漂移学说、海底扩张学说和板块构造学说统称为全球大地构造理论发展的“三部曲”。板块构造学说将全球分为太平洋板块、欧亚板块、非洲板块、美洲板块、印度板块以及南极洲板块等六大板块，当然随着研究的深入，很多科学家提出了不同的方案，在此不一一赘述。各板块的边界活动较强而内部活动较弱，地质学家们将板块边界分为离散型、汇聚型和转换型三种。离散型边界一般指的是洋中脊；转换型指的则是转换断层；汇聚型是两个板块汇聚之时形成的边界，表现为大洋向大陆下俯冲形成的海沟以及大陆之间相互碰撞最终形成的缝合线。

看到这里，你大概明白了，板块构造学说认为当两个远隔重洋的大陆相互碰撞，开始时会发生大洋板块向大陆板块之下的俯冲，这种情况在现今太平洋西侧最为典型，如马里亚纳海沟便是太平洋板块向欧亚板块之下俯冲而形成的（图 4.3）。之后俯冲继续进行，直至两个大陆碰撞、拼合在一起。在两个大陆碰撞、拼贴的位置，往往会发现一些代表俯冲洋壳残片的蛇绿岩组合，完整的蛇绿岩组合一般包括橄榄岩、超镁铁－长英质地壳侵入岩以及火山岩等，顶部为深海的沉积物（图 4.4）。

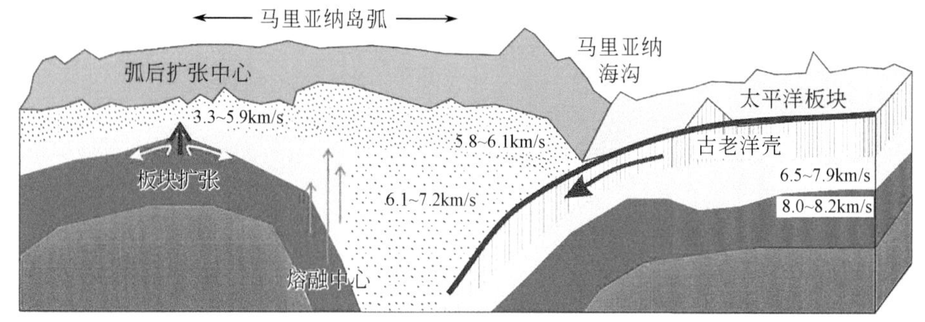


图 4.3　马里亚纳岛弧形成示意图（据 Hussong and Fryer，1981 修改）

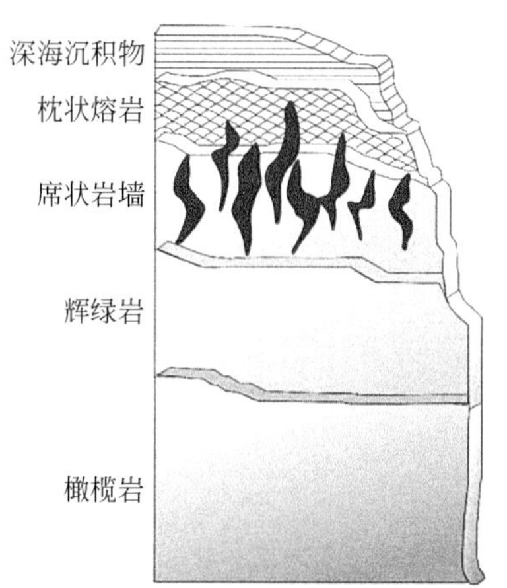


图 4.4　蛇绿岩组成示意图

然而，当我们目光投向青藏高原，赫然发现，在这个与海洋看似并无瓜葛的地方，居然也存在我们前面提到的蛇绿岩，而且地质学家们通过这些蛇绿岩先后确定了多条缝合带。这是怎么回事呢？难道说青藏高原真的如同藏族远古神话传说中所言，曾经深在海底？

图 4.5 是一种特殊类型的地质图，它向我们展示出了青藏高原的基本框架，它所表达的内容不是我们前面说的不同时代地层单位和侵入岩体等，而是一些具有相似地质演化历史的地体和将这些地体拼贴起来的缝合带。青藏高原自北向南的缝合带大致有阿尼玛卿缝合带、金沙江缝合带、龙木错－双湖缝合带、班公湖－怒江缝合带、印度－雅鲁藏布江缝合带等。这些缝合带把青藏高原分为祁连－柴达木地体、东昆仑地体、松潘－甘孜地体、羌塘地体、拉萨地体、冈底斯和喜马拉雅地体多个地体。地质学家们对这些地

体进行了大量的研究，发现这些地体有着各自不同的特点。例如，南羌塘地体和喜马拉雅地体与印度板块有着更紧密的关系；而拉萨地体则与万里之外的澳大利亚板块更为亲近；拉萨地体奥陶纪—二叠纪变沉积岩的碎屑锆石年龄特征与澳大利亚北部坎宁盆地奥陶纪砂岩的碎屑锆石年龄特征类似（Zhu et al., 2011）。然而，我们看现今的地图就会发现，拉萨地体位于喜马拉雅地体之北，而现今的澳大利亚却位于印度的东南。虽然从前文我们已经了解到了大陆漂移学说，明白大陆是可以漂移的，但这一过程究竟是如何进行的呢？

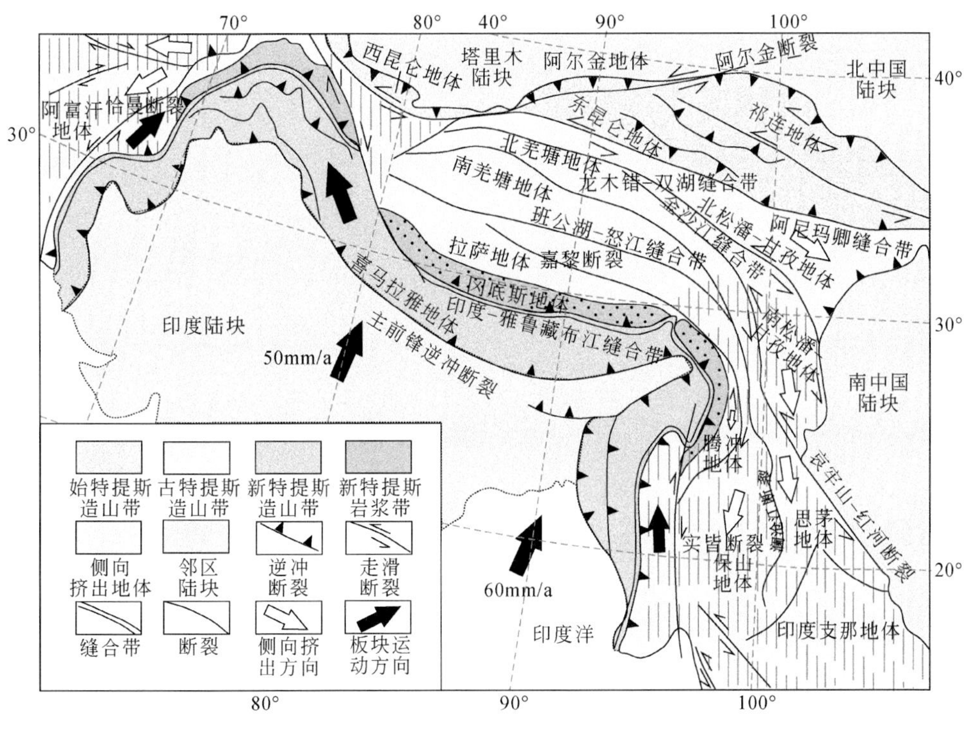


图 4.5　青藏高原地质构造格架图（据许志琴等，2016 修改）

借助于古地磁学的手段，现在的地质学家已经有能力对现今的大陆在地质历史时期的位置进行确定。图 4.6 为美国科学家 Christopher Robert Scotese 恢复出来的古大陆位置。可以看到，在早三叠世（约 2 亿年前），地球上形成了统一的泛大陆（Pangea），此时的中国大陆还未见雏形，华南板块和西藏板块还大部沉没于海底，西藏板块更是和华北板块远隔古特提斯洋相望。而至 1.5 亿年左右的晚侏罗世时，泛大陆裂解，现代大西洋的雏形产生，并将盘古大陆分为北方的劳亚大陆（Laurasia）和南方的冈瓦纳大陆（Gondwana），这时华南板块和华北板块拼贴在一起，形成了现在中国大陆的雏形，而西藏板块经过长时间的向北漂移，已接近中国大陆。这一时期的印度板块远在南半球，尚未与冈瓦纳大陆分离。至 9400 万年前时，冈瓦纳大陆进一步分解，印度板块从冈瓦纳大陆中分离出来，开始快速向北移动，到了 6000 万～ 5000 万年前这个时间段内，印度板块终于与欧亚板块发生了强烈的碰撞，形成了雅鲁藏布江缝合带，之后由于印度板块的持续向北俯冲，形成强大的挤压力，但在北部又遭遇历史悠久的刚性陆块（塔里木陆块、中朝陆块、扬子陆块）的抵抗，产生强大的反作用力，使得印度板块叠置于欧亚板块的下方，引起地

壳重叠，地壳越叠越厚，终于在中新世时，地表大面积大幅度急剧抬升，雄伟的青藏高原以及喜马拉雅山脉就这样诞生了，这一过程目前仍然在进行中，据测算，珠穆朗玛峰现在仍以平均每年约 1cm 的速度在快速增高。

至此，我们的疑问全部解开了。是的，青藏高原曾经在洋底，高山曾为丘壑。是的，南侧板块不断向北，仿佛欧亚大陆有着不一样的吸引力，吸引着南方的来自不同地区的板块不断碰撞，最终形成了喜马拉雅山。

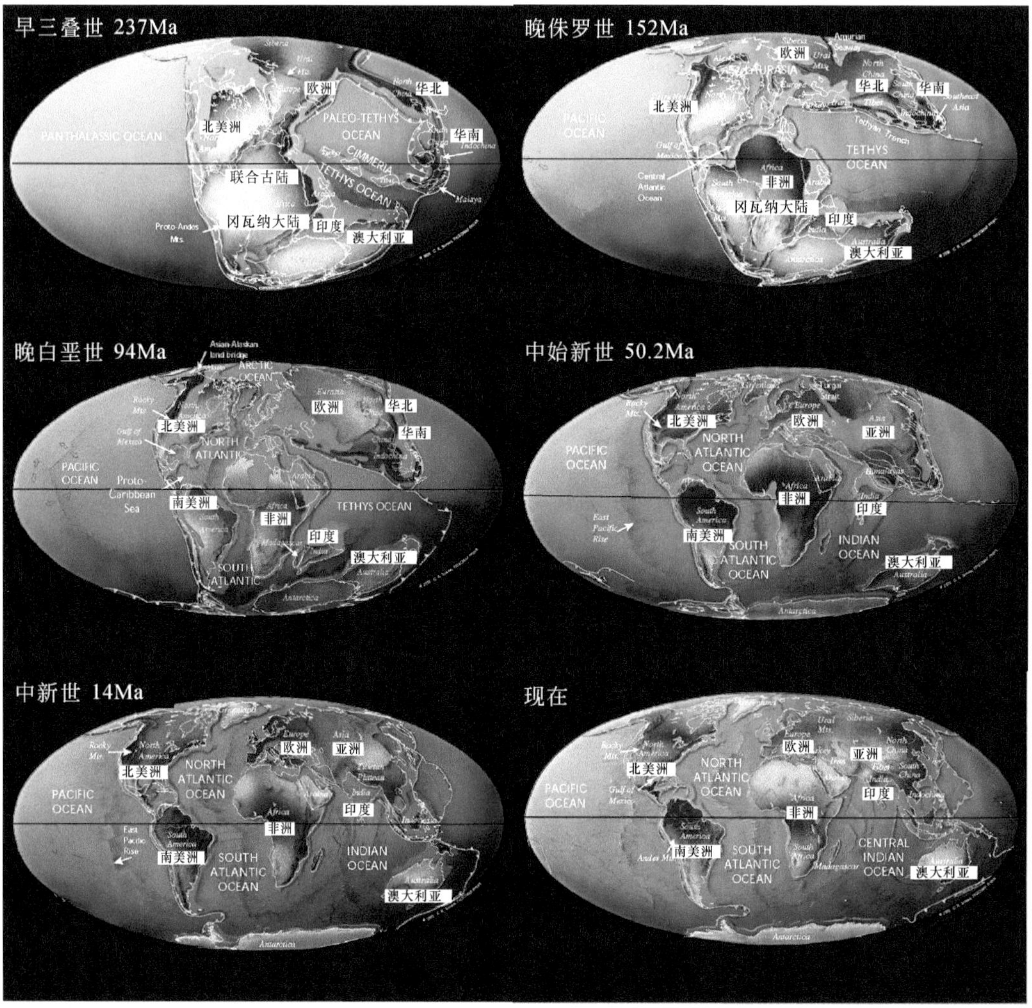

图 4.6　地质历史时期各大陆的位置（引自 Scotese.com）

### 4.1.3　喜马拉雅山形成带来的影响

喜马拉雅山形成带来的一个重要影响便是断裂活动引起的地震。喜马拉雅山的形成是板块之间相互碰撞的结果，而且板块之间的相互碰撞会形成缝合线。但与我们平常见到的用柔软的布料缝合起来的被子不同，地壳的柔韧性远不如布料，而其所受到的作用力又是如此之大，以至于当板块相互碰撞时，受到挤压和滑动作用力影响，其内部和边

缘会如同纸片般撕裂，这种现象地质学家将其称为断裂。

青藏高原的地质活动频繁，因而形成的断裂构造不胜枚举，主要断裂有西北部斜切昆仑山和祁连山的阿尔金断裂、东部四川盆地边缘的龙门山断裂、沿哀牢山向东南延伸至红河的哀牢山－红河断裂以及印度北部恒河平原与喜马拉雅山脉之间的主边界冲断裂等。我们所熟知的“5 • 12”汶川 8.0 级地震就与印度板块向北的运动有关。

青藏高原的隆升带来的不光是地质方面的影响，它还带来了气候和生态环境的剧变。已故地质学家刘东生院士在青藏科学考察时，曾在海拔 4000 多米的希夏邦马峰发现了高山栎树的树叶化石，这种树木一般生长在 2000m 左右的海拔，为什么会出现在 4000 多米的高原上呢?

原来，在 6500 万年前，印度大陆与欧亚大陆碰撞时，青藏高原乃是沿海平原、水乡泽国，彼时的大江大河皆滚滚西流，西北地区森林茂密，而华北地区却是一片高原，气候干燥。然而，就像中国上古时期共工怒触不周山的神话传说一样，印度板块一头撞击上了欧亚大陆，从此“天柱折，地维绝。天倾西北，故日月星辰移焉；地不满东南，故水潦尘埃归焉”《淮南子》，青藏高原隆起，黄河、长江滚滚东流。当高原隆起到一定的高度，来自印度洋的暖湿气流被高大的喜马拉雅山阻碍，无法进入青藏高原和西北内陆，青藏高原逐渐变得干冷，植物逐渐变得稀少，西北地区则开始变得干旱，沙漠化逐渐加深。在东部，由于青藏高原的阻隔，华北和华南逐渐被东亚季风掌控，尤其是华南，世界其他同纬度地区多为副热带高压控制，是干旱的沙漠环境，只有华南地区，东亚季风独厚，演变成了江南水乡。

### 4.1.4　未解之谜——喜马拉雅山的未来

雄伟的喜马拉雅默然矗立，引人遐想，令人沉思。这是地球的奇观，更是板块碰撞形成的杰作。我们前面已经提到了珠穆朗玛峰仍然在以每年 1cm 的速度在升高，那么，随着碰撞过程的继续进行，青藏高原还会持续升高吗？它会升高到一个什么样的高度呢？要知道，虽然喜马拉雅山为世界最高山脉，可是如果将喜马拉雅山脉投入世界上最深的海沟——马里亚纳海沟中，那么山顶距离海面还有着近 3000m 的距离！喜马拉雅山有没有可能继续抬升，从而把马里亚纳海沟全都填满呢?

地质学家们的研究表明，在二叠纪至三叠纪的泛大陆上，存在着一座盘古中央山脉（Central Pangean Mountain），其海拔可能达到了 10km，是地质历史上出现过的最高的山脉。这或许意味着，喜马拉雅山也有可能达到这样的高度。然而，考虑到山体正在遭受的风化作用，喜马拉雅山最终的高度尚不得而知。喜马拉雅山的未来，究竟会是个什么样子？有待地质学家的进一步研究。

## 4.2　阿尔卑斯山——地球上最美的山脉

阿尔卑斯山，英文“Alps”，源于拉丁语“Alpes”，意为“高山”。作为欧洲最宏

伟的山脉，阿尔卑斯山雄踞于欧罗巴大陆中央，东西绵延1200余千米，坐拥百余座海拔4000m以上的高峰。群山之巅，冰川点缀；群山之中，湖泊错列；欧洲许多大河如多瑙河、莱茵河、波河、罗讷河等亦发源于此（图4.7）。弧形的阿尔卑斯山脉北为欧洲大平原，西欧的法国依靠大西洋向波罗的海畔的俄罗斯绵延千里；向南为亚平宁半岛，长长的靴子伸入地中海，踢出科西嘉、撒丁和西西里三座大岛。然而，当时钟向前拨回一亿年前白垩纪的恐龙时代，眼前的阿尔卑斯山赫然是一片汪洋大海，雪山呢？河流呢？那些宏伟的山口以及神秘的教堂呢？

图4.7　瑞士阿尔卑斯山山前小镇风光（高岚提供）

### 4.2.1　大陆碰撞以及消失的特提斯洋

地质学的一个有趣之处，便是在时间和空间上研究海陆格局的变幻无穷，比人类历史上国家疆界的变迁更让人倾心赞叹。中国历史上的“精卫填海”“沧海桑田”的神话，初读时感觉荒诞无比，但了解了地质学，便明白背后隐藏的乃是我国东部海域晚更新世十几万年以来缘于海平面变化的海陆变迁历史。而在阿尔卑斯山，故事则要从几亿年前的板块运动谈起。

约 2 亿年前的古生代，地球上存在一个超级大陆——潘吉亚（Pangea）超大陆，大陆中部存在一个大洋，称为特提斯洋（Tethys Ocean）。此时的特提斯洋盆呈喇叭口状，西部窄小而东部宽阔，浩瀚无比。而到早 - 中侏罗世，曾经一统地球的潘吉亚超大陆开始了其漫长的裂解过程，到早白垩世，南部的冈瓦纳大陆分裂成多个陆块，其中就包括了非洲板块。裂解出来的非洲板块向北漂移，使得原先存在于南北大陆之间的特提斯洋逐渐消失，最终在白垩纪到古近纪期间，非洲板块前缘的阿德里亚板块向欧亚大陆和特提斯洋边缘仰冲碰撞，形成巨大的推覆构造，进而隆起形成了如今的阿尔卑斯山脉，这一过程目前仍然在继续中（张洪瑞等，2015）。有趣的是，目前的研究显示，阿尔卑斯山脉每一百年增高约 7.5 cm，但与此同时，冰蚀作用会削去 5cm，大概 2/3 的增长高度已经被冰蚀作用永久削去了（Meyer et al.，2011）。

经过几十年的工作，地质学家在阿尔卑斯山绘制出了详细的地质图（图 4.8），同时通过多种方法，如古地磁、沉积学、古生物学等，重建了这一地区的古地理格局。通过这些资料，今天的人们依然可以看到那些曾经的海洋和大陆的痕迹。比如如今的阿尔卑斯造山带的中央轴部带由三套不同的构造单元组成：Austroalpine 带、Penninic 带和 Helvetic 带。其中，Austroalpine 带中可以见到曾经的大陆边缘的沉积，以及碰撞过程残留的洋壳残片；Penninic 带主要是逆冲过程中从洋陆岩石圈上刮削下的变质岩推覆体，而 Helvetic 带则主要是大陆物质，可以看到大陆盖层的推覆体呈叠瓦状逆冲，代表的是大陆边缘的沉积。不但曾经的大陆和大洋仍然可见，宏伟的碰撞造山过程至今仍有余音（Dal Piaz et al.，2003；张洪瑞和侯增谦，2015）。现今的 GPS 监测表明，目前的亚得里亚板块与欧洲大陆之间仍然存在着汇聚运动，其速率在阿尔卑斯西部每年不到 1mm，在东部则为大概 2mm（Grenerczy et al.，2005；Caporali et al.，2009）。

### 4.2.2　地学的缘起之地

兴起于亚平宁半岛的罗马帝国，以阿尔卑斯山为庇护一统西欧，地中海也俨然内湖。然而，地理上的不便带来的统治成本的增加是一个封建帝国所难以承受的，高山居于大陆中央的地形也必然带来政治版图的散乱，与古代中国走向统一不同，封建时期的欧罗巴诸国走向了分散和独立。塞翁失马，焉知非福？构建于煤炭与钢铁之上的第一次工业革命，对矿业资源的强烈需求，大大促进了地质学研究的发展。而居于欧罗巴大陆中央的阿尔卑斯山脉，被誉为“大自然的宫殿”和“真正的地貌陈列馆”，注定无法逃过地质学家充满

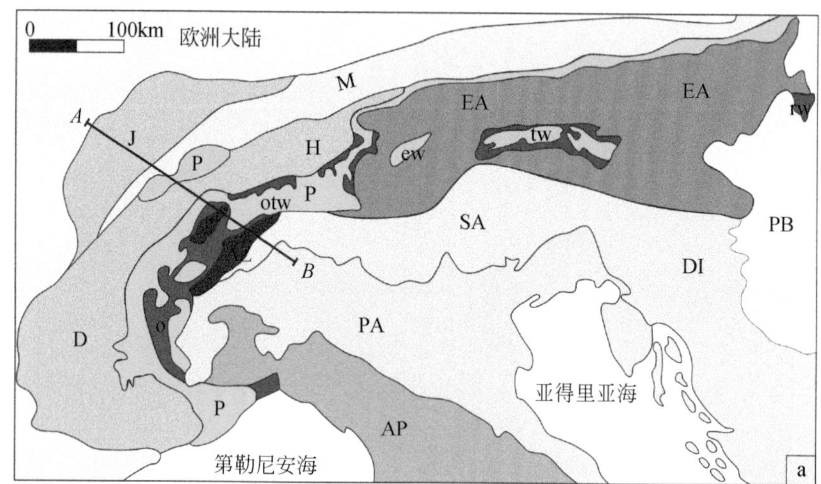


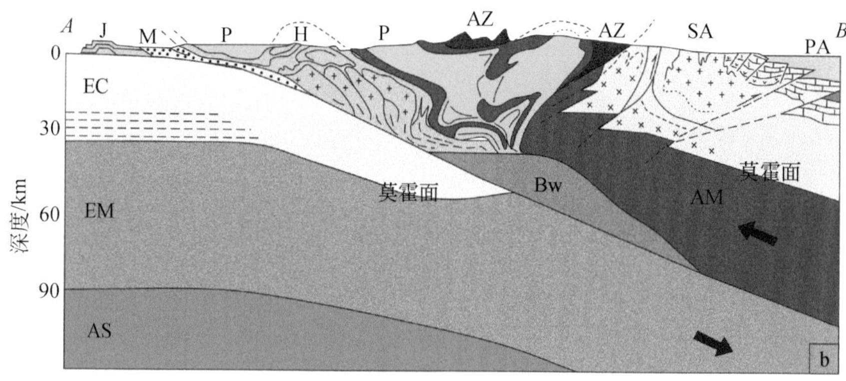


图 4.8　阿尔卑斯山碰撞造山带地质构造格架图（a）及剖面图（b）（Dal Piaz et al., 2003）

J. Jura带; D、H. Dauphinois- Helvetic带; P. Penninic带; AZ. Austroalpine带; M. Molasse前陆盆地; EA. 东 Austroalpine带; SA. 南阿尔卑斯; PA. dane-Ariatic 前陆盆地; PB. Pannonia 盆地; DI. Dinaric 逆冲褶皱带; AP. Apenninic 逆冲褶皱带; otw. Ossola-Ticino 构造窗; ew. Engadine 构造窗; tw. Tauern 构造窗; rw. Rechnitz 构造窗; EC. 欧洲大陆上地壳; EM. 欧洲大陆上地幔; Bw. 高压变质岩; AM. 亚得里亚上地幔; AS. 软流圈

兴趣的眼睛；其丰富的地质现象，注定了要走进地质学的教科书中。

早在 18 世纪初期，欧洲地质学家们就开始了对阿尔卑斯山脉极为认真的考察记录。他们几百年前所做的地质记录，直到现在仍有非常重要的参考价值。从学科创始“水成论”“火成论”的争吵，到大陆漂移学说、板块构造学说的建立，作为世界范围内第一个被地质学家们广泛研究的山脉，诸多专业术语和理论均发源于阿尔卑斯山，如特提斯洋（Tethys Ocean）、蛇绿岩（ophiolite）、复理石 / 磨拉石沉积（flysch/molasse sediments）、侏罗山式褶皱（Jura-type folds），堪称“现代地质学的摇篮”。古气候研究中的“冰期”“间冰期”的概念同样源于阿尔卑斯山。1909 年，欧洲地质学家 A. Penck 和 E. Bruckner 在研究阿尔卑斯山麓地貌以及堆积物时，首创冰期和间冰期的概念，并根据阿尔卑斯山麓不同的地貌类型和沉积物特点，提出了 4 次冰期（贡兹冰期、民德冰期、里斯冰期、玉木冰期）和 3 次间冰期的论点。时至今日，早期的学说虽已有所扬弃，目

前的古气候研究建立在深海沉积物、南极冰芯以及中国黄土三根支柱之上，但这些基础的概念仍然广泛应用于研究之中。

建立于20世纪的板块构造学说被称为地学史上的一次新的革命，而随着进入21世纪，由于自然环境的恶化，全球气候变化日益引起人们的关注，单纯的地质研究已经不能够满足人们的需要，地球系统科学越来越被人们所重视，新生代特提斯海的消亡以及阿尔卑斯－喜马拉雅造山带的崛起所引发的全球环境效应越来越凸显出了其重要性。

地质学家通过多种证据已经证实，新生代特提斯海经历了多次的海面升降、面积增减以及海水通道的关闭打开，对亚欧大陆乃至全球气候环境产生了重大的影响。而其中最具有戏剧性的一幕便是“地中海盐度危机（Messinian salinity crisis）”。1970 年，由著名的华人地质学家许靖华教授主持的一次深海钻探计划（Deep Sea Drilling Project，DSDP），在地中海钻探发现了一层厚达千米的含盐层，并据此提出“地中海盐度危机”的概念，他认为中新世晚期（5.92 ～ 5.33Ma）整个地中海地区发生了短时间内海水的迅速蒸干，形成了深盆沙漠，这一事件使得地中海盐度大大增加，海洋生物大规模灭绝，因此也被认为是晚新生代最重要的地质 / 生物事件之一。图 4.9 是许靖华绘制的中新世—早上新世特提斯海演化示意图。由于非洲、印度板块与亚欧大陆的碰撞，特提斯洋逐渐关闭之后，仅在西侧残留内陆海盆，称为特提斯海。约 20Ma 之前，板块碰撞引发的山脉隆升，使得特提斯海分为南北两支，南侧为如今的地中海的前身，北侧则为副特提斯海；到 15Ma 前，阿尔卑斯山的进一步隆升，副特提斯海与古地中海隔绝，逐步咸化，成为一个独立的含盐内陆海；6Ma 前，非洲板块的持续向北挤压，直布罗陀海峡关闭，古地中海地区与大西洋相隔绝，海水迅速蒸发殆尽，盐度大大升高，海洋生物大量灭绝，副特提斯海由于有中亚地区的河流注入，形成了淡水环境；5.5Ma 前，古地中海与副特提斯海的通道受侵蚀，二者重新连通，副特提斯海海水大量涌入地中海，在两地形成了网状的湖泊，现今的黑海、里海、咸海便是副特提斯海的残留。

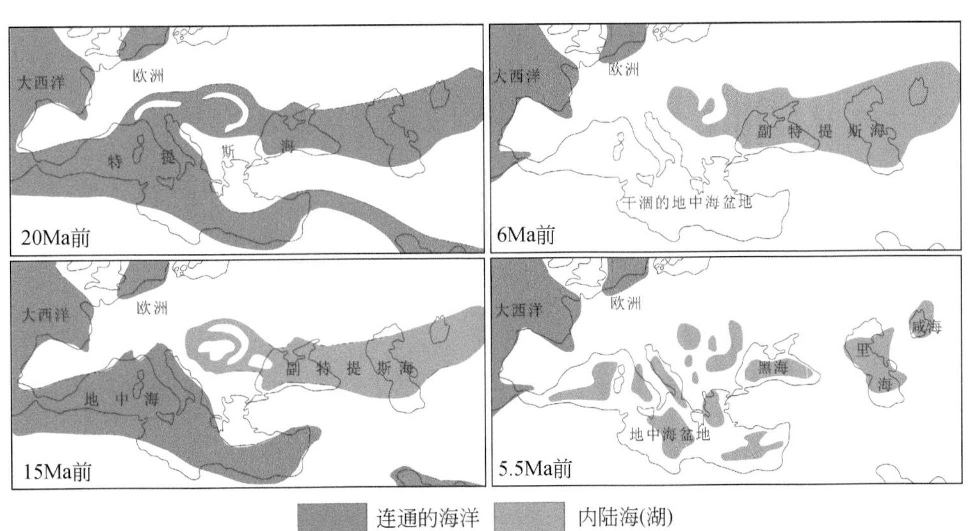


图 4.9　中新世—早上新世特提斯海演化示意图（Hsü，1978）

与此同时，由于欧亚大陆自西向东的阿尔卑斯－喜马拉雅山系的形成，海底及地下新鲜岩石大量暴露，使得风化速率急剧提高，大气中的 $CO_2$ 被大量消耗，全球气候由中生代的“温室”进入了新生代的“冰室”。至距今 34Ma 前，南极冰盖形成；至 2.6Ma 前，北极冰盖形成，气候显著变冷，冷暖交替——冰期和间冰期出现，阿尔卑斯山岳冰川形成。在第四纪期间，阿尔卑斯山遭受了大规模的冰川作用，锋利的冰川切削隆起的地形，形成围谷、U 形谷、角峰、刃脊、冰川溢口、冰坎、冰川槽谷、冰水扇、冰川擦痕等各种冰川地貌。

### 4.2.3 阿尔卑斯山的困境

如今的阿尔卑斯山白雪皑皑，风景如画，引人入胜。自工业革命以来，城市环境日益恶化，远离城市的阿尔卑斯则成了人们冲破牢笼逃离尘嚣的绝佳之地，绝美的冰川也吸引着来自世界各地的游客（图 4.10）。

图 4.10 阿尔卑斯山的冰雪世界与山前绿地（高岚提供）

然而，在美景背后尚存隐忧。工业革命以来，对化石能源的大规模利用，使得亿万年间深埋于地下的碳大量释放，大大影响了地球正常节律。处于冰后期的我们，正在向下一个冰期迈进呢，抑或是走向更温暖的间冰期。瑞士科学家所做的研究显示，到 2050 年，阿尔卑斯山的冰川体积将减少一半，在更悲观的情况下，到 2100 年，大部分的阿尔卑斯山将无冰覆盖（Zekollari et al.，2019）。作为气候变化最清晰的指标，濒危的阿尔卑斯冰川正在向我们无声地发问。然而即便是冰川得到存留，如今的阿尔卑斯山还有着千百年前的纯净吗？人们在享受现代科技之时，是否考虑到对环境的影响呢？研究人员已经在阿尔卑斯山的冰川中发现了大量微塑料（microplastics）的存在（图 4.11），这些微塑料多是大气传输沉降到冰川，而低温环境下微塑料会在冰川中保留很长时间（Bergmann et al.，2019）。虽然滑雪场正在采取行动，禁用塑料用品以减少污染。然而如果人类不采取广泛的行动，美丽的阿尔卑斯山究竟有一个什么样的未来，恐怕是谁都难以预料的。阿尔卑斯山，有着宏伟的过去，美丽的现在，期待能有一个更加环保的未来。

图 4.11　来自北极和欧洲地区冰雪中的微塑料（Bergmann et al.，2019）

## 4.3　天山——中国大陆最年轻的山系

“天山”是极具中国历史文化气息的山脉。李白有诗云“明月出天山，苍茫云海间。长风几万里，吹度玉门关”，讲述的便是盛唐时期的西北戍边。事实上，在汉朝时期，匈奴称“天”为“祁连”，故而在古诗词中的“天山”是指现今甘肃境内的祁连山，而并非现代意义上的天山。现今地质学所指天山是世界七大山系之一，位于欧亚大陆腹地，东西横跨中国、哈萨克斯坦、吉尔吉斯斯坦和乌兹别克斯坦四国，全长约 2500km，南北平均宽 250 ～ 350km，最宽处达 800km 以上，是地球上大陆内部规模最大的山系。在中国境内天山呈东西走向绵延 1700km，将新疆大致分为南边的塔里木盆地和北边的准噶尔盆地（图 4.12），我国境内的天山包括位于塔里木盆地和准噶尔盆地之间的众多山系，比如婆罗科努山、博格达山、哈尔里克山等一系列山脉。天山山脉雄浑挺拔，最高峰托木尔峰位于西部天山的阿克苏地区温宿县境内的中国与吉尔吉斯斯坦国境线附近，海拔 7443.8m。

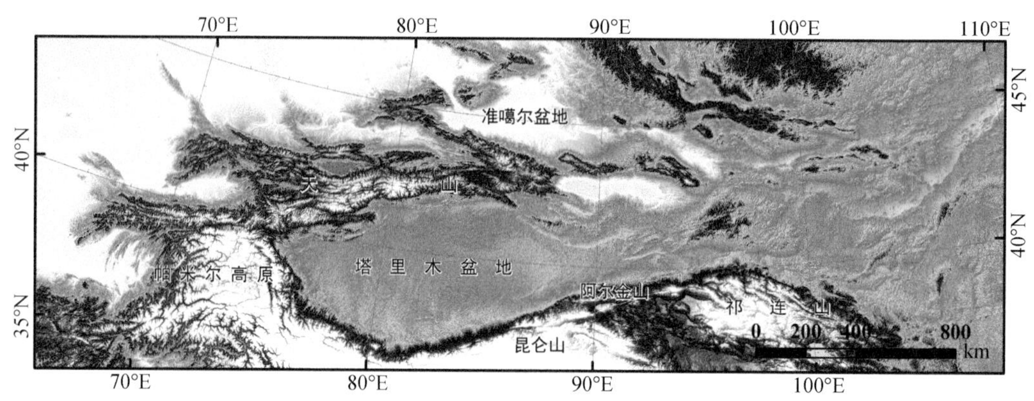

图 4.12　天山地形地貌及地理位置［DEM（数字高程模型）来源于美国 SRTM 数据］

### 4.3.1　山脉与造山带

我们通常所说的山脉是指地球表面呈线状的地貌隆起，如陕西境内的秦岭山脉、我国与印度及尼泊尔接壤处的喜马拉雅山脉。地质学家研究发现，地球表层绝大多数山脉不仅仅外表雄伟壮观，更重要的是蕴藏了地球地壳发展演化过程的重要秘密。20 世纪 60 年代，地质学家最终证实了“海底扩张”和“大陆漂移”，并基于此诞生“板块构造理论”。根据板块构造理论，地球表层岩石圈可以划分出系列不同板块，板块在软流圈上会发生大规模水平漂移运动，不同板块大规模水平运动的一个必然结果是不同板块之间不可避免地发生汇聚与碰撞。地球上绝大多数山脉的形成正是源于两个独立的板块发生汇聚碰撞，并在之后持续挤压变形而成的地貌隆起带，例如喜马拉雅山，便是印度大陆板块与欧亚大陆板块在大约始新世（约 5500 万年前）发生汇聚碰撞并持续挤压而成，秦岭 - 大别山则是大约在三叠纪（约 2.2 亿年前）华北大陆板块与华南大陆板块发生汇聚碰撞而成。地质学家将两个独立的大陆板块相向漂移而彼此间海洋萎缩，最终陆间海洋消失，大陆发生碰撞，并形成山脉的过程称为大陆碰撞造山作用，而将大洋板块与大陆板块相向汇聚俯冲作用而发生在大陆边缘的造山作用称为俯冲增生造山作用。相应的经由造山作用而形成的山脉称之为造山带。现今统一的中国大陆曾经是支离破碎的陆块，是由曾经离散点缀在古大洋之中的不同大陆板块（如塔里木板块、华北板块、扬子板块）汇聚而成，中国的大多数山脉都是不同大陆板块汇聚碰撞的结果，因而多属于造山带范畴，例如秦岭 - 大别山脉 / 造山带、喜马拉雅山脉 / 造山带、天山山脉 / 造山带。

## 4.3.2　天山的“前世今生”

天山山脉近东西向延伸，横亘于塔里木与准噶尔盆地之间，是亚洲大陆内部规模最大的山脉。天山山脉的“前世今生”与一般的造山带迥然不同，是世界上最富特色的造山带。详细地解读这张东天山地质图，我们可以了解天山的形成与演化过程，也能理解为什么说天山是我国最年轻的山系（图 4.13）。

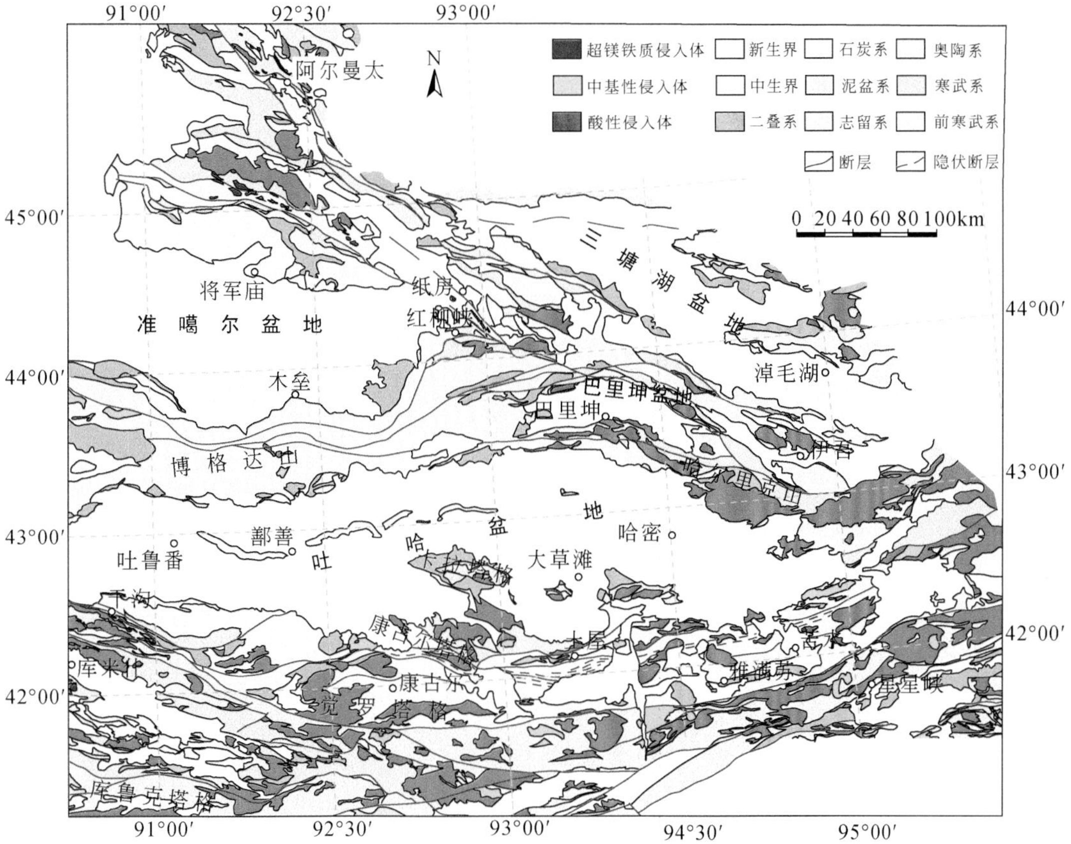

图 4.13　东天山地区区域地质简图（王国灿等，2019）

### 1. 天山的“前世”——古生代增生

要破解天山形成过程的谜题，地质学家仍是从解读造山带保存下来的物质记录——岩石入手，而其中关键是寻找到一种称为“蛇绿岩”的特殊岩石组合。蛇绿岩由上而下一般包括深海沉积岩（硅质岩和泥质岩）、大洋玄武岩和辉长岩等的组合。蛇绿岩是大洋地壳特有的岩石组合，是造山带前身存在陆间海洋的关键证据，同时蛇绿岩也是在空间上划分造山带两侧两大陆块物质的标志。迄今为止，地质学家们已经在天山地区发现了众多的蛇绿岩，并通过同位素测年方法成功获得了相应蛇绿岩的年龄（形成时间），其时间跨度从 4.4 亿年的早古生代延续至 3 亿年前的石炭纪。奇怪的是，这些蛇绿岩并不

沿着单一的线性边界分布，而是彼此之间往往夹杂着各种小型陆块，地质学家称这些陆块为地体。因此，天山的“前世”过程不同于传统的大陆碰撞造山带。传统的碰撞造山带是两个大陆碰撞与一个大洋消亡的过程，而天山造山带更多体现的是活动大陆边缘不同地体的拼贴增生过程，即在古大陆边缘，众多小型陆块（地体）长时间不断碰撞拼贴的过程，其造山作用时间长，而强度较低，属于大陆边缘的增生造山作用。最终，在石炭纪时期，南部的塔里木大陆板块与北部的西伯利亚大陆板块沿天山发生大陆碰撞，奠定了现今天山的平面雏形和基本轮廓。

**2. 古天山的“隐退”——中生代夷平**

然而，我们现今所见的天山山脉并非 2 亿年前古生代造山作用而成的（古）天山，2 亿年前由（增生）造山作用形成的古天山地貌已经被侵蚀殆尽，山形地貌已夷平为开阔平原。

河流是塑造地表地形地貌的基本营力（在重力作用下流水始终由高往低处流，从而将岩石风化碎屑物质搬运至低处）。地球表面这一“削高填低”的过程，虽然速率很低，但只要有充裕的时间，再雄伟的山也终究能够被抚平。古天山在中生代（2.5 亿～0.65 亿年前）期间经历的夷平过程也同样记录在了同时期的物质记录——岩石地层当中。2.5 亿年前的古生代造山之后，天山地区的岩石记录主要有三叠纪地层和侏罗纪地层。三叠纪—侏罗纪地层的代表性岩石为厚度巨大的砾岩、砂岩、泥岩，如侏罗纪的地层厚度可达 4km，岩性为粗大的砾岩、砂岩等（图 4.14）。从成因方面而言，这些岩石组合被称为磨拉石（molasse）沉积，其特征是厚度巨大，是由造山带剥蚀而来的砾岩、砂岩和泥岩等构成。磨拉石沉积粒度（沉积物颗粒大小）与造山带地形地貌反差有关，天山地区三叠系—侏罗系磨拉石沉积一般由粗向细，由从粗大的砾岩、向砂岩和泥岩转变的演

图 4.14　东天山侏罗纪磨拉石沉积

变序列构成，暗示伴随侵蚀夷平作用，古天山山脉地貌反差的逐步衰减。现今天山地区普遍可见平台状的山顶面地貌（图 4.15），即为天山中生代时期经历广泛剥蚀夷平的最直接直观的证据。

图 4.15　东天山夷平面地貌

**3. 天山的“重生”——新生代活化再造**

古生代天山的造山作用距今已有 3 亿～ 2 亿年以上，在经历了 2 亿多年的风雨侵蚀之后，古天山的地貌形迹早已荡然无存，我们现今所见之天山地貌，已然与古生代（以地体增生和碰撞方式为造山作用而形成的古天山造山带 / 山脉）不可同日而语。

那么我们现今所见的天山又是如何形成的呢？地质学家曾经认为大陆内部是稳定的，地球上的造山带都是由两个大陆块体相互汇聚，发生碰撞挤压而形成。然而越来越多的地质研究表明大陆其实并不稳定，大陆内部也可以有造山作用，并且形成巨大的山脉，中国的天山造山带正是最典型的案例之一。促进大陆内部发生造山作用一般需要具备两个积极的地质条件，一是大陆内部存在不稳定因素，如事先存在的一些断裂或者薄弱带；二是大陆外界存在活跃的驱动力，为大陆内部造山作用提供动力条件。正是具备了上述两个内外因素，天山山脉新生代的“活化再造”才得以形成。

在内因方面，古生代的天山造山带并不是两个大陆一次性碰撞形成，而是由众多小型陆块通过打补丁方式逐步完成，这决定了天山造山带结构上的不稳定，极易再次发生活动（活化）；天山活化再造的外部因素位处远在 1500km 以南的喜马拉雅和印度地区。这一切要从 2 亿年前，印度大陆、澳大利亚大陆、非洲大陆、南美洲大陆以及南极大陆这五个兄弟大陆曾经联合在一起组成的冈瓦纳大陆说起。印度大陆最早在早白垩世（1.45 亿～ 1.0 亿年前）时期从冈瓦纳大陆裂解出来，并迅速向亚洲大陆靠拢。在大约 5500 万年前，印度大陆碰撞并加入亚洲大陆。在这之后的新生代，印度大陆仍然以高达 50mm/

a 的速率持续向亚洲大陆挤压（图 4.16），这一过程的直接结果是印度与亚洲大陆岩石圈南北向的缩短变形达 2500km。正是印度大陆持续向北的挤压提供了天山造山带新生代阶段的活化造山的外力，这一过程可以视为喜马拉雅造山作用在亚洲大陆内部的远程效应。

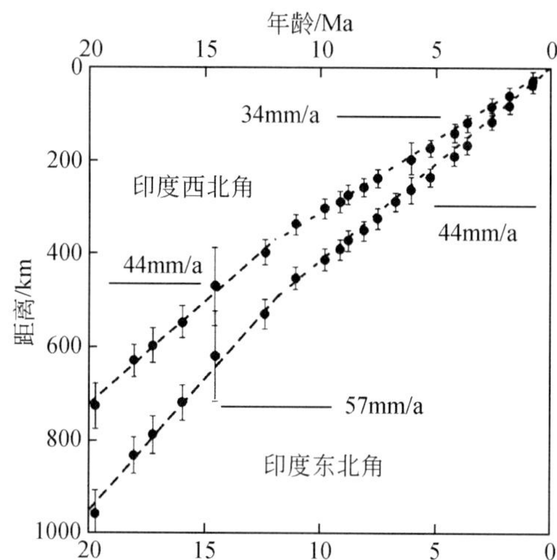


图 4.16　晚白垩世以来印度大陆漂移与汇聚速率（**Molnar and Stock，2009**）

在众多的山脉当中，天山山脉不仅造山作用方式与众不同，而且从形成时间来看，也是中国大陆最为年轻的山脉之一。那么现代天山山脉的形成时间是如何确定的呢？

现今天山山脉的形成年代可以通过多个不同的方面和方法来约束。从造山作用驱动力而言，天山山脉活化造山与喜马拉雅造山作用的远程效应有关，因而天山山脉的形成时间也必然在印度大陆与亚洲大陆碰撞之后，即约 5500 万年以来。约束山脉隆升时间的一种常见方法是耦合沉积地层方法，该方法是基于山脉隆起形成的地貌反差，驱动山前地带堆积粒度和厚度巨大的碎屑岩。例如在东天山吐哈盆地地区（约 2300 万年前后），广泛沉积了一套源自相邻山脉的红色粗碎屑岩沉积，其沉积时代为渐新世—中新世阶段，说明至少在中新世约 2300 万年之前，东天山地区已经隆起成山。

另一个可以直接测定造山带隆升作用时间的方法是热年代学方法，如裂变径迹年代学方法。由于地壳不同的深度其温度不同（越往深部温度越高，存在约 35℃ /km 的地温梯度），据此基于同位素的热年代学方法可以通过测定岩石冷却至不同温度（封闭温度）的年龄，从而约束岩石的隆升信息。例如南天山、北天山等地区岩石磷灰石矿物裂变径迹（封闭温度约为 110℃）年龄集中在中新世前后，这与桃树园组地层的时代不谋而合，印证中新世之前天山的隆升作用。

天山造山作用时间的另一个约束证据来自吐鲁番 - 哈密盆地，其中的中 - 新生代地层已经发生变形（图 4.17），并且卷入了山前逆冲断裂系统，这些卷入天山山前断裂系统的最年轻的地层为西域组，其沉积时代为 600 万～ 100 万年前，这说明在 100 万年以来天山的造山作用仍然在发生。进一步详细的构造分析表明，西域组地层为褶皱生长地层，即其沉积过程与褶皱构造变形作用同步发生，伴随地层的沉积，其产状逐渐倾斜。西域组生长地层的识别充分证明西域组沉积时期，天山造山作用和山脉隆升也

在同步发生。

天山山脉是亚洲最大规模的山脉，具有极其复杂的造山作用过程和方式，现今的天山正在蜕变成大陆板块内部的活化造山带，是自然留给我们理解地球过去和未来的瑰宝。

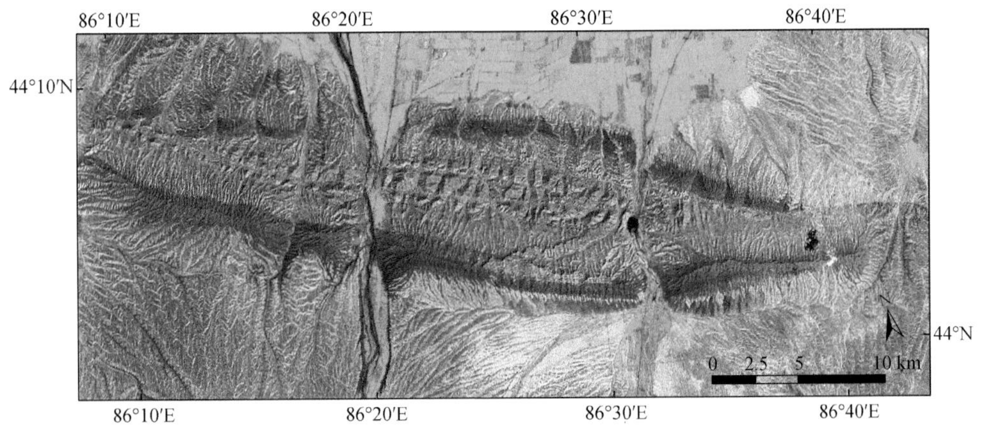


图 4.17　天山北侧山前新近纪地层褶皱变形（据 Landsat+ 卫星遥感影像）

## 4.4　燕山运动——20 世纪中国伟大的地质发现

### 4.4.1　什么是燕山运动?

在回答这个问题之前，我们先来了解一个地质学术语吧：构造运动，指的是由地球内部能量引起的、导致地壳或岩石圈的物质发生变形和变位的机械运动。在特定地质历史时期，全球或某些区域的构造运动是有规律可循的，地质学家在认识和研究这些规律的时候，往往用最初发现或表现典型的地区来对其进行命名，如用“喜马拉雅运动”代表发生在距今约 7000 万～ 300 万年间，以喜马拉雅山脉形成为主要表现形式的全球性构造运动。“燕山运动”则是用来描述侏罗纪与白垩纪时期（距今约 1.99 亿～ 6500 万年）中国广泛发生的地壳运动，因该期构造运动在北京附近的燕山地区较为典型而得名。

### 4.4.2　1 ∶ 5 万区域地质填图与“燕山运动”的提出

让我们把时间之轮转回到 1916 年，看看这个伟大的地质发现在百年前是如何慢慢地被认识、被熟知、被认可和被发扬光大的。如果你想要听一个惊心动魄的故事，那你很可能会失望，这个故事很平淡，有一个并不起眼的开始，但同其他科学故事一样的是，在这个故事里我们会看到一代又一代地质学家如何地努力、谨慎和认真地审视着自己的工作，他们的目光如何穿透时间回溯到历史记载不曾出现的久远过往；我们会看到科学家如何在荆棘和沼泽中艰难前行，在挫折和困顿中更加坚定对真理的信念。

1916 年夏，中央地质调查所所长丁文江组织在北京西山开展区域地质填图，首令当时的 13 位学员们完成该项工作，当年 8 月，13 名学员采用小平板分片测量，只用了 1 个多月就基本完成了北京西山大部分地区的测量，有两个区域在 1918 年补齐。在地形、地质测量的基础上，1918 年冬天，由叶良辅执笔开始编写《北京西山地质志》，并于 1920 年出版。随报告出版了《北京西山地质图（1 ∶ 10 万）》。《北京西山地质志》为北京地区提供了第一份系统的区域地质调查报告，建立了第一个相对完整的、对华北地块有相当普遍意义的地层柱（图 4.18），指出："髫髻山层为阐明西山地史变迁之一大关键，故与其余地层之关系，不可不研究及之。"并强调了西山地区上、下侏罗统之间的不整合接触（叶良辅，1920）。当年参与这项工作的所有人员或许并没有意识到，正是他们的工作为 20 世纪中国地质的一项伟大发现奠定了基础。

1926 年，即《北京西山地质志》发表 6 年以后，翁文灏博士（图 4.19）参加了东京举办的泛太平洋科学大会。本次大会上，他宣读了题为"Crustal movements in eastern China"（《中国东部的地壳运动》）的文章，文中首次提出了"燕山运动"。1927 年，翁文灏对文章作少量修改后，以"Crustal movements and igneous activities in eastern China since Mesozoic time"（《中国东部中生代以来的地壳运动及岩浆活动》）为题，发表在《中国地质学会志》）上（Wong，1927）。翁文灏指出："若将它（指燕山运动）与海西造山期相比则其年代太年轻，若与喜马拉雅期相比则又过于古老。然而，这一运动对中国东部局部构造确有影响，并足以给予一专门名称。"这一理论很快得到地质界的响应。著名地质学家、中国科学史奠基人之一的章鸿钊，曾对翁文灏提出"燕山运动"之后当时的地质学界做过生动的描述："自翁文灏先生唱燕山运动之说，一时言中国地质构造者莫不宗之。"

### 4.4.3　燕山运动的伟大意义

当我们讨论一个学说意义的伟大之处时，一般从两个方面进行认定，一是学术提出时对客观问题揭示的程度和被认可度，二是学说是否具有持续的生命力，是否能够解决更多的客观问题，是否依然为后人所继续关注和发展。"燕山运动"这一 20 世纪中国伟大的地质发现，其伟大之处也可以从这两点得以阐述。

"燕山运动"揭示了中国东部大部分地区在中生代中后期发生的强烈的构造运动，对中国大地构造的发展和地貌轮廓的奠定，具有重要意义。作为陆内造山的典型论述，"燕山运动"已经成为中国地质学家对世界地质科学理论贡献的经典。

近百年来，"燕山运动"的概念在我国广泛应用，并在构造运动波及范围、精细过程与定年和动力学起因等方面不断发展和进步。"燕山运动"自提出以后，我国科学家对其最初的定义进行了更为丰富的扩展，最突出表现为将代表"燕山运动"的地质记录变得更为全面，从"每覆于不同时代岩石地层之上的砾岩"发展成为多个期次形成的沉积盆地（赵越等，2002；Meng et al.，2003；刘少峰等，2004；渠洪杰等，2016）、岩浆作用（吴福元等，2008）、不整合面（牛宝贵等，2003；张宏仁等，2013）和变形构造（赵越等，1994；2004；Davis et al.，1998；Yang et al.，2006）等证据。"燕山运动"所

新生界　风化物

侏罗系

上侏罗统　髫髻山组　1500m　安山岩　砾岩　砂岩　凝灰岩

中侏罗统　九龙山组　700m　凝灰岩　砾岩　砂岩　紫色、绿色泥岩

下侏罗统　门头沟煤系　550m　砾岩　含煤砂岩　泥岩　玄武岩

三叠系　红庙岭组　130m　石英砂岩

二叠系　杨家屯组　310m　页岩　砂岩　煤层　砾岩

奥陶系　750m　块状灰岩　顶部为薄层灰岩

寒武系　900m　鲕粒灰岩　紫红色、灰绿色页岩间灰岩

前寒武系　570m　砂岩　碳酸盐岩　页岩　板岩

1000m　硅质白云岩、黑色泥岩互层

图 4.18　《北京西山地质志》所附北京西山综合地层柱状图（叶良辅，1920）

图 4.19　“燕山运动”首次提出者——翁文灏博士

揭示的地质现象和所总结的地质理论，在指导固体矿产勘察、煤炭资源开发、石油天然气勘探和科学研究中都发挥了重要的作用。燕山期的岩浆作用带来了巨量金属元素的富集，形成了诸多不同类型的矿床。中国东部自北向南的大兴安岭成矿带、太行山成矿带、华南成矿带等多是受燕山期岩浆作用的影响。中生代以来形成的大型沉积盆地和热事件，酝酿了丰富的石油天然气能源资源，如被称为聚宝盆的鄂尔多斯盆地内蕴含的石油、天然气、煤炭、铀矿等资源的形成、富集和改造，均与燕山运动密切相关。中国东部一系列北东向的盆地，如松辽盆地、环渤海湾盆地等与前面所述的大兴安岭、太行山、秦岭和华南系列山脉，相间排列组成了北东向构造地质地貌单元，而这一构造格局形成的基础正是发生在“燕山运动”期间。中国大陆由早期以阴山－燕山构造带、泛鄂尔多斯盆地和秦岭－大别山构造带为主体的东西向构造，转变成为北东向的构造，地质学家一般将其称为“东亚构造转折”。截至 2019 年 10 月 30 日，在中国知网文献类全文中输入“燕山运动”，就可检索到 33867 条结果，输入“燕山期”则可检索到 74680 条结果，这还不包括未被中国知网收取的文献库和未被收纳的时间段内发表的论文，这些数字说明“燕山运动”在地质学研究中的热度和重要性。如今，地质科学家们从构造体制转折、深部岩浆作用与浅地表变形、地球动力学背景等多方面，认识和拓展“燕山运动”的内涵，使得“燕山运动”显示出持续的生命力，这一里程碑式的发现依然熠熠生辉。

### 4.4.4　从地质图看燕山运动

在“燕山运动”的概念提出之前，人们在研究和命名构造运动时往往收集岩层发生褶皱变形这类的证据。包括翁文灏本人及后者在深入研究“燕山运动”时，也通过北票

等地区的逆冲变形改变了最初的认识（翁文灏，1928），而将提出之时的地质证据称之为“绪动”的表现。然而，回归到 1926 年，“燕山运动”概念提出时所认知的地层没有显著的褶皱变形，不同岩层之间并没有产状上的明显差异，如北京西山一带侏罗系与下伏岩层之间没有角度不整合（图 4.20），按照《北京西山地质志》的表述是“地层率皆整合”（产状无差别）。这种情况就需要确认构造运动存在的其他证据。翁文灏在提出“燕山运动”时给出了地层无明显角度不整合前提下，判断不整合存在的两个准则（Wong，1929），他提出：“不整合之存在不能尽于地层倾斜之不一致求之。如异种地层之接触，及砾岩岩石之来源等亦应予以深切注意。”

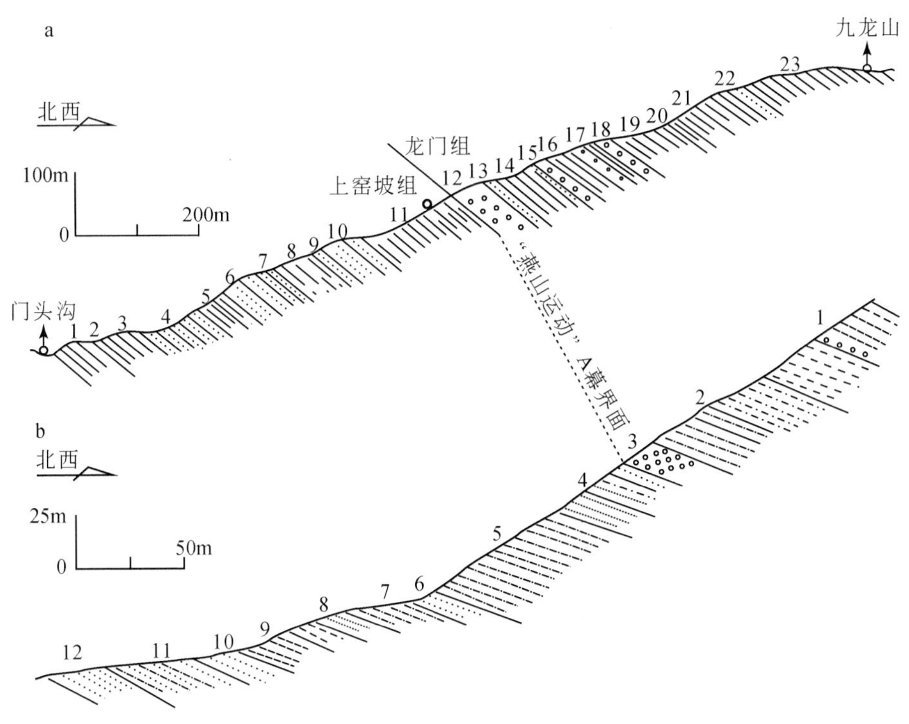


图 4.20　北京市门头沟区九龙山南坡侏罗系剖面

a 据《北京西山地质志》修改；b 据 Wang and Chi，1933 修改

让我们从地质图上来看一下翁文灏博士提出的“异种地层之接触”到底是怎样的地质现象吧。

北京西山的韩家台村位于髫髻山向斜构造的西北翼，在这里可以看到侏罗系火山岩覆盖在元古宇雾迷山组含燧石条带白云岩之上（坐标位置为 40°06′06.7″N，115°57′28.4″E，$H$=327m）。按照地质学的理论，若无重大构造运动，地层之间会遵循下老上新的叠置规律，若后期地层中出现了前期或更早时期地层的物质，则表明往期地层已经过构造运动被抬升，早期沉积区变成了剥蚀区，前后两期沉积地层之间发生过构造运动，抬升剥蚀的地层时代越老，抬升幅度越大。同位素年代学测试结果表明侏罗纪火山岩的形成时间为 1.5 亿年前的侏罗纪晚期。在韩台村西南方的刘公沟和燕山地区其他位置的该套火山岩层中都获得了与此相近的年龄数据。

在北京西山地区，当侏罗系砾岩中出现了应该深埋于其下的元古宇岩层砾石，说明这一地区不仅发生了构造运动，而且此构造运动所导致的早期地层抬升幅度非常大。根据北京西山地层序列和厚度计算，本次抬升幅度达到4000m左右，而在辽宁西部则几乎达到了6000m。

中国东部不同区域对“燕山运动”的记录不尽相同。就华北地区而言，太行山以东以大量的岩浆作用和构造变形来体现，太行山及以西缺少岩浆作用，但是不同区域的盆地内则以发育不同规模的砾岩来记录。为便于对比，本书总结了华北地区不同构造位置沉积盆地内对“燕山运动”的响应记录（图4.21），并附上不同盆地内表征“燕山运动”最初发生的界面——砾岩与下伏砂泥岩的相变面。

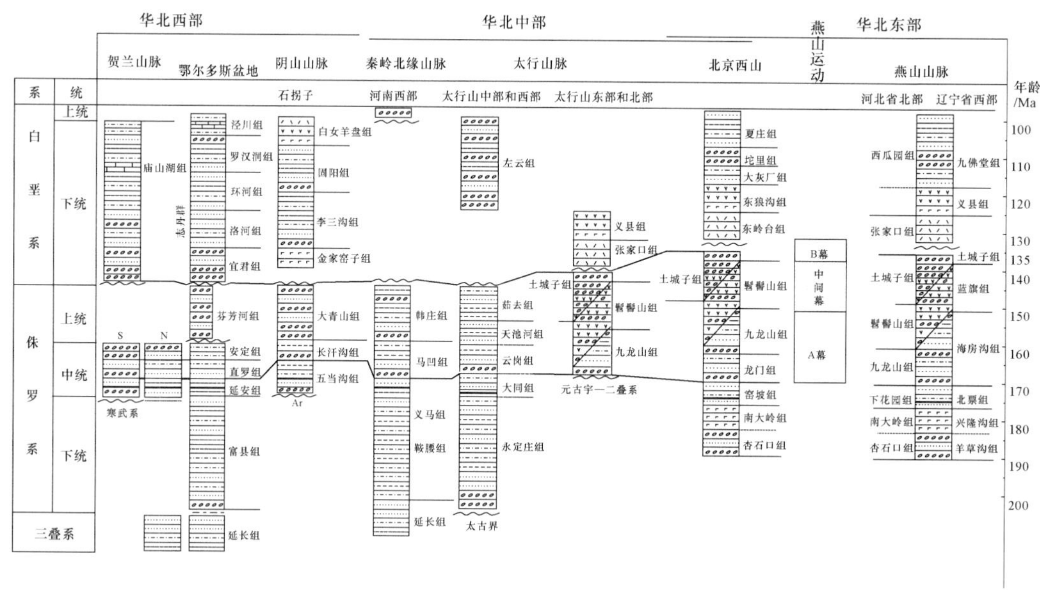

图4.21　华北地区不同区域中生代盆地对“燕山运动”的沉积记录

## 4.5　松辽盆地——中国石油的聚宝盆

“我的家在东北松花江上，那里有森林煤矿，还有那满山遍野的大豆高粱……”一曲《松花江上》，写尽了东北土地的富饶，也写尽了东北儿女对故土的思念与渴望。这里要谈论的，便是位于松花江边，东北大地上的一片热土——松辽盆地。松辽盆地横跨黑吉辽和内蒙古，面积达26万$km^2$，比整个英国的国土面积还要大。它整体呈菱形，周围群山丘陵环绕，燕山、大兴安岭、小兴安岭默默守护，内部则是嫩江、松花江、辽河水系流经的肥沃平原，滋养了1.3亿的东北儿女。

松辽盆地开发甚早，近代以来更是作为中国最重要的重工业区而名留史册。但要说最著名的，当数大庆油田。大庆油田发现之前，中国是世界公认的“贫油国”，连街道上的公共汽车都因没有足够的汽油，脑袋上不得不顶着一个大大的煤气包。大庆油田的

发现，使我国一举摘掉了贫油国家的帽子，步入了石油生产国的行列。作为世界级特大砂岩型油田，大庆油田在我国石油开采领域长期占有举足轻重的地位。1960 ～ 2007 年，大庆油田累计探明石油地质储量 $5.67\times10^9$t，累计生产原油 $1.821\times10^9$t，占同期全国陆上石油总产量的 47%，实现连续 27 年稳产 $5\times10^7$t 以上，连续 12 年稳产 $4\times10^7$t 以上，已累计生产原油 $2.1\times10^9$t 多，被誉为“世界石油开发史的奇迹”。有意思的是，就在同一片地方，当初狂傲不可一世的日本侵略者苦苦追寻，未能发现半滴石油，哭丧着脸铩羽而归，而到了 1959 年新中国成立十周年之际，铁人王进喜一声吼，松辽平原上打出了中国最大的油田。这是时耶？命耶？人耶？

伟大的油田来自伟大的发现者。从客观的角度来看，正是伟大的人与其先进的理论指引了中国发现了大庆油田。这其中之一便是我国地质事业的开创者之一李四光。李四光运用地质力学理论，将中国东部划分为三个北北东向延伸的沉降带（图 4.22）和三个隆起带。他运用地质力学中“构造体系”思想，创造性地提出在新华夏构造体系第二沉降带（燕辽沉降带）找油的战略性认识，为在这一沉降带北段的松辽盆地发现大庆油田起到了重要的指导作用（李四光，1973）。大庆油田发现之前，世界范围内的地质学家都认为石油只可能在海相盆地中生成，而松辽盆地作为陆相盆地却仍然发育大油田的现实打破了国外科学家的偏见，孕育了陆相生油的理论。

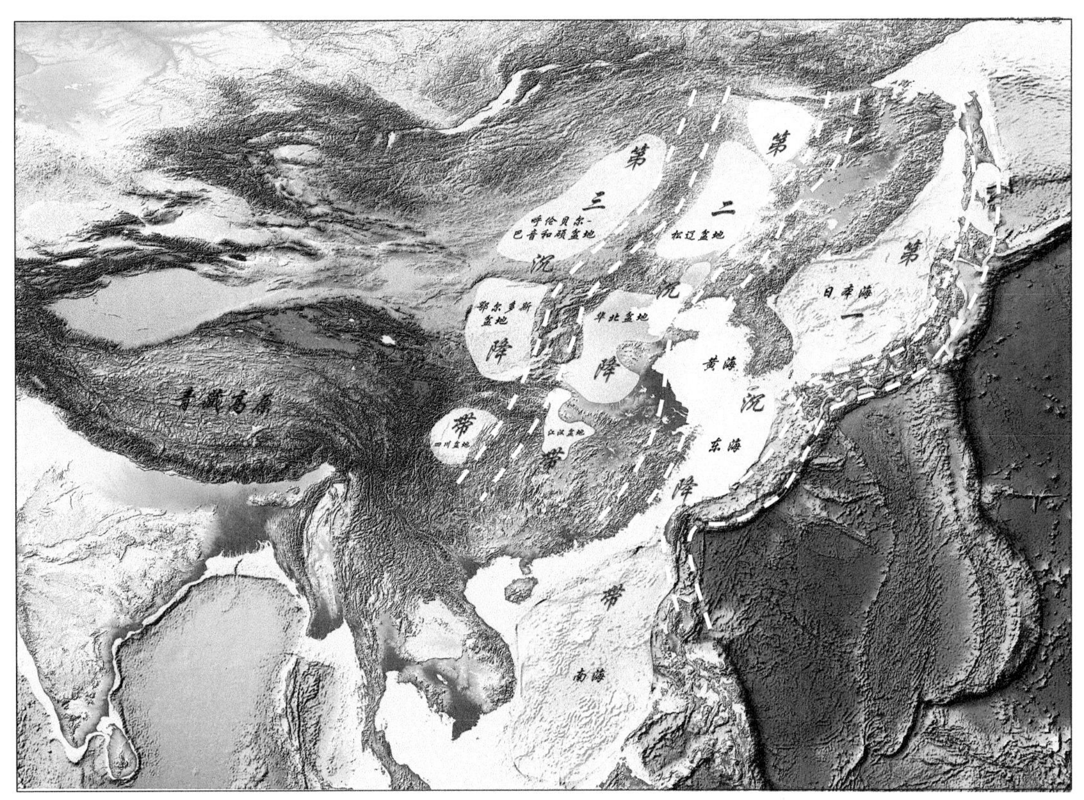


图 4.22　地质力学新华夏构造体系图

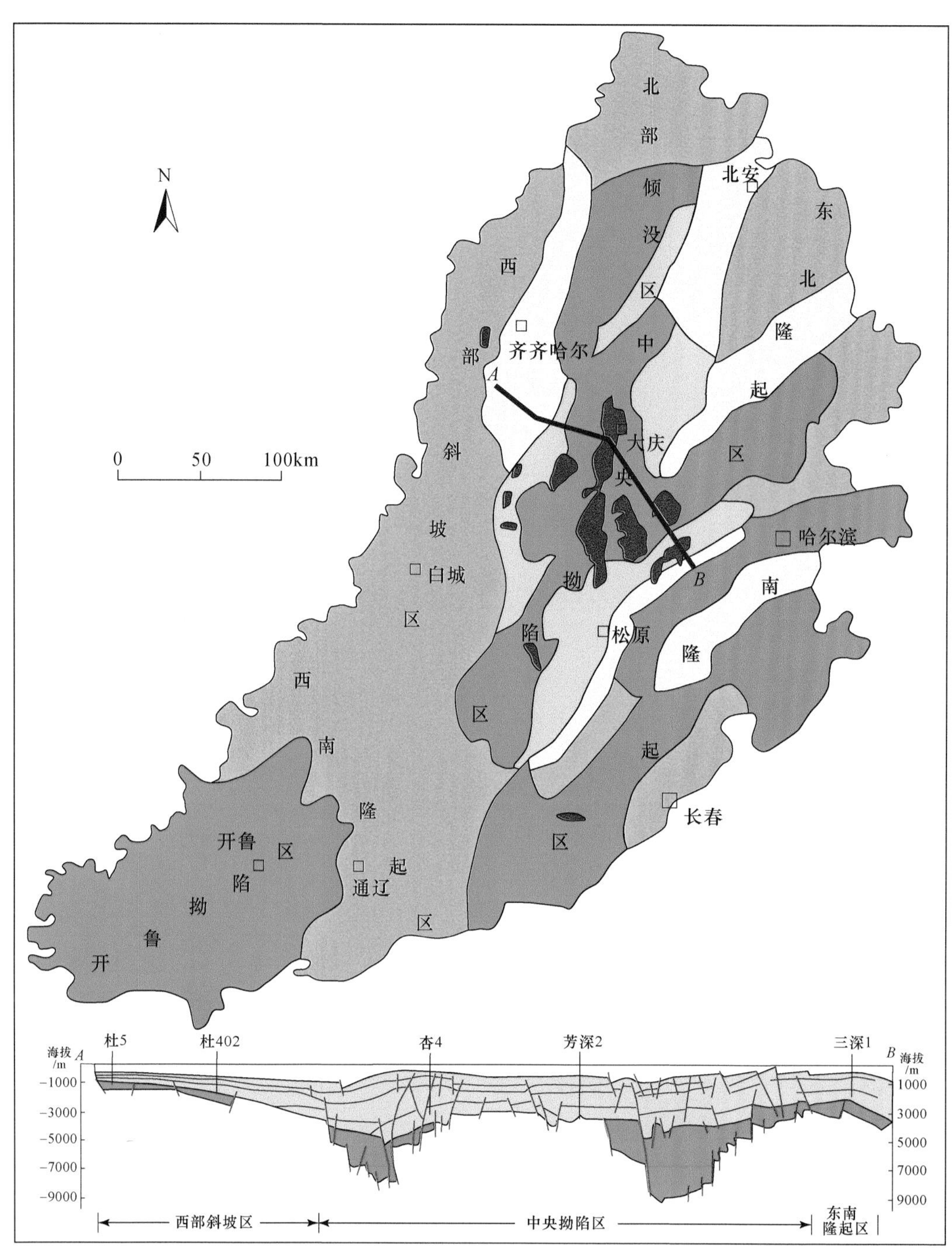


图 4.23 松辽盆地地质构造纲要图（李国玉和吕鸣岗，2002）

为什么在松辽盆地赋存着这一超大型油田呢？首先我们要从松辽盆地的地质结构说起。

地貌分布趋势大体一致，我国大陆地质构造单元由东向西可以划分为三个北东向延伸沉降带和三个隆起带。松辽盆地处于中亚造山带与古太平洋板块俯冲带交汇的位置，是在第二沉降带北段，沉积了厚度巨大的中生代—新生代的沉积岩（图 4.23），自下而上依次为：上侏罗统上部、白垩系、古近系、新近系和第四系。其中，白垩纪时期是盆地发育的主要阶段，沉积了厚达万米的非海相火山岩、火山碎屑岩及正常河流相、湖泊相和沼泽相碎屑岩地层，并含有丰富的生物化石。从盆地剖面上看，松辽盆地是在基底隆起和拗陷相间格架上，发育了典型的下部断陷、上部凹陷的双层结构（图 4.24）。

因此，松辽盆地的形成至少要从盆地底部隆坳格局开始，这一格局大约开始于中－晚侏罗世（约 1.7 亿～ 1.6 亿年前），这一地质历史时期，东亚发生了规模宏大的燕山运动，造就了我国现今的构造格局（Dong et al.，2015）。燕山运动导致了松辽盆地的形成。盆地的东、西两侧分别受到古太平洋板块和西伯利亚板块的相向汇聚挤压，造就了盆地区内沿东北方向隆起和拗陷相间排列的格局。此后，在晚侏罗世到早白垩世期间（约 1.6 亿～ 1.1 亿年前），松辽盆地开始了一个盆地裂陷演化阶段（图 4.24a），主要沉积了一套含煤的陆源碎屑岩和火山碎屑岩。随后在晚白垩世期间（约 1.1 亿～ 6500 万年前），松辽盆地开始了凹陷沉降活动（葛荣峰等，2010；图 4.24b），沉积了 3 套半深湖－深湖

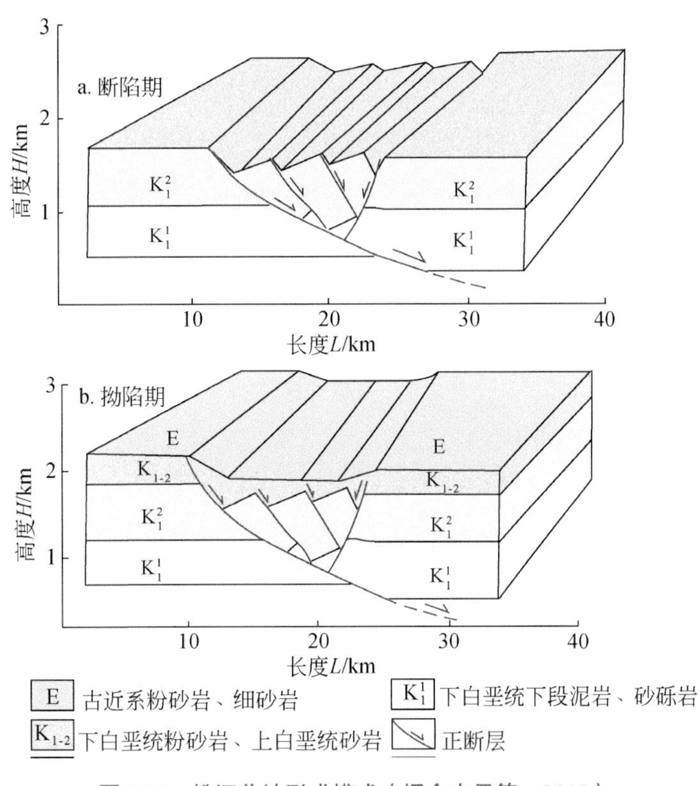


**图 4.24　松辽盆地形成模式（据余中元等，2015）**

相泥岩与滨浅湖 - 河流相砂砾岩，含有松花江生物群，这些地层是盆地主要的生烃源岩与储集层，其中的油气资源量超过 $1\times10^{10}$t，大庆油田正是发现于这套地层中。

然而，目前的这些油气资源只是来自古近纪（6500 万年以来）地层和白垩纪时代（1.45 亿～0.65 亿年前）地层的中上部，随着开采量的增加，这些较浅层的油气有枯竭的可能。令人欣喜的是，近年来，通过深部探测工作，地质学家们发现在大庆油田的白垩纪盆地之下存在深层盆地，更深处的侏罗纪地层和石炭纪—二叠纪地层中都含有丰富的油气资源。另外，在大庆油田外围的一系列侏罗纪盆地也陆续发现有价值的油气资源，在白垩纪火山岩也内发现有大规模的天然气田。可以预见，在现在和不久的将来，将成为中国石油名副其实的“聚宝盆”，松辽盆地仍将会不断地为我们提供足够的油气资源，松辽盆地不光是油气的聚宝盆，更是整个中华民族前进动力的聚宝盆！

## 4.6　巴里坤盆地——天山上的来客

### 4.6.1　巴里坤盆地——旖旎的风光

巴里坤盆地位于新疆哈密地区，夹持于莫钦乌拉山和哈尔里克山之间。从卫星遥感图上看，巴里坤盆地犹如一弯笑眼，镶嵌在巍峨耸立的天山之巅（图 4.25）。盆地两侧的山脉高耸入云，平均海拔 3000m 以上，山顶常年积雪，险峻的地形即使是专业的地质队员都望而却步。

从哈密盆地荒芜的戈壁滩进入巴里坤盆地，需要从为数不多的路穿越天山（哈尔里克山），海拔从山前 200m 一直上升到 1600m。夏季，温度从哈密盆地平均 40℃以上的高温，到巴里坤盆地下降至平均 18℃左右。短短两个小时的车程，直接从酷热的夏日穿越到了凉爽的秋日。在穿越了蜿蜒曲折的山路之后，进入巴里坤盆地映入眼帘的是亮眼的绿色，地势变得平坦起来，两侧低矮的土房，戴着帽子骑着马的牧民以及被驱赶着的羊群，都在低声诉说着这片土地的不平凡。牛羊群在这片草肥水美的沃土上闲庭信步，而南北两侧的天山却仍是白雪皑皑，这简直是天山之巅的奇迹（图 4.26）。

巴里坤盆地既有大西北广袤宽广的壮美，也有碧水嫩绿的柔和。巴里坤盆地中央是犹如明眸的巴里坤湖，湖水碧绿，波光粼粼，时常有迁徙候鸟驻足嬉戏；而在草原东部傲然挺立着与湿润草原截然不同的风景——鸣沙山。这片存在于草原边界的沙漠，在阳光下给鲜绿的草原添加了一抹金色（图 4.27）。

巴里坤草原肥沃而独特的土地，几千年以来一直养育着人类。草原上残留的古建筑、古书典籍、镌刻的石碑都记录着中华民族悠长而辉煌的历史，也凸显了巴里坤作为中国古老西部要塞的重要性。

巴里坤盆地壮美的景色、悠久的历史文化、丰富的物产以及夏天宜人的气候，成为人们旅游，特别是哈密市居民夏日避暑的胜地。

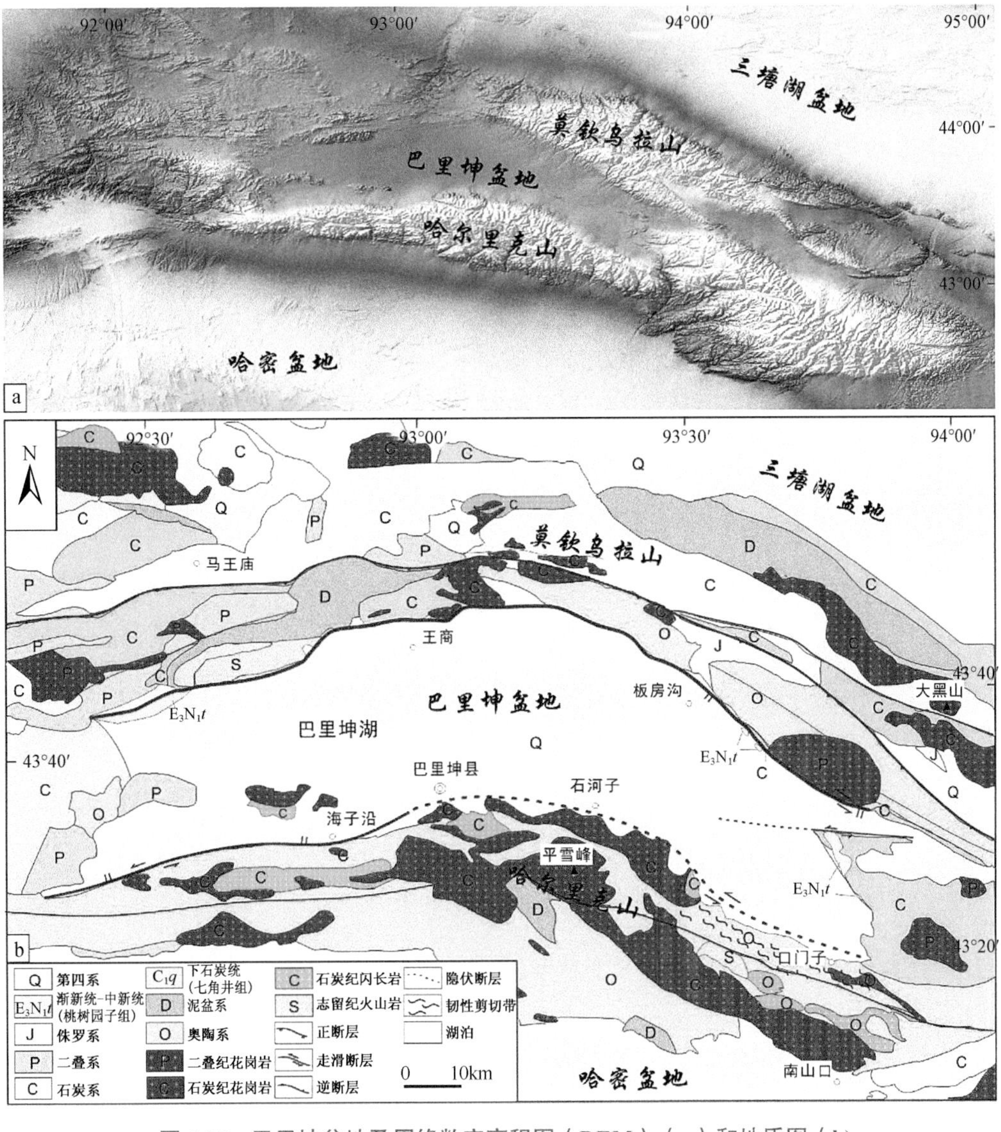

图 4.25　巴里坤盆地及周缘数字高程图（DEM）（a）和地质图（b）

## 4.6.2　原始巴里坤——受剥蚀的山脉

相比于巴里坤草原千年以来对人类的哺育，巴里坤盆地却是几千万年来，地球母亲孕育而出的。盆地区是负地形接受沉积的场所，盆地形成的直接证据是盆地接受的沉积物。时间回到两亿多年前，现今巴里坤盆地的前身居然是与哈尔里克山和莫钦乌拉山一起受剥蚀的山区地带，它们作为整体分隔着南侧的吐哈盆地和北侧的三塘湖盆地。直接证据来自对现今巴里坤盆地进行的地球物理勘探以及钻孔，人们发现盆地下部缺失大约两亿年前到 3300 万年前的沉积，说明那时的巴里坤盆地并不存在，而是作为受剥蚀的山区，一直向南北两侧盆地输送着从身上剥蚀下来的物质。并且，由于气候变迁和构造活动，

图 4.26　从巴里坤草原远眺莫钦乌拉山

图 4.27　巴里坤盆地东部的鸣沙山

南北两侧的盆地逐渐萎缩，山脉的范围向南北两侧逐渐扩展，东天山在这种环境下走过了两亿多年。在这两亿多年的时间里，尽管山脉内部有一些起伏变化，但巴里坤盆地始终未呈现出其现今面目。

### 4.6.3　巴里坤盆地——断陷而成

直到大约 3300 万年前开始，巴里坤不希望自身再被风蚀水割，为了挣脱两侧的山脉，在地球母亲力量的帮助下开始了一番努力。她与两侧山脉开始划清了界线，顺着盆地南北两侧边界断层界线，以每年 2mm 的速度缓缓下降，在经历了亿年的寒风后，巴里坤盆地终于开始装扮自己。河湖水系开始汇聚，流水清洗了亿万年的风霜，被划过的伤痕和和脸上的皱纹通过沉积作用开始被慢慢抹平。巴里坤盆地悄悄舒展了身躯，就这样过了漫长的 1800 万年，身上盖上了厚厚的红衣裳，填充了最厚达 2km 的河湖

相红色碎屑岩沉积。这身红衣裳的中间是细腻的泥，犹如润滑的丝绸包裹着伤痕；红衣裳的里外有砂，也有砾，这是为了挣脱两侧的山脉留下的痕迹，这些痕迹被深深记录了下来，未曾消散。

从大约 500 万年前开始，地球母亲给巴里坤盆地和两侧的山脉一次重归于好的机会，巴里坤盆地再次被抬升，这次抬升的幅度并不大，但足够跟山脉对话。湖水逐渐退去，巴里坤盆地露出了柔软的脸庞，这次对话持续了 300 万年，一切重归于好。而后的 200 万年的时间里，哈尔里克山和莫钦乌拉山终于被感化，横亘的妖魔梁不再是囚禁巴里坤盆地的枷锁。每当冬天一过，山上融化的雪水便会顺着山谷缓缓流下，源源不断地为巴里坤盆地提供新鲜血液，帮助她抚养大地的孩子。当然，在一切趋于平静的背景下，巴里坤盆地自身偶尔也会发发脾气。盆地的东部在 12 万年以来一直不安稳，至今至少抬升了 80m，而巴里坤湖也因此只能一直向西迁移，好在充足的补给一直能保证这颗明眸继续闪烁（图 4.28）。

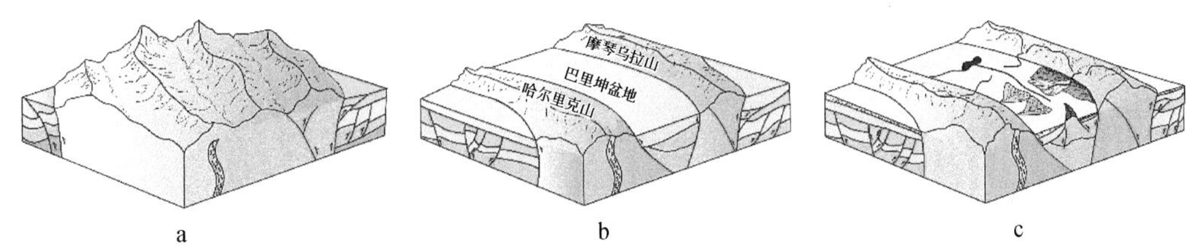


图 4.28　巴里坤盆地演化模式图

a. 3300 万年前；b. 3300 万年前～ 500 万年前；c. 200 万年以来

### 4.6.4　自然变迁——人类的福祉

巴里坤盆地历经上千万年，终成现今模样，自然温和地养育着万千生灵。地球内部的复杂而又富有活力的运动，驱使着盆地成山，山化为盆，沧海桑田。漫长的地质长河变迁，塑造出了人类赖以生存的地球家园。人类是地球母亲在一次次的自然变迁中偶然孕育出来的，追本溯源也不过是十数万年的事，在地球历史长河中是非常短暂的一瞬。人类在地球的自然变迁面前如此渺小，却又如此幸运。我们能够在像巴里坤盆地一样的土地上繁衍生息，过着美好的生活，每天创造着属于这个宇宙的奇迹，却终归不能忘记人类的使命。我们需要学着去了解地球的过去，也需要学着携手承担未来，我们要让自然和谐发展，与自然相互依偎，而非一味尝试着去改变。与自然和谐相处之道，任重道远。

## 4.7　白云鄂博——闪耀在内蒙古草原上的一颗明珠

稀土元素（rare earth element）有“工业维生素”之美称，在石油、化工、冶金、纺织、陶瓷、玻璃、永磁材料等领域都有广泛的应用，是极其重要的战略资源。稀土元素包括

了元素周期表中原子序数为 57 ～ 71 的 15 种镧系元素，以及与镧系元素化学性质相似的钪（Sc）和钇（Y），共有 17 种元素。我国内蒙古地区白云鄂博稀土矿的稀土储量就占到了全世界探明总储量的 41%，白云鄂博是享誉世界的“稀土之都”。

白云鄂博坐落于内蒙古著名工业城市包头以北约 150km 的大草原上（图 4.29）。白云鄂博是蒙古语“白音宝格达”的谐音，意思是“富饶的神山”。在白云鄂博矿床勘探开发之前，这里是人烟稀少的大草原，现如今已经发展成为一座人口 2.8 万的著名矿业及旅游城市。

图 4.29　白云鄂博东矿铁 - 稀土露天采坑（张拴宏拍摄）

### 4.7.1　白云鄂博矿床

白云鄂博矿床分布在东西长约 20km，南北宽 2 ～ 3km 的狭小范围内，是一个名副其实的“聚宝盆”。在这个“聚宝盆”内，已经发现了 71 种元素，175 种矿产资源，是一座世界罕见的铁、稀土、铌（Nb）、钍（Th）等多金属共生矿床。它是世界第一大稀土矿床，我国最大的铌矿床及钍矿床，同时还是一个大型的铁矿床。白云鄂博矿床内矿物总类之多、储量之大，世所罕见。仅从白云鄂博矿区发现的新矿物就有黄河矿、包头矿、钡铁钛石、氟碳铈钡矿、大青山矿和中华铈矿等 15 种之多。

白云鄂博矿床的发现可以追溯到 1927 年 7 月。时任北京大学地质学系助教的丁道衡先生在参加“中瑞西北科学考察团”野外考察过程中，在白云鄂博山发现了铁矿石，经

过地质填图，发现了白云鄂博矿床的主矿。1934 年，何作霖先生从丁道衡先生所转交的矿石标本中，首次发现了两种稀土矿物（氟碳铈矿和独居石）。1964 年，白鸽先生在前人的光谱数据的一个样品中发现了高铌谱线，后经详细野外及矿物学工作，发现了铌铁矿、铌钙矿、易解石和褐铈铌矿等富铌矿物（白鸽，2012）。这些发现为白云鄂博铌矿床的发现及开发奠定了坚实的基础。

### 4.7.2　从地质图看白云鄂博矿床的成因

那么，白云鄂博矿区内为什么会有如此大规模的金属矿床？这些成矿元素是如何聚集的？这些疑问涉及白云鄂博矿床的成因及构造背景问题，也是国内外学者多年来一直探索并试图解决的重要科学问题之一。

在白云鄂博矿床发现之后，地质学家们在白云鄂博矿区及外围开展了多项填图及地质调查工作，绘制了多种比例尺的地质图。从这些地质图上可以看出，稀土－铌矿主要赋存在中元古代白云质大理岩内，并明显受层位控制（图 4.30）；而铁矿则在白云质大理岩的局部富集（图 4.31）。由于白云质大理岩可以由沉积成因的白云岩变质重结晶形成，

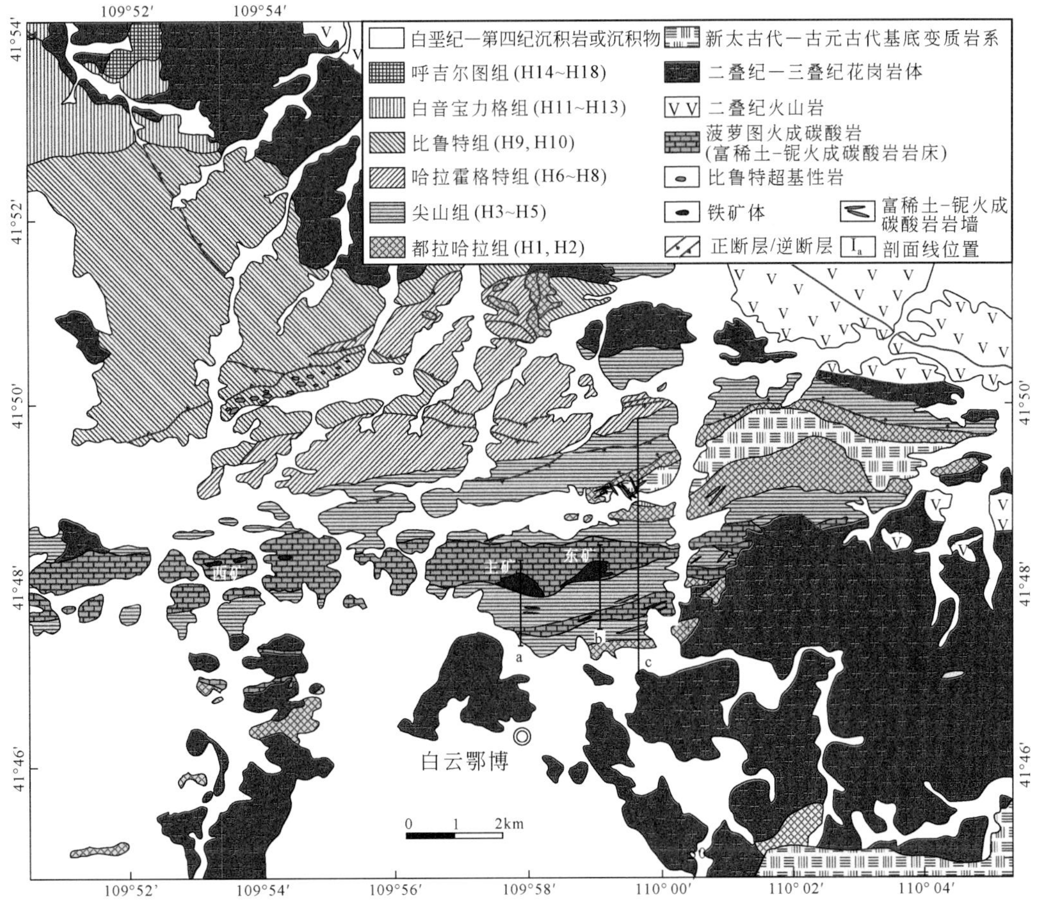

图 4.30　白云鄂博矿区及外围地质图

也可以由幔源的火成碳酸岩岩浆结晶形成，因此关于白云鄂博矿床的赋矿大理岩成因，此前在地质学界一直有沉积成因及岩浆成因的争议。

近年来，白云鄂博矿区的调查及填图结果表明，白云鄂博富稀土的白云质大理岩主体为火成碳酸岩岩床，似层状构造是岩浆流动产物，而非沉积成因的层理（图 4.31、图 4.32）。这些火成碳酸岩岩床在晚古生代—中生代期间在近南北向挤压应力下发生了褶皱变形，形成了控制白云鄂博矿床产出的近东西向的白云向斜及宽沟背斜（图 4.30）。

从白云鄂博矿区及外围地质图（图 4.30）还可以看出，富稀土的火成碳酸岩岩墙和富稀土－铌的白云质岩大理岩，均分布在东西长约 20km，南北宽 2 ～ 3km 的狭小范围内，在这个区域之外均没有发现。这是因为这些富稀土－铌的火成碳酸岩（图 4.33）是岩浆成因的，并且是受层位控制的，即来自于地幔的火成碳酸岩岩浆从深部侵位，在上部软弱岩层（尖山组板岩）中形成火成碳酸岩岩床，而在下部地层中形成了火成碳酸岩岩墙。这些火成碳酸岩岩墙也提供了岩浆上升在尖山组板岩中形成岩床的岩浆通道。

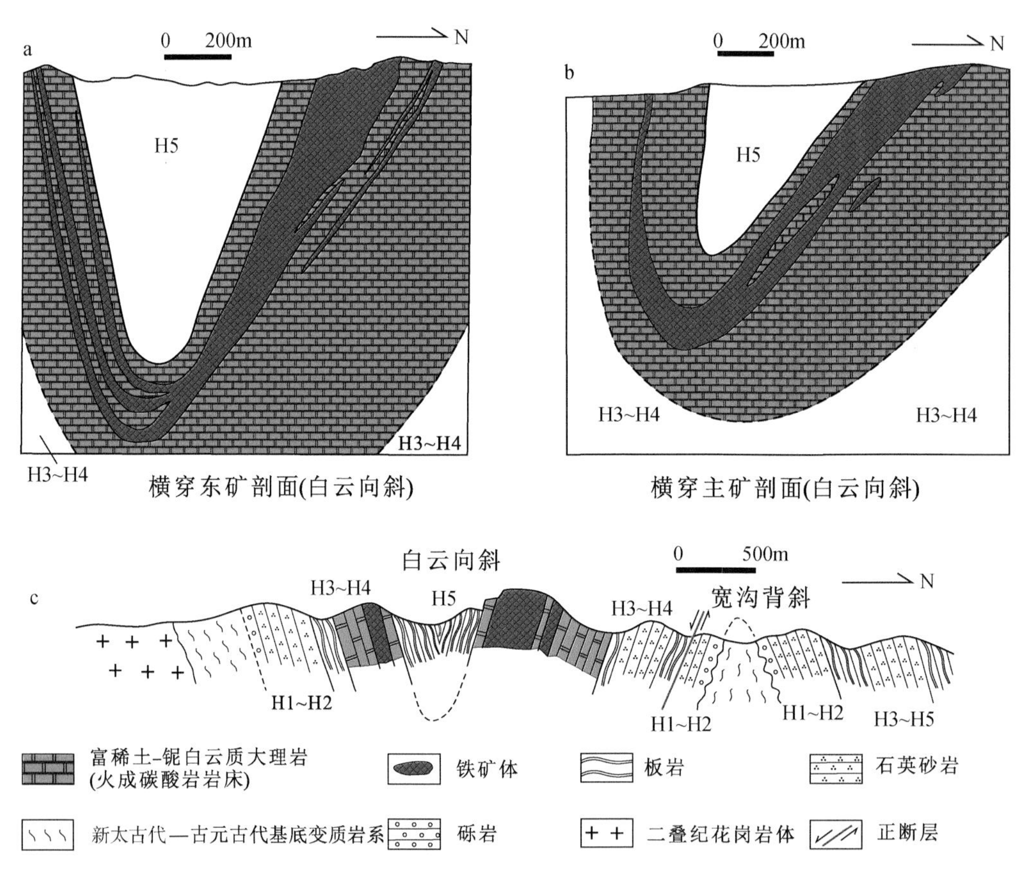


图 4.31　白云鄂博矿区剖面图（剖面位置见图 4.30）

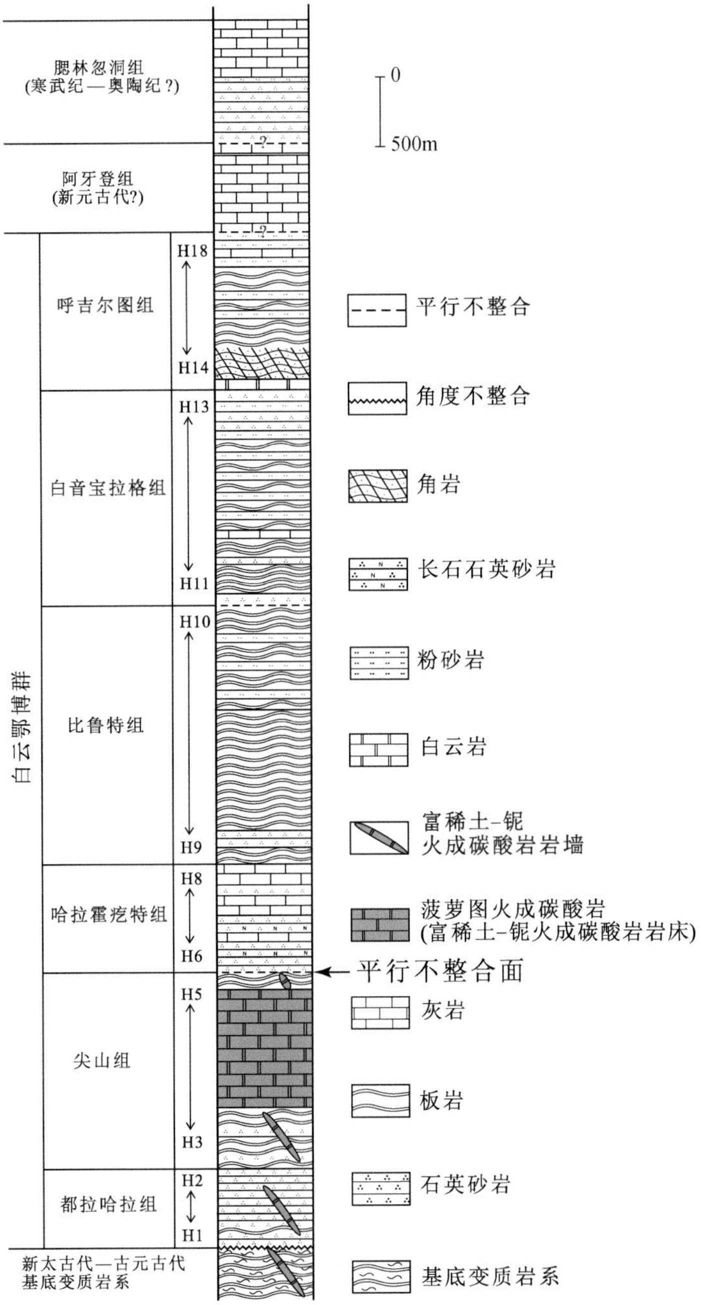

腮林忽洞组
(寒武纪—奥陶纪?)

阿牙登组
(新元古代?)

白云鄂博群

呼吉尔图组 H18 H14

白音宝拉格组 H13 H11

比鲁特组 H10 H9

哈拉霍疙特组 H8 H6

尖山组 H5 H3

都拉哈拉组 H2 H1

新太古代—古元古代
基底变质岩系

0
500m

平行不整合

角度不整合

角岩

长石石英砂岩

粉砂岩

白云岩

富稀土-铌
火成碳酸岩岩墙

菠萝图火成碳酸岩
(富稀土-铌火成碳酸岩岩床)

平行不整合面

灰岩

板岩

石英砂岩

基底变质岩系

图 4.32　白云鄂博矿区地层柱状图

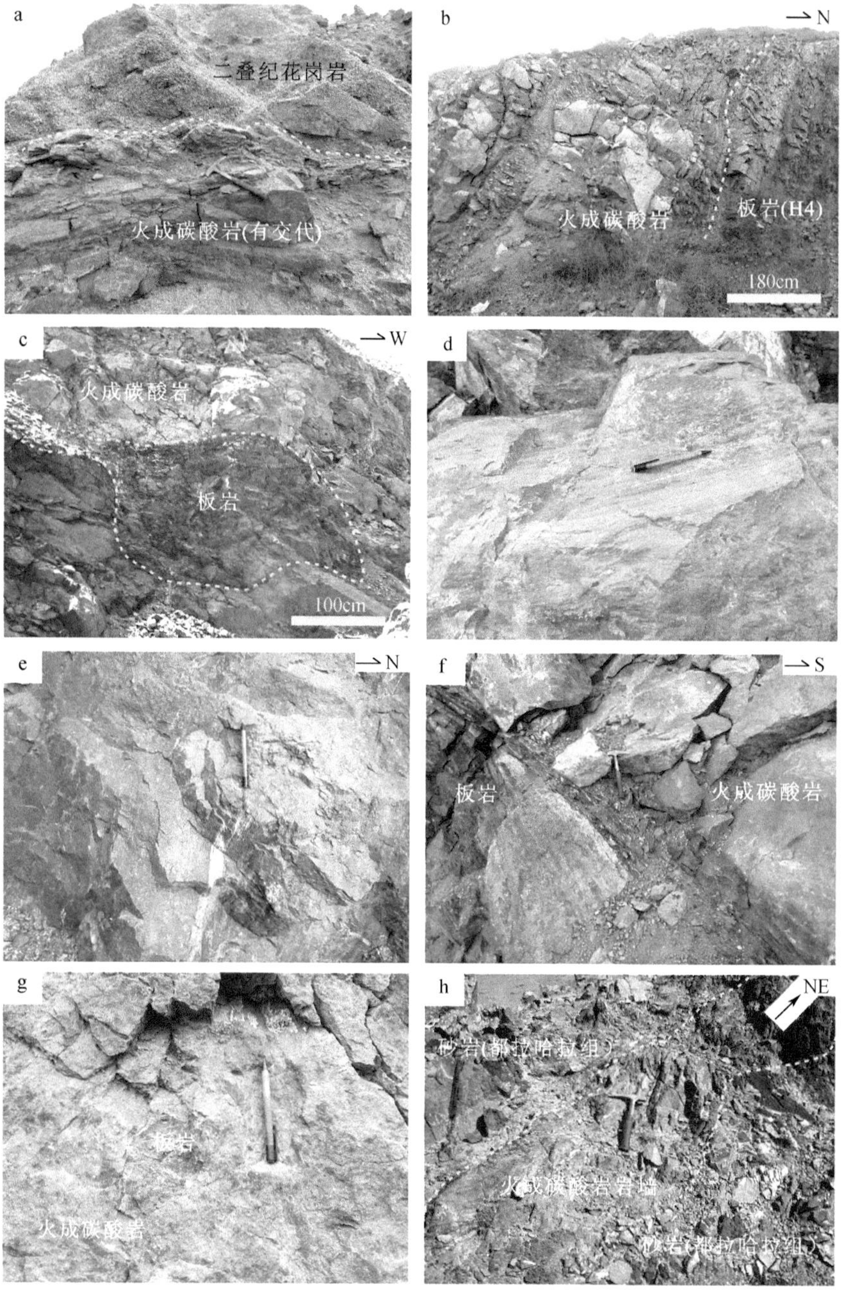

图 4.33　白云鄂博富稀土－铌的火成碳酸岩野外产状照片（张拴宏拍摄）

### 4.7.3　白云鄂博稀土－铌成矿时代

由于稀土矿床与火成碳酸岩密切共生，那么准确测定火成碳酸岩的时代就是认识超大型矿床成因及构造背景的关键。如此大规模的矿床究竟是在什么时候形成的呢？这就需要使用同位素测年的方法来确定。

从 20 世纪 90 年代开始，地质学家们尝试了多种测年方法，但结果均不理想，所获得的结果变化于 16 亿年至 3 亿年，这种变化范围极大的成矿年龄与白云鄂博矿床受层位控制的地质事实相矛盾。

我们尝试分选性质较为稳定的锆石和斜锆石来进行放射性同位素年龄测定以确定白云鄂博火成碳酸岩及稀土矿化的时代。但这些火成碳酸岩中锆石含量极少，最初我们用传统选样方法分选了多次，都没有成功。后来考虑到这些岩石的主要矿物是方解石及白云石，都是溶于盐酸的，我们改进了选样方法，将传统的水淘法改为稀盐酸浸泡法，提高了回收率，成功地从白云鄂博富稀土－铌火成碳酸岩中分选出了大量的同岩浆期结晶的锆石。最终，同位素年代学的测试结果显示，白云鄂博火成碳酸岩及稀土－铌矿化形成于 13 亿年前左右（图 4.34、图 4.35）。

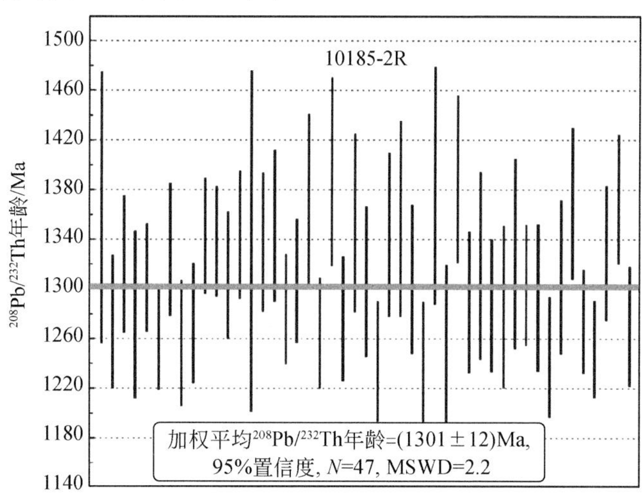


**图 4.34　白云鄂博火成碳酸岩锆石 Th-Pb 测年结果**

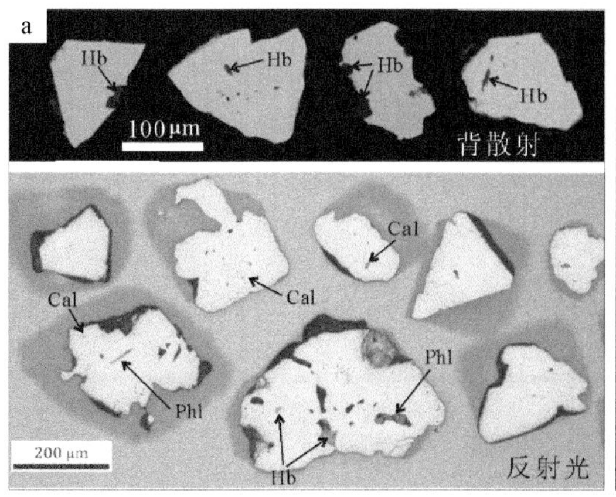


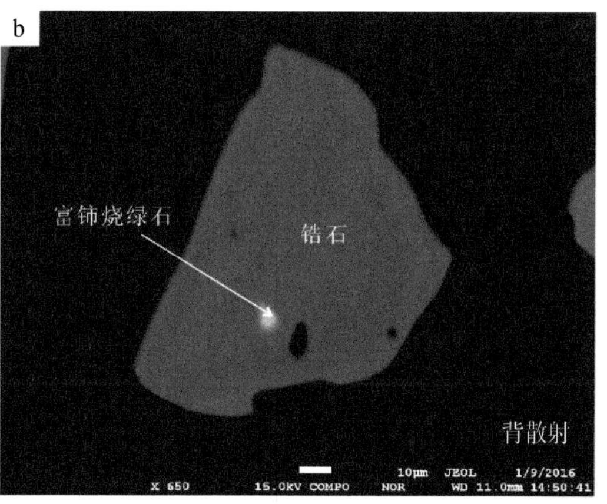

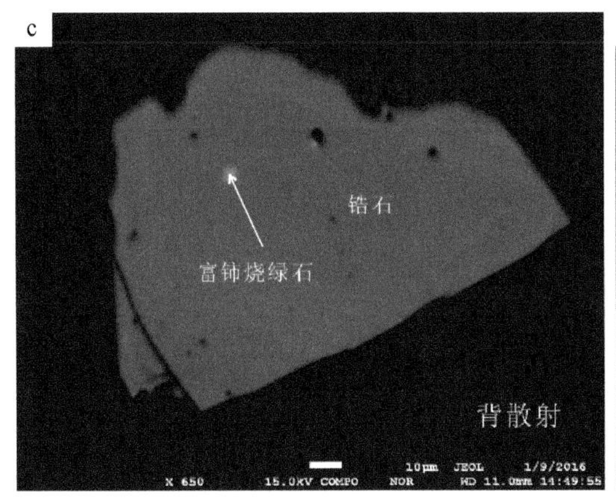


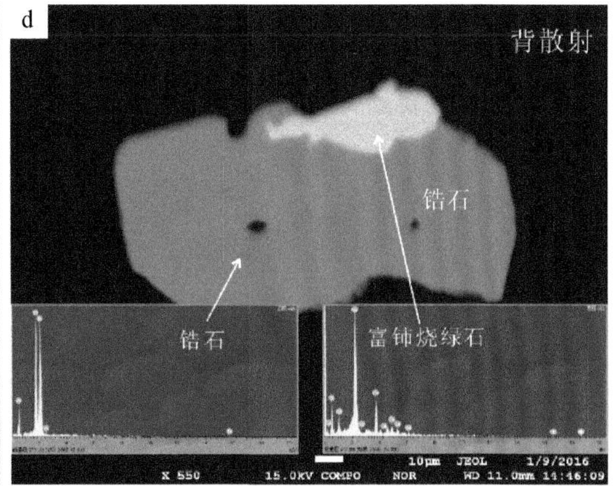


**图 4.35　白云鄂博火成碳酸岩锆石中矿物包体组成**

Hb. 角闪石；Cal. 方解石；Phl. 金云母

# 4.8　南北地震带——正在变形的岩石圈

## 4.8.1　不能忘却的记忆

2008 年 5 月 12 日午后，正在湖北宜昌一带进行地质考察的我们，正驾车行驶在长江边，突然感觉整辆车晃动了一下，幸亏司机师傅反应及时，猛地打了一下方向盘，车子才没有冲进路旁的江流中。当我们返回驻地时，媒体已经开始连续报道地震的情况。此次地震震中位于四川省阿坝藏族羌族自治州汶川县，是我国自“唐山大地震”后伤亡最严重的一次地震活动，被称为“汶川大地震”（图 4.36）。地震震级达到里氏 8.0 级，震源深度为 14km，地震烈度达到 11 度，地震波及大半个中国及亚洲多个国家和地区。据统计，地震共造成 69227 人死亡，374643 人受伤，17923 人失踪，直接经济损失达到 8452.15 亿元。

在人们的记忆里，上一次的灾难是 44 年前发生的唐山大地震。那是 1976 年 7 月 28 日凌晨，河北省唐山丰南一带发生了里氏 7.8 级地震，造成 242769 人死亡，164851 人重伤。

1920 年 12 月 16 日 20 时 06 分，海源地震突然撕裂了宁夏西部海原这块贫瘠的黄土地。这是人类有记录以来的三次大地震之一（另外两次为智利、墨西哥大地震），也是 20 世纪发生在我国的最大地震，被称为“环球大震”，震级达到 8.5 级，震中裂度达到 12 度，波及 2 万多平方千米，强烈的震动持续了 10 余分钟。据测算，海原地震释放的能量，相当于投放了 1000 多颗原子弹或者 11.2 个唐山大地震。

由于地震震中位于经济极不发达地区，这次地震的很多遗迹得以保留，其中最引人注目的是位于海原县西安镇哨马营的一株五百多岁的古柳树（图 4.37）。古柳树的树干被大地震一劈为二，互相之间错动了大约半米。这棵树至今还顽强地活着，上部依然枝繁叶茂，冠盖如云，成为研究海原地震的活化石。

图 4.36　汶川大地震记录碑（孙玉军拍摄）

图 4.37　宁夏海原地震撕裂的柳树（施炜拍摄）

海原地震共造成27万余人死亡，约30万人受伤，地震灾害死亡人数位居世界第二。目前世界已知死亡人数最多的地震是发生于 1556 年（明嘉靖三十五年十二月十二日子时）的“华县地震”。据史书记载，此次地震造成 83 万人死亡（有姓名记载）。

由于地震对人们生命财产的严重威胁，自古以来人们就一直在探索预报地震的方法，我国东汉时期天文学家张衡发明的“候风地动仪”是世界上最早的地震仪。但遗憾的是，到目前为止，地震预测、预报还是一个世界性难题，仍然处于探索阶段。

### 4.8.2 活跃的南北地震带

自2008年汶川大地震以来，我国境内地震活动依然频繁，先后发生了青海玉树（2010年）、新疆新源（2012年）、四川芦山（2013年）、云南鲁甸（2014年）

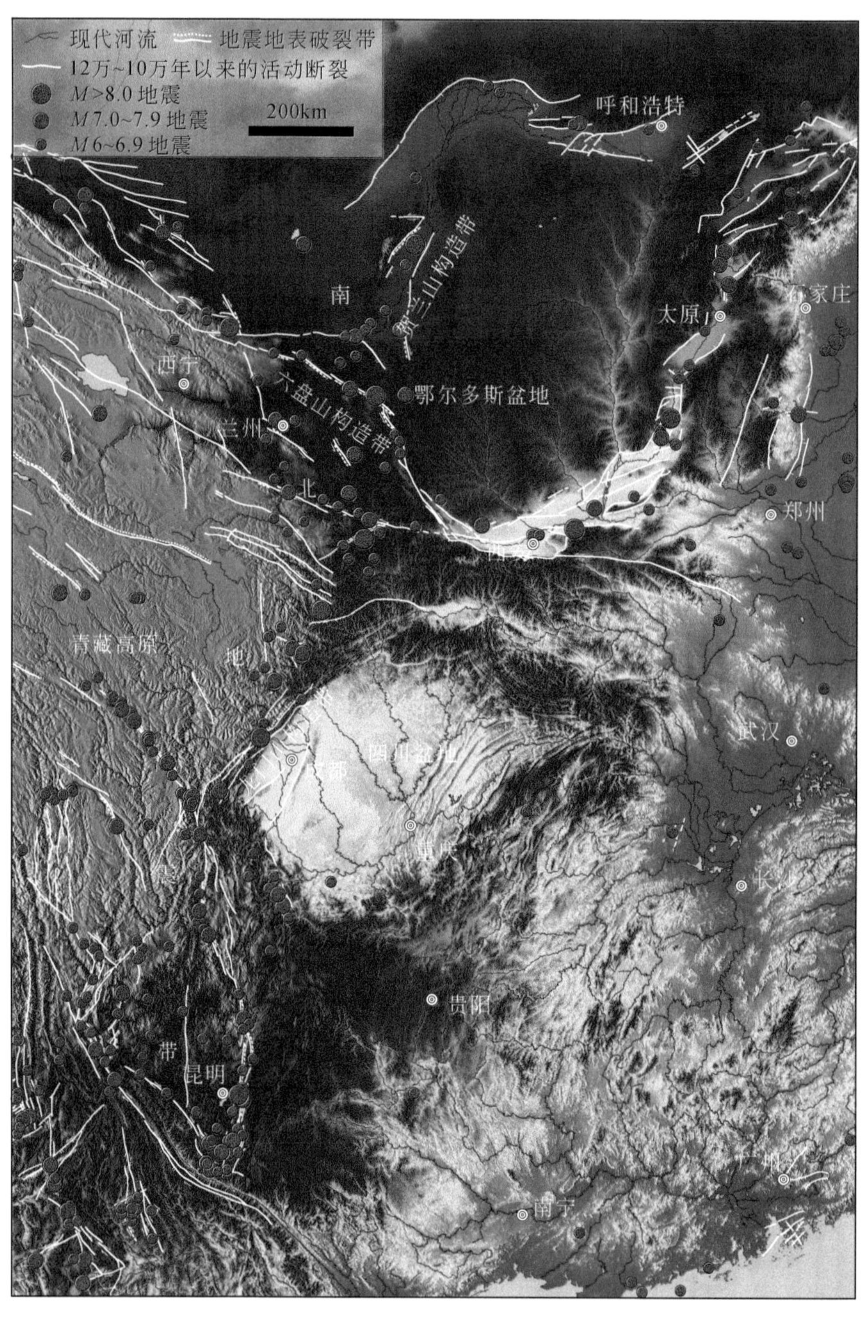


图 4.38 南北地震带分布图

和四川九寨沟（2017 年）等 6 级以上的地震活动。包括之前发生的陕西华县地震（1556 年）、宁夏平罗地震（1739 年）和海原地震（1920 年）等震级较大的地震，都沿我国大陆中部呈南北向分布，这条带被地震学家称为“南北地震带”。这是一条由北向南自贺兰山、六盘山向南跨越秦岭，到龙门山、横断山脉的地震密集带（图 4.38）。这条带上，集中了中国有历史记录以来一半的 8 级以上大地震。科学家们研究认为，这条地震带的形成与青藏高原的隆升密切相关。印度大陆板块向欧亚大陆板块碰撞挤压，造成了喜马拉雅山的形成和青藏高原的抬升、变形，受扬子地块和鄂尔多斯地块的阻挡，在青藏高原边缘形成了一系列高耸陡峭的山系。这些山系的形成，也代表了这些地区经历了强烈的岩石圈变形。现今的地震活动则表明了这里的岩石圈仍在变形。

实际上，这条南北地震带并不是一条南北连贯的构造带，而是由多条次级地震带所组成的。这些次级地震带上发生的地震具有不同的诱发机制、活动周期和地表表现。认清这些不同地震带之间的差异，寻找出它们自身的活动规律，就能找到破解地震灾害的钥匙。科学家们要做的就是对每条地震活动带开展详细的调查研究，编制专门的地质图，通过地震区域及邻区地质图认识每个地震活动带内的发震断裂、经历了几次地震和地表岩石圈的运动速率。

### 4.8.3　给地震带做手术

科学家的研究已经表明，地震的产生与岩石圈深部的变形相关，岩石圈的断裂变形直接导致地震的发生。现代地震探测技术的发展使得发震断裂很容易确定，查明发震断裂对研究地震的活动周期和地震灾害预防非常重要。比如汶川地震的发震断裂是映秀－北川断裂；芦山地震的发震断裂则是灌县－安县断裂；海原地震的发震断裂是海原断裂；唐山地震的发震断裂是唐山断裂。

但是也有一些地震的发震断裂不容易确定。现在，让我们以发生于银川盆地上的 1739 年平罗地震为例，来看一下科学家们是如何寻找地震过后的痕迹来确定发震断裂的。

平罗地震于 1739 年 1 月 3 日戌时发生在南北地震带最北段的贺兰山地震带内，是银川平原上有史以来最大规模的破坏性地震，震级达到 8.0 级，造成 6.5 万余人丧生。银川盆地内及周缘发育 4 条近平行的正断层，自西向东分别是贺兰山东麓断裂、芦花台隐伏断裂、银川隐伏断裂和黄河隐伏断裂（图 4.39）。地震学家们曾经认为 1739 年平罗地震的发震断裂为贺兰山东麓断裂，主要证据是断裂带北部的明长城被右行正断错开（图 4.40）。但是也有研究表明，明长城修建要晚于贺兰山东麓山前断裂的形成，平罗地震的发震断裂可能是黄河断裂（Lin et al.，2013，2015）。而从地理位置来看，平罗地震的发震断裂属于银川隐伏断裂的可能性最大。但是无论历史记载还是后来的实地调查，都还没有在盆地内部找到明显的地震活动的遗迹，因此需要科学家们重新对平罗地震的发震断裂进行确认。

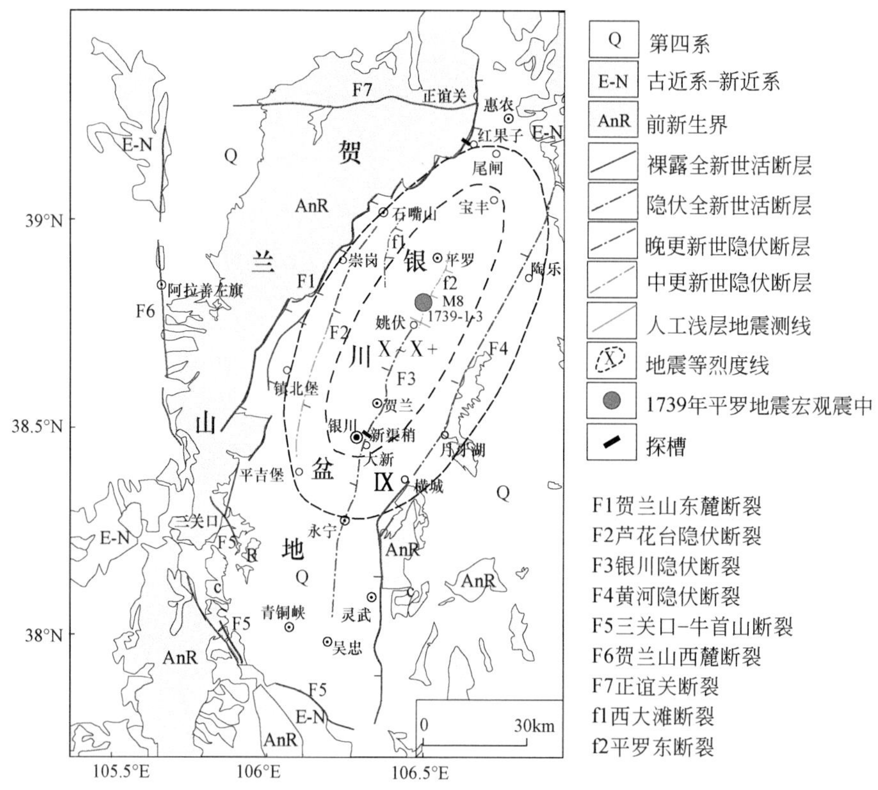


图 4.39　贺兰山地震带内构造地质图（引自雷启云等，2015）

图 4.40　贺兰山东麓断裂陡坎与红果子沟明长城（陈虹拍摄）

为了准确定位平罗地震的发震断裂，科学家首先通过卫星遥感数据进行解译，寻找地表可能出现的地貌陡坎，然后开展实地野外考察。一般来说，活动断裂往往发育于山前平原上的冲洪积扇内，可以通过冲洪积扇的表面高度、砾石大小和组成等特征判断出冲洪积扇的期次，并确定不同期次冲洪积扇的分布范围，同时根据断层坎在不同期次扇体上的断距差异确定断层的活动期次和位移量。为了更准确地获得断层的活动期次和古地震时间，科学家往往会在现象最典型的位置挖掘探槽。探槽的侧壁清理干净后会露出清晰的地质特征，再用线绳打上网格后进行详细的地质素描。绘制地质素描类似于美术生的实景写生，目的是将侧壁上显示出来的地质现象按照相应的比例尺呈现为素描图。

在绘制素描图过程中，科学家还将详细分析不同岩石层位被断裂错断的特征，划分出断裂活动的期次，并采集合适的样品进行测年（图 4.41）。通过上述一系列详细的工作，结果表明贺兰山东麓断裂的活动周期为 1500 ～ 2000 年（Lin et al.，2015），这将为地震预防和预测部门的后期工作提供非常重要的科学依据。

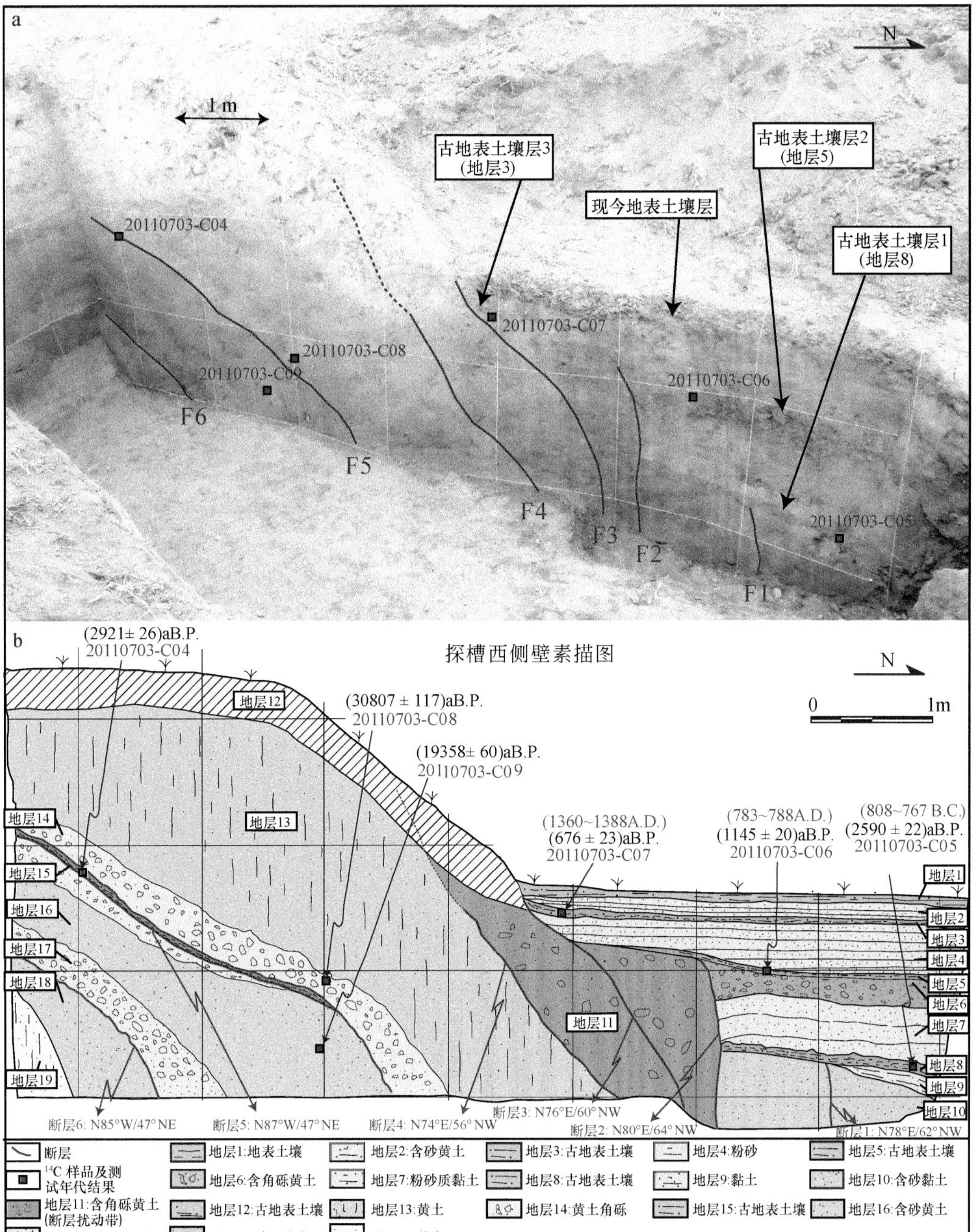

图 4.41　华山山前断裂探槽素描和样品年龄（引自 Rao et al.，2015）

# 第 5 章　拨云见日，看绿水青山

## 5.1　西北风堆出来的黄土高原

### 5.1.1　神奇的黄土高原

高亢嘹亮的信天游，唱出这片土地的广袤；狂风骤雨一般的腰鼓，挥洒着这片土地的粗犷；头裹白毛巾的庄稼汉，展示着这片土地的民俗。这片神奇的土地就是横卧在中国版图中心的黄土高原。黄土高原地处我国地势的第二级阶梯，东起太行山，西至乌鞘岭，南邻秦岭，北抵阴山，包括了山西、陕西全境，以及甘肃、宁夏、青海、内蒙古和河南等省区的一部分。黄土高原地势由西北向东南倾斜，以吕梁山脉和六盘山为主的两条近南北向山脉将黄土高原分成了山西高原、陇东高原、陇西高原三大部分。高原海拔 800 ～ 3000m，东西长约 1000km，南北宽约 750km，总面积约 $6.4\times10^5$km$^2$。

黄土高原黄土层厚度在不同地貌部位从数米至数百米不等，宽广塬面上黄土的厚度一般为 150 ～ 250m，个别地区厚度可达 300m 以上。

流水侵蚀切割下的黄土高原，呈现出千沟万壑、支离破碎的特殊自然景观。冬季强劲的西北风吹蚀下时常扬起的漫天黄沙，更透露出满目疮痍的悲凉，因此很多人对黄土高原的印象就定格在一片苍茫的黄色中。然而，这片空旷辽阔的土地带给我们的绝不仅仅是荒凉，在无不尽情显露着的粗犷与豪放下，这里还隐藏着孕育华夏文明的灿烂与辉煌，蕴含着农耕文化发源地的厚重历史。黄土孢粉、黏土矿物、哺乳动物、古人类遗址等诸多研究成果表明，距今 6000 ～ 5000 年前的全新世中期直至距今 1000 多年的隋唐时期，黄土高原还是森林草原的植被景观，气候比今天温暖湿润，是最适宜人类生活居住的环境，中华民族的祖先在这里得以繁衍生息。黄土高原是大自然用它的鬼斧神工刻画出的一幅瑰丽画卷，是上天给中华民族厚重的恩赐。

如果想要认识黄土高原，发掘层层叠叠的黄土之下掩盖的地球故事，我们还是先来了解一下黄土地层的形成、演化和堆积过程。

### 5.1.2　广袤的黄土高原是如何造就的?

黄土高原是由大面积集中分布的黄土组成，大量的黄土从何而来？又是怎样集中堆积形成独一无二的黄土高原的呢？解答上述疑问，首先要认识什么是黄土。

黄土，是指由风力搬运堆积而成，未经次生扰动，且无层理，主要由粉砂和黏土组成，富含碳酸盐并具有大孔隙的一种灰黄色土状堆积物。通常所指的黄土是形成于第四纪期间的黄土。

黄土在地球表面的分布相当广泛，约占全球陆地面积的 10%，主要呈东西向带状集中分布于北纬 30° ～ 55° 和南纬 30° ～ 40° 的干旱及半干旱地区。黄土主要分布在古冰盖的外缘、荒漠和半荒漠的边缘及大河的河谷或中下游地区。在欧洲和北美洲，黄土与大陆冰川的边界相连，分布在美国、加拿大、德国、法国、比利时、荷兰、中欧和东欧各国、白俄罗斯和乌克兰等地；在亚洲和南美洲与沙漠和戈壁相邻，主要分布在中国、伊朗、苏联的中亚地区、阿根廷；在北非和南半球的新西兰、澳大利亚，黄土也零星分布。

中国是世界上黄土分布最广、厚度最大的国家，其分布范围大致为昆仑山、秦岭以北，阿尔泰山、阿拉善和大兴安岭一线以南（刘东生，1985），东北至松辽平原和大小兴安岭山前，西北至天山、昆仑山山麓，南达长江中下游流域。其中以黄土高原地区最为集中。

对于中国黄土的论述，最早可追溯到 19 世纪的 60 年代，但 20 世纪 50 ～ 60 年代，以刘东生为首的一大批科学家对黄河中游水土保持、地方病等问题的调查，极大地促进了对黄土的探讨。大批科学家先后从黄土的分布和面积、植被特征、地貌和岩性特征、化学成分和矿物组成、粒度特征、结构构造、黄土的生态环境、地质环境及黄土成因和物源等不同角度开展了大量工作，认识不断明确和深入。黄土成因方面有风成说（Richthofen，1882；刘东生，1985）、水成说（Pumpelly，1866）、风化成土说和残积说、多成因说（Willis et al.，1907；张宗祜，1989）等多种观点。黄土物源方面学者提出了戈壁沙漠、准噶尔盆地沙漠和塔里木盆地沙漠（刘东生，1985）、柴达木盆地沙漠（Bowler et al.，1987）、塔里木盆地沙漠、祁连山北麓冲积扇（Derbyshire et al.，1998）、青藏高原东北部（杨杰东等，2007）、沙漠周围的山地（孙继敏，2004）等许多潜在源区。随着研究的进展，黄土成因逐渐形成以风成说占优势，并将黄土堆积期与冰期相对应，古土壤与间冰期相应的认识；物源示踪研究表明，黄土的直接物源可能主要来自于近缘的戈壁沙漠、远源的柴达木盆地等区域，在局部地区可能也受到黄河沉积物的影响（彭文彬等，2014）。

大量黄土集中堆积形成黄土高原，必须具备三个基本条件：一是充足的物质来源；二是持续强劲的动力机制；三是长期稳定的堆积场所。从前述对黄土的形成和沉积特征等方面的研究来看，黄土的发育受到青藏高原的隆升和区域乃至全球尺度的气候变化控制。毋庸置疑，黄土高原的形成也与之有着必然的联系。

古近纪以来，印度洋板块向北的推移与亚欧板块的碰撞，产生强大的南北向挤压力，致使青藏高原快速隆起。青藏高原的隆起，成为地球气候和环境演化的重要因素，不仅直接改变了青藏地区本身的地貌和自然环境，也间接引起了亚洲季风、亚洲内陆干旱化及新生代全球气候的变化。大量证据表明，青藏高原的隆升经历了多旋回、阶段性的隆升过程。青藏高原的隆升，一是导致了陆地变形：隆升导致新特提斯洋全部闭合，青藏高原和喜马拉雅地区由海变成陆地；随着陆地不断抬升，逐渐成为山地，地表裸露，基岩的风化产物成为重要物源；最终形成中间高、周围低的地形，加剧了自然环境的分异。二是引起亚洲季风系统变化，导致气候巨变。青藏高原隆升和形成，改变了青藏地区的大气环流，引起了动力和热力两方面的变化。原来盛行的行星风系发生改变，东亚季风系统初步形成；高原季风的形成，进一步加强了东亚季风系统，加剧了高原西北的干旱化，我国西北地区戈壁、沙漠大规模发育，为黄土物质的搬运提供了强劲动力和广阔源区，风尘堆积旺盛；此外，青藏高原的隆升，高原周边的构造活动强烈，加剧了地形地貌和气候的变化，对黄土的源区分布和搬运动力等有着重要的影响。

气候系统的改变导致我国西北内陆地区的干旱化加剧和东亚季风系统的增强，造成大量的黄土物质被强劲的冬季风挟带，向东南方向搬运，遇到山地的阻挡，在黄土高原地区沉降、堆积，形成宏伟的黄土高原。

### 5.1.3 千沟万壑是如何形成的?

特殊的自然地理和地质构造环境，形成了黄土特有的沉积特征，造就了神奇的黄土地貌。黄土高原具有哪些特有的地貌类型，让我们一个一个来看。

**1. 黄土沟谷地貌**

如果不是身临其境，很难想象出那一望无际灰黄色的高原上沟壑纵横，大地被侵蚀切割得支离破碎的景象（图 5.1）。沟谷地貌是黄土高原最常见的地貌，也是造成黄土高原支离破碎景象的根源。这种地貌造成人们要去往近在咫尺的沟对岸，都要下深沟、爬陡崖，否则只有绕行沟头数千米才能到达。

图 5.1　沟壑纵横的黄土高原（遥感影像）

沟谷地貌的发育是一个不断切深展宽的过程，沟谷形成发育的伊始是纹沟。降雨时，黄土坡面上的片状水流会将黄土层侵蚀形成纹沟（图 5.2a），纹沟没有明确的主流路线，相互交织穿插。通常一场大雨后，农耕坡地上就能见到密如蛛网的纹沟。当水流汇聚增

大成股流，在坡面上侵蚀成大致平行的沟，则形成细沟（图 5.2b）。细沟宽度一般不超过 0.5m，深度 0.1 ～ 0.4m，长数米到数十米。细沟的水流继续汇聚下切深度达到 1 ～ 2m，长度超过几十米，则形成切沟（图 5.2c），切沟就具有明显的沟壁，沟中多见陡坎。水流进一步汇合下切，形成长度数千米或数十千米，深度达数十米甚至上百米的冲沟（图 5.2d）。冲沟的沟头和沟壁都较陡。由于冲沟切割较深，能达到潜水层，常有地下水出露。冲沟随着水流的侵蚀不断发展加宽，沟底逐渐平坦，沟谷逐渐趋于稳定；有季节性流水，成为坳沟；常年流水的沟，则发展成为河沟。

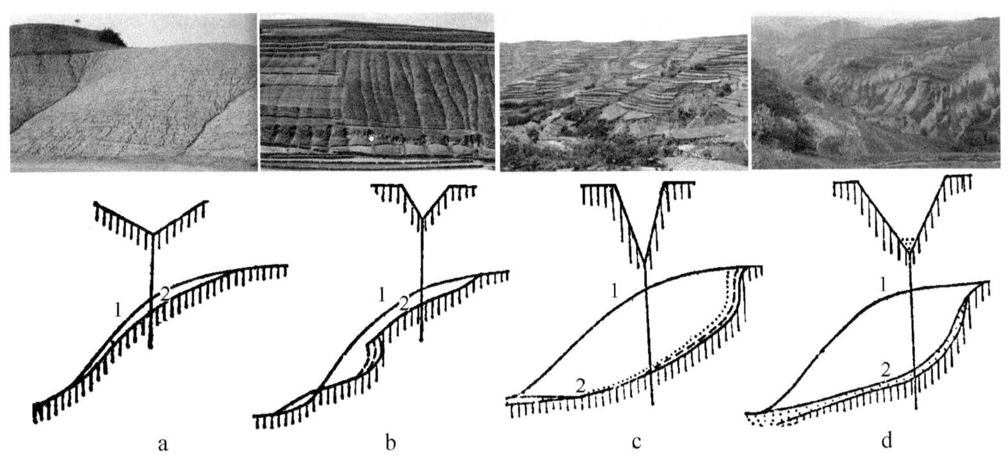


图 5.2　黄土高原沟谷类型示意图（杨景春和李有利，2005）

a. 纹沟；b. 细沟；c. 切沟；d. 冲沟。1. 坡面地形线；2. 沟底地形线

**2. 黄土沟（谷）间地貌**

与黄土沟谷地貌相伴生的是黄土沟（谷）间地貌，是黄土高原上的原始地面经流水切割侵蚀后的残留部分，可形成塬、墚、峁三种典型沟间地貌类型。

黄土塬（图 5.3a）是四周被沟谷所切割的黄土堆积高地，曾经有人形象地描述它就像“反扣在地上的边缘不规则脸盆”。塬的面积广阔，顶面地势极平坦，坡度不到 1°，边缘则是沟谷。我国面积较大的塬有陇东的董志塬、陕北的洛川塬、陇西的白草塬，山西的吉县塬等。其中董志塬是我国现存面积最大的塬，长达 80km，宽约 40km。塬上通常会形成大的居民聚集区。

黄土墚（图 5.3b）是长条形的黄土高地。通常，黄土塬的边缘或山前黄土被侵蚀后易形成墚。墚的横剖面呈穹形，宽度不一，多数为 400 ～ 500m，长可达数千米。根据黄土墚的形态可分为平顶墚和斜墚两种。平顶墚的顶部较平坦，坡度 1° ～ 5°。斜墚顶部则沿分水岭有较大的起伏，墚顶横向与纵向的斜度，多为 5° ～ 10°。

黄土峁（图 5.3c）是指孤立黄土丘，平面呈椭圆形或圆形，顶部呈圆穹形。若干峁连接起来形成和缓起伏的墚峁，则称为黄土丘陵。

塬、墚、峁的形成和黄土堆积前的地形起伏及黄土堆积后的流水侵蚀密切相关。在波状起伏的丘陵基础上堆积的黄土，黄土地面自然也会随着基底地形起伏而起伏。现代黄土沟谷则可继承古地形发育，使黄土堆积地面形成长条形的墚和块状的峁。宽广的黄

图 5.3　黄土高原典型沟（谷）间地貌（a、b 为胡健民拍摄，c 为李朝柱拍摄）

a. 黄土塬；b. 黄土峁；c. 黄土墚

土塬，经历长时间沟谷的侵蚀切割，也可逐渐转变成黄土墚或黄土峁。

**3. 黄土潜蚀地貌**

黄土潜蚀地貌也是黄土区重要的地貌类型，因黄土地层结构疏松、节理发育，地表水极易沿黄土中的裂隙或孔隙下渗，对黄土进行溶蚀和侵蚀，引起黄土的陷落而形成。

地表水下渗浸湿黄土后，在平缓的黄土地面上，黄土因重力作用发生压缩或沉陷使地面沉陷，形成深数米，直径 10 ～ 20m 的碟形凹地，称为黄土碟。而在地表水容易汇集的沟间或谷坡上部，地表水下渗进行潜蚀形成深达几米甚至几十米的竖井状陷穴和漏斗状陷穴（图 5.4a），常分布在谷坡上部和墚峁的边缘地带。当两个陷穴之间由于地下水流的串通，并不断扩大其间的地下孔道，在陷穴间残留在顶部的土体就形成黄土桥（图 5.4b）。在沟边或塬边部位，流水沿黄土垂直节理潜蚀作用和崩塌作用形成的柱状残留体，称为黄土柱（图 5.4c）。

图 5.4　黄土潜蚀地貌（胡健民拍摄）

a. 黄土柱；b 和 c. 黄土塌陷（陷穴）；d. 柱状节理

**4. 黄土灾害地貌**

马兰黄土强烈的湿陷性及黄土中富含大孔隙和碳酸盐的沉积特征，造成了黄土区地质灾害极易发生。谷坡地带的黄土层受到水的作用，极易失去稳定性，发生泻溜、崩塌、滑坡等自然灾害（图 5.5）；沟谷内则聚水成灾，山洪频发。黄土灾害掩藏道路、损毁房屋，严重威胁人类的生产和生活安全。我国有三分之一以上的地质灾害发生在黄土高原地区。

a

b

c

图 5.5　典型黄土灾害

a. 泻溜；b. 崩塌；c. 滑坡

**5. 黄土区的独特人文景观**

现今的黄土高原干旱的气候、沟壑纵横的地貌、贫瘠的土地和脆弱的生态环境，给人无尽苍凉的感觉，然而华夏儿女凭借着无穷的才智和自然做着抗争，创造了黄土区独特的人文景观。窑洞是黄土区古老而传统的民居，生活在沟谷中的人们依坡而建（图 5.6a），建造了崖壁式的窑洞；而生活在塬面上的人们则挖坑而修（图 5.6b），建造了地坑式的窑洞。这些古老的“穴居式”民居充分利用了黄土的特性，具有冬暖夏凉的特性；此外，人们还常在一些较大的冲沟中筑土为坝，蓄水拦沙，既可有效利用水资源，又能淤积土地，大大减少水土流失（图 5.6c）。

a

b

c

图 5.6　黄土区特征人文景观

a. 窑洞；b. 地坑院式窑洞；c. 水库

## 5.1.4　地球之手书写的史书

**1. 黄土堆积的“千层饼”**

黄土无论在成因还是地层沉积学特征上都与气候密切相关。当气候干冷时，风力增强，黄土堆积速率加大，地表侵蚀相对微弱，有利于黄土堆积。当气候转为温暖湿润时，黄土堆积速率减小，雨量增加，地表侵蚀加强，形成冲沟，地表发育土壤。当下一个干冷时期到来时，地面和山坡上堆积黄土，土壤层也被覆盖。气候再次转为温暖时，地面又发育一层土壤，周而复始。所以在黄土地层中就留下许多层古土壤，在剖面中呈现红色条带。黄土与古土壤的交互堆叠，形成了黄土地层“千层饼”式的堆积模式（图 5.7）。

图 5.7　典型黄土地层“千层饼”式的堆积模式

在通常的研究工作中，常用字母 L 代表黄土层（Loess），用字母 S 代表古土壤层（Soil），按从顶到底的顺序分别对黄土和古土壤进行编号，那么，一个完整连续的黄土堆积序列，从地表现代土壤层（黑垆土，$S_0$）往下分别为 $L_1$、$S_1$、$L_2$、$S_2$…，直到黄土地层底部的 $L_{33}$。在黄土剖面的研究中，许多学者常把黄土层和古土壤层用两种颜色或不同花纹充填来表示，两者相间排列组成柱状图，用以代表整个剖面的地层序列（图 5.8）。

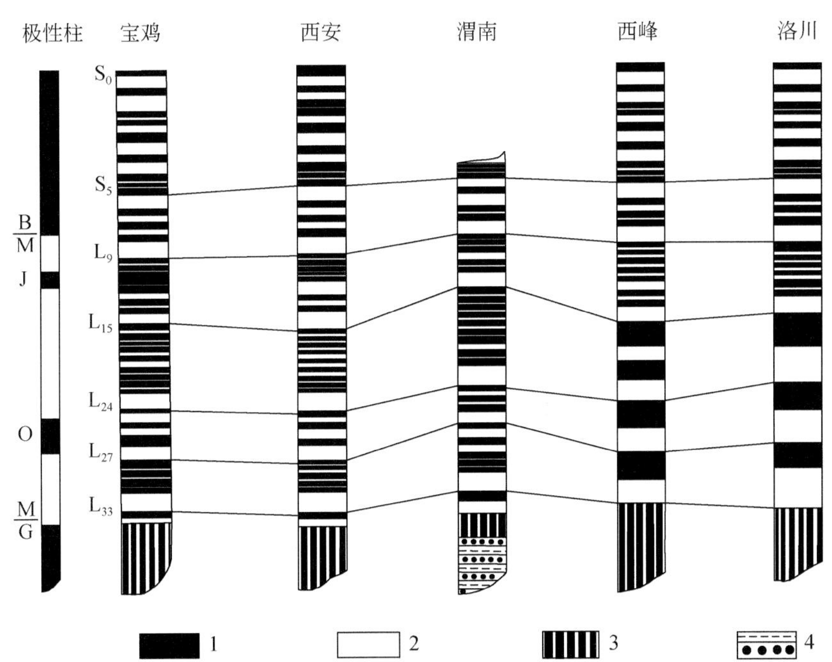


图 5.8　黄土地层典型剖面土壤地层对比（丁仲礼和刘东生，1989）

1. 古土壤；2. 黄土；3. 红黏土；4. 洪积物

按照这种方式，一个典型的第四纪黄土－古土壤序列共有 37 层古土壤。地质学家们将几个岩性和沉积特征特殊的层位（如 $L_1$、$S_5$、$L_9$ 和 $L_{15}$）单独命名。通常，将具有强烈湿陷性的 $L_1$ 黄土层称为“马兰黄土”；古土壤层（$S_5$）一般由三层古土壤组成，颜色较深，俗称“红三条”。由粒度较粗的粉砂组成的黄土层 $L_9$ 和 $L_{15}$，分别称“上粉砂层”和“下粉砂层”，上粉砂层在地表露头一般难以生长植物，呈现为灰白色的带状，常被形容为黄土中的“白腰带”。

通过对黄土地区地质要素的空间分布特征进行详细调查，将各地质要素的空间位置和相互关系等信息准确表达到带有位置信息的地图中，这就形成了黄土区的地质图。其所呈现的地质地貌信息充分呈现了黄土高原区的黄土地层典型的“千层饼”结构，黄土高原地区典型黄土地层框架和关系如图 5.9 所示。

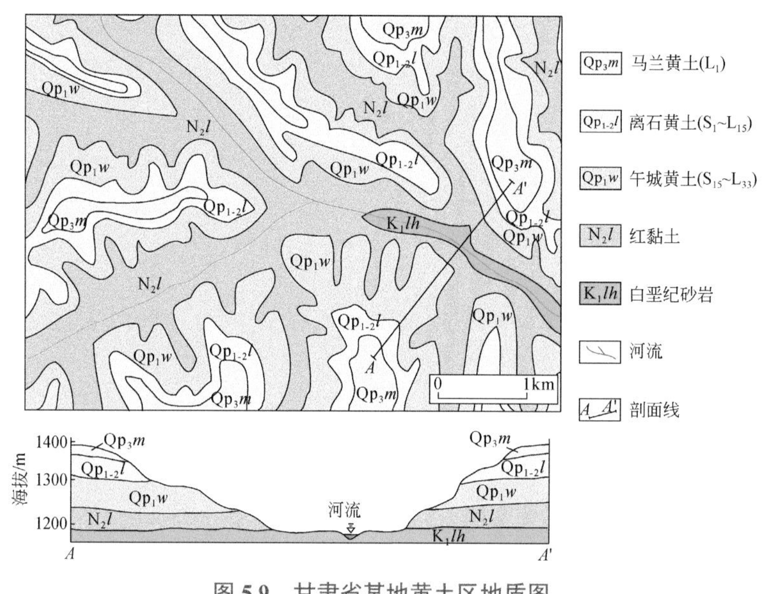


图 5.9　甘肃省某地黄土区地质图

**2. 黄土的时代**

地球拥有自己的磁场，能隔离高能宇宙射线更好地保护地球生命。然而，在地球演化的地质历史时期里，地球磁场并非固定不变，曾发生过许多次地磁极倒转，这些地磁场变化的信息被一一记录在黄土堆积形成的地层中，形成了一部厚厚的由地球亲手书写的史书。

黄土中的磁性矿物颗粒像一颗颗微型的“指南针”，指示着沉积时的地磁场方向。根据地层记录的古地磁场变化，对应到古地磁场变化的标准极性柱，就可以获悉黄土地层沉积的时代。如果以今天的地球磁场方向为参照，相同则为正极性，以黑色表示，否则为负极性，以白色表示，那么一条能指示地层时代的黑白条纹柱出现了（图 5.10），图中的 B 和 G 代表了古地磁倒转过程中的布容和高斯两个正极性时段，而 M 则代表松山负极性时段，其中的 J 和 O 分别代表该负极性时段中的贾拉米洛和奥都威两次正极性亚时，这些极性转换提供了准确的年龄控制，构成了这部“史书”的时间轴。

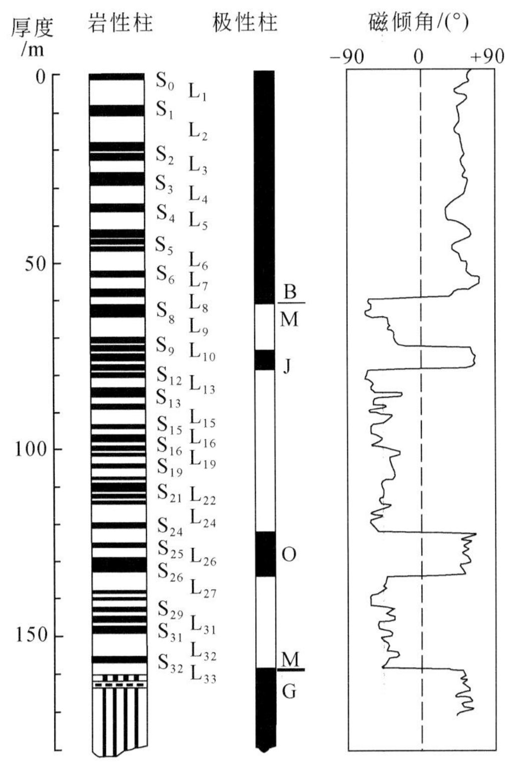


图 5.10　宝鸡黄土磁性地层（丁仲礼和刘东生，1989）

**3. 黄土记录的主要地质与环境事件**

黄土剖面中出现的数层乃至数十层古土壤条带，是气候相对温暖湿润、冬季风减弱、粉尘堆积缓慢、土壤化强度较高的环境中的产物，而黄土层则反映相对干燥寒冷、冬季风较强的环境特征。因此，任何单个的黄土层与古土壤层均独立地代表一次大的气候事件（丁仲礼和刘东生，1989），黄土与古土壤的组合代表了一个干冷与暖湿气候的旋回。

中国黄土－古土壤序列约 250 万年以来共记录了 37 个气候的周期性变化（刘嘉麒等，2001）。不同的时间段，其变化也有不同规律，80 万年以来，气候变化的主周期为 10 万年，而 150 万～ 80 万年间则以 4 万年为主周期。同时当 10 万年为主周期时，气候冷暖变化幅度较大，而 4 万年周期时段气候冷暖变化幅度较小。黄土沉积与全球的气候变化密切相关，所记录的气候信息与大洋沉积物有很好的对应关系（如图 5.11 所示；丁仲礼和刘东生，1991）。地质学家们认为 260 万年前，北半球冰盖大量增加，进入了相对干冷的大冰河时代，这一事件加剧了亚洲内陆的干旱化变率。黄土还间接记录了第四纪时期青藏高原 200 万～ 180 万年、130 万～ 100 万年、60 万年和 15 万年等多次隆升事件（安芷生等，2006）。

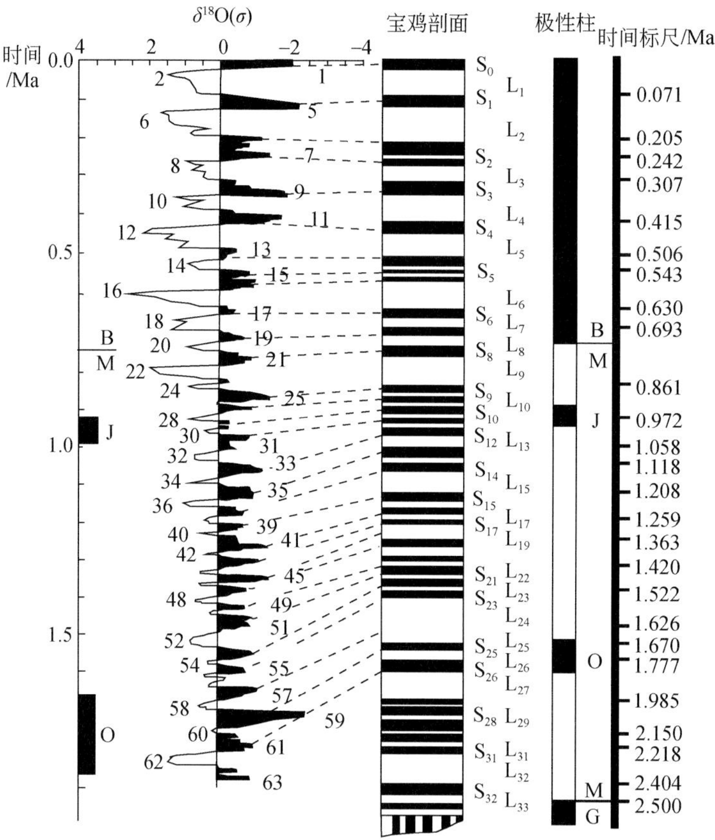


图 5.11　深海氧同位素记录与黄土剖面对比（丁仲礼和刘东生，1989）

# 5.2　沙漠中崛起的新城

宁夏回族自治区红寺堡开发区位于宁夏中部，隶属于吴忠市管辖，在地理位置上处于荒漠草原与干旱草原的过渡地带。这里是宁夏扶贫扬黄灌溉工程的主战场，也是我国西部最大的生态扶贫移民区。截至目前，已累计完成宁南贫困山区生态移民 20 万人（图 5.12）。

图 5.12　红寺堡新貌（李振宏拍摄）

### 5.2.1　黄沙的来源

2016 年初春，我们有幸承担了中国地质调查局在特殊地质地貌区开展填图试点的任务，从而踏上了宁夏吴忠市红寺堡开发区这个位于毛乌素沙漠西缘的边陲小镇。五月的红寺堡，春意初萌，绿意葱茏，放眼四望，绿草如茵的山坡，阡陌交错的良田，蔚为壮观的葡萄园，到处呈现出一片生机盎然的景象。正当我们尽情地呼吸着这初春的气息，如痴如醉地陶醉在这美丽的田园风景中时，突然天色巨变，暴风裹挟着黄沙遮天蔽日，转瞬间把晴朗的天空变成了漆黑的夜晚。目睹此景，真正领会到了“穷荒绝漠鸟不飞，万碛千山梦犹懒”的意境。

狂风过后，田野又恢复到了曾经的平静。抚摸着散落在帽子边沿上的黄沙，我不禁自问——这些黄沙是从哪儿来的呢？首先闪现在我脑海里的是位于红寺堡西北一百余千米之外的沙坡头景区。这些沙子是从沙坡头飞来的吗？很快我就否定了这个答案，因为现在吹的是东南风，沙坡头远在西北方，风向不对。“毛乌素沙漠！”我喊出了第二个可能的答案，这一声把身边的同事着实吓了一跳，他用手上的地质锤默默地指了指东北方向，我才明白毛乌素沙漠是在红寺堡的东北方向，方向也不对，又一个答案被无声地否定了。那么，这些沙子到底是从何而来呢？带着心中疑问，我们开始了寻找沙源的地质之旅。在此后两年的时间里，我们顶酷暑，冒严寒，风雨无阻地走遍了红寺堡的沟沟

图 5.13　红寺堡野外填图现场（李振宏拍摄）

坎坎（图 5.13）。苦尽甘来，当以新庄集为中心的地质图展现在面前时，我眼前忽然一亮，茅塞顿开。这张图为我解开了心中的疑虑，揭开了黄沙来源的谜底——沙从脚下起，风卷空中飞（图 5.14）。

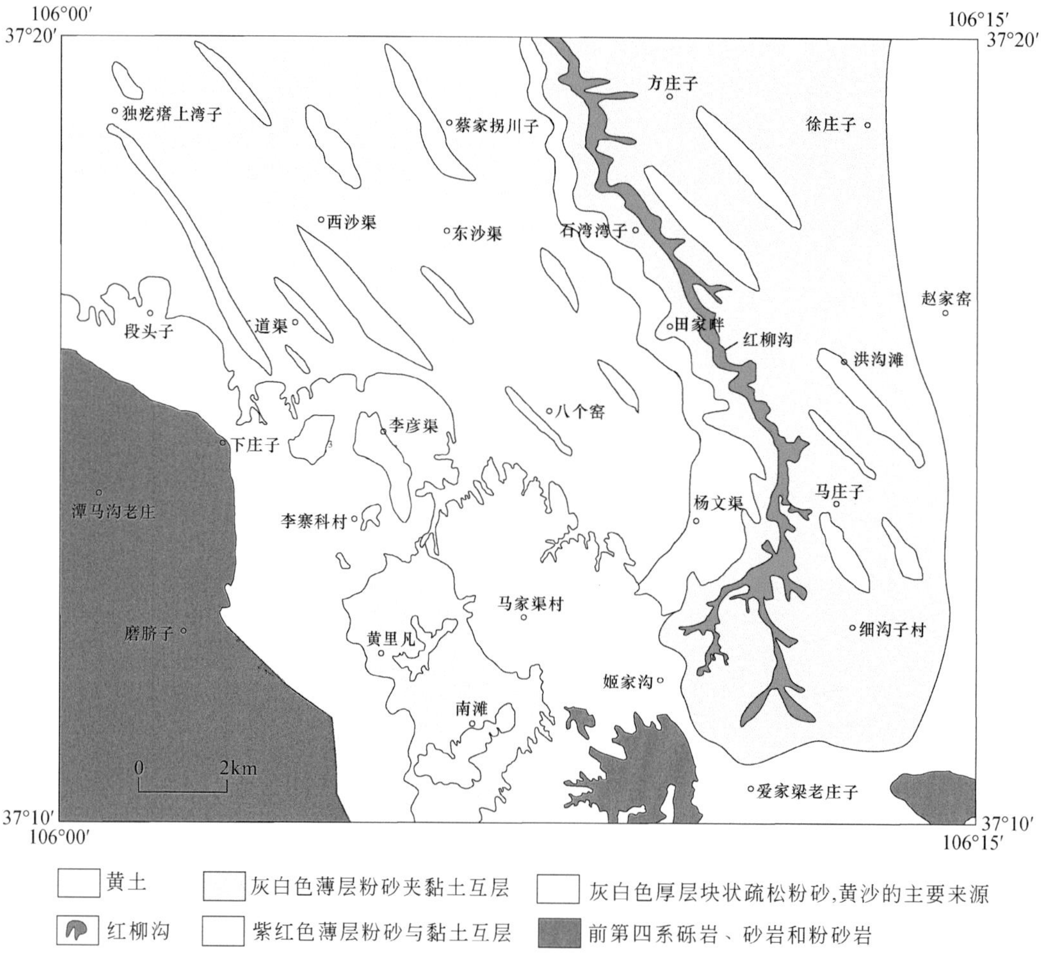

黄土　灰白色薄层粉砂夹黏土互层　灰白色厚层块状疏松粉砂,黄沙的主要来源

红柳沟　紫红色薄层粉砂与黏土互层　前第四系砾岩、砂岩和粉砂岩

图 5.14　宁夏红寺堡某地地质简图

让我们来看一下这幅以新庄集为中心的地质图（图 5.14），东西两侧分别是大罗山和烟筒山。大罗山与烟筒山山前是一套披覆沉积的第四系黄土，俗称马兰黄土，代表了干旱环境的沉积环境，形成时代大约为 1 万～ 5 万年前，在图幅中以土黄色色调表示。图幅中部略偏东有一条北西－南东向贯通的沟谷，沟谷最大宽度可达 150m，下切深度 15 ～ 20m，当地人称红柳沟，它是在大约 1 万年前，青藏高原快速隆升，沟谷下切的产物。西南部橘红色颜色的范围，主要出露前第四系砾岩、砂岩和粉砂岩，这些岩石形成于大约 200 万年以前，经过长期的压实，后经山脉隆升，暴露地表，岩石致密坚硬，抗风蚀能力较强（图 5.15）。在红柳沟东西两侧广泛分布的为一套河湖相沉积的粉砂与黏土互层，代表着这里曾经发育的两个古大湖，

图 5.15　宁夏红寺堡新庄集红柳沟两侧沙漠化典型照片（李振宏拍摄）

a. 萨拉乌苏组三段上覆水洞沟组，地表无沙漠化现象；b. 萨拉乌苏组三段裸露地表，沙漠化严重；c. 沙漠化沿着萨拉乌苏组三段出露地表段，呈带状延伸扩大；d. 萨拉乌苏三段局部沙漠化现象，但随着人为活动的破坏，有迅速扩大的趋势

但这两个古大湖的发育时间却存在较大的差异。西侧古大湖形成于 7 万～ 14 万年前，俗称萨拉乌苏湖，相当于距今 10 万年左右萨拉乌苏人生活的时代，在图幅中以朦胧绿色表示。东侧古大湖形成于 1 万～ 3.5 万年前，俗称水洞沟组，相当于距今 2 万年左右水洞沟人生活的时代，在图幅中以月光绿色调表示。在这两个古大湖上，我们可以看到分别漂泊着一艘艘灰白色犹如小船模样的地质体，它们是距今大约 5 万～ 7 万年之间沉积的湖相粉砂，以灰白色色调表示。在这套地层沉积之后，由于青藏高原的快速隆升，被迅速抬升至地表，因为没有经过长期的压实，沙质疏松，在大风的吹拂下，漫天飞舞。红寺堡地区的沙漠化，就是以这些条带状沙丘为中心，伴随着大风的吹拂，不断向四周扩散，进而不断地吞噬着周围的绿地（图 5.14）。

### 5.2.2　红寺堡的变迁

沙漠是干旱气候的产物，早在人类出现以前地球上就有沙漠。但是，荒凉的沙漠和

丰腴的草原之间并没有不可逾越的界线。有了水，沙漠可以长起茂盛的植物，成为生机盎然的绿洲。从亘古荒漠到满目绿洲，宁夏红寺堡开发区经历了怎样不为人知的涅槃，又创造了多少惊天动地的奇迹呢？

“红寺堡”之名，有记载见于明朝，是明庆王就藩封地，历史上为军事要塞，嘉靖四十年（1561 年）毁于地震。由于严重缺水，自古以来少有人居住，到处一片荒凉，区域沙漠化严重，虽然也有少部分土地耕种，但产量极其低下，往往亩产只有几十千克。1994 年 9 月，时任全国政协副主席的钱正英来宁夏考察提出了在红寺堡开发建设扬黄灌区，以解决宁南山区贫困人口脱贫问题的构想。1995 年 12 月国务院多次召开专题会议进行研究，正式批准宁夏扶贫扬黄灌溉工程（简称“1236”工程）立项，作为重点工程列入国家“九五”计划，1998 年 8 月正式开工建设。红寺堡开发区成立之初，开发区工委、管委会就把恢复生态环境作为一项重要的工作来抓。决定以红寺堡镇为中心，提出了“南保水土中治沙，扬黄灌区林网化”的生态建设方针，坚持宜林则林、宜封则封、封造并举的原则，以保护、恢复和发展生态植被为重点，有步骤地实施退耕还林还草、禁牧封育等生态工程建设。红寺堡地区沙漠化肆意扩张的趋势得到了有效的遏制，已由早期面状扩张逐步过渡为条带状发展，绿洲正在慢慢地夺回大部分地方的控制权（图 5.16）。

图 5.16　宁夏红寺堡甜水河流域沙漠化综合治理典型照片（李振宏拍摄）

走进红寺堡，来到罗山脚下，眼望新庄集移民旧址里那些废弃的院落，想象着这里曾经的荒凉贫瘠。如今，峰峦叠翠的罗山自然景观，波光荡漾的生态湖泊，欣欣向荣的万亩葡萄观光园，均被历史赋予了新的文化内涵（图 5.17）。红寺堡的新居民们“沙丘起高楼，荒漠变绿洲”，在红寺堡这块曾经荒凉的土地上，创造了中国扶贫史上的奇迹。

图 5.17　红寺堡人工湖新貌（李振宏拍摄）

## 5.3　消失的汉代古城

汉朝（公元前 202 ～公元 220 年）是继秦朝之后的大一统王朝，是我国封建社会前期经济发展的高峰期。公元前 201 年，汉高祖刘邦下令“天下县邑城”（天下郡县修筑城邑），拉开了汉朝城市大规模建设的序幕。汉武帝继位后大力开边、屯垦和移民，诞生了一批边塞城市，西域 50 余国也列入西汉版图。至西汉末年，汉朝辽阔的疆域内分布着大大小小 1600 多个城市。在这一时期，鄂尔多斯高原这一处于西北边塞，游牧与农耕民族交替控制的关键区域，所设城市由秦朝的 4 郡 12 县增加到西汉末年的 6 郡 51 县，经历了自东向西推进的繁盛时期。但到东汉时期，鄂尔多斯高原地区混战不断，东汉政府对西域的掌控力减弱，城市自西向东逐步收缩，城市数量减少，虽然还保留了原来的 6 郡，但下设属县却只有 30 个。

经过了 2000 多年时间与自然的洗礼，汉代所设立的城市有些虽然经历朝代更迭屡遭战火但并未衰落，如汉代酒泉郡治福禄县就是今天的卫星发射中心酒泉市。但更多的汉代城市却已经消失在时间的长河里，有些只能在史料记载中看到，实地已无法考证，还有些已被风沙掩埋，仅能根据地表遗存进行判断，霍洛柴登古城就是其中一座。

霍洛柴登古城遗址位于鄂尔多斯高原北部，内蒙古自治区杭锦旗锡尼镇西北约 20km 处的浩饶柴达木苏木。这里处于季风边缘，南有毛乌素沙漠，北有库布齐沙漠，是典型的生态环境脆弱区（图 5.18）。

2006 年 5 月，国务院公布霍洛柴登古城为第六批全国重点文物保护单位。这座古城是内蒙古中南部地区规模较大、保存较好的汉代古城之一。古城平面呈长方形，面积约 1.6km$^2$。城内地势较平坦，北部地势略高，现大部为草场和农田，周边还分布有大量同时期的墓葬。古城遗址发现于 20 世纪 70 年代，1971 年发掘出土有泥质灰陶和釉陶仓、灶、井、罐、熏炉及西汉晚期规模可观的冶铁工场和炼铜遗址。2014 年对古城遗址再次发掘，发现 5 座陶窑，出土陶片、板瓦、菱格纹砖等，古城西北部还发现有铸币窑址 4 座及制晒坯场地，窑室出土 150 余块钱范，大量古钱币、陶器、铜器、铁器、石器及铜铁炼渣、动物骨骼等（图 5.19）。考古专家据城内出土“西河农令”铜印及有关文物推测，古城时代约在汉武帝至王莽时期，属西河郡辖地。根据造币及铸铁遗址的规模推断，这座古

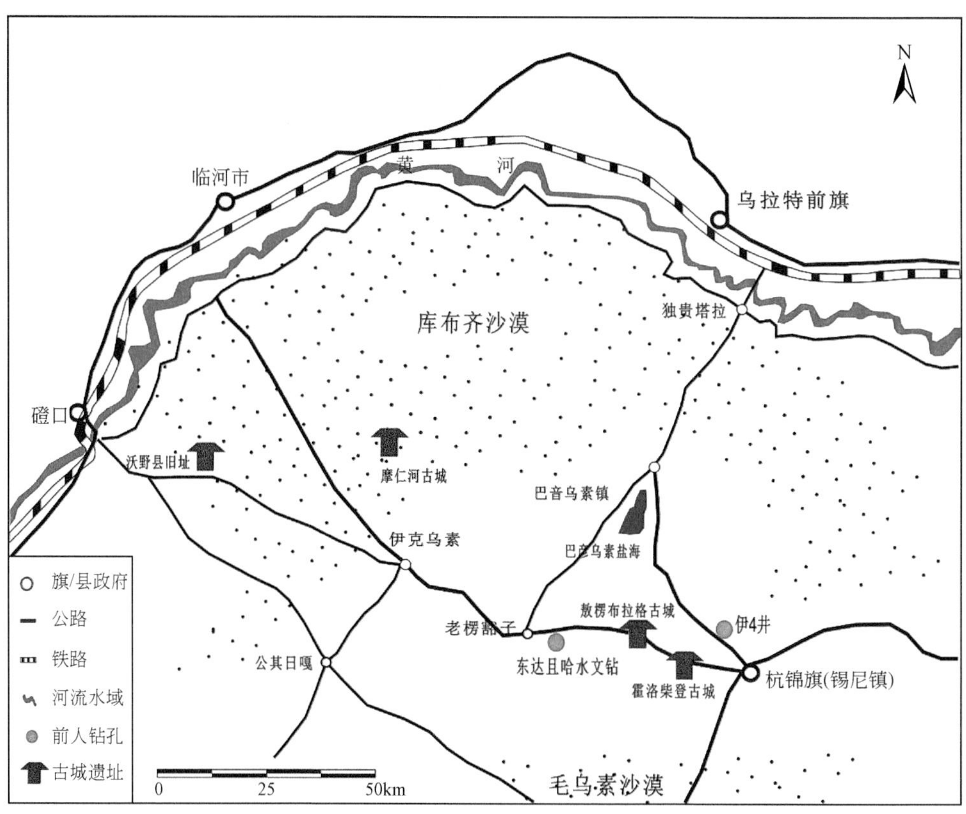


图 5.18　霍洛柴登古城遗址地理位置图

图 5.19　霍洛柴登古城铸钱作坊遗址出土的铜钱

城在当时不仅仅是汉抵御匈奴侵扰的边陲重镇，还在草原丝绸之路中担当着重要的角色。当时的社会稳定，人民安居乐业，农业、商业和城镇较为繁荣。

两千年沧海桑田，曾经的繁华城市渐渐被时间和风沙掩埋，仅留下一块刻有“霍洛柴登古城遗址”的石碑以及地表微微隆起的城墙印记，告诉我们这里曾经的辉煌与荣耀，衰败与寂寥。“还历史以真实，还生命以过程——这就是人类的大明智。”究竟是什么原因，使得一座曾经繁荣的城市，在短短两百年间由繁荣走向消亡，各方学者从政治、经济、文化等角度都给出了自己的看法。

有学者认为自然生态环境的恶化导致土地沙漠化，城市沦为废墟。从汉末到南北朝时期一直持续了约300年的冷干气候环境，干冷多风，易于使砂质物质组成之地表体现出风沙作用产生的风沙地貌，这种气候变化导致湖泊水面下降，河流水量减少，农业灌溉条件和耕作条件发生显著变化，沙漠化急剧发展，因此西汉时期该地区的大量城市被废弃，农耕人口南移，废弃耕地或被活动的沙丘侵袭。

也有学者认为东汉时期西河郡政治军事地位的降低，导致人口迁移，古城废弃。由于鄂尔多斯高原是中原农耕民族和北方游牧民族力量消长而相互争夺的焦点，因此古城址的存在各历史时期均有其特殊的政治、军事意义。汉末以后，先后有南匈奴、鲜卑等游牧民族在这里与中原割据政权争夺控制权，民族冲突和列国之间的政权争端直接导致了频繁的战争，加上文化因素的作用，这里曾经繁盛一时的汉代城市在南北朝时期基本上以群体规模的方式被彻底废弃。同时，王莽新朝建立，面临着“缘边大饥，人相食”的局面。王莽罢边郡屯兵，于是，“边民流入内郡”，东汉时期也对北部边郡县的设置进行过裁并。霍洛柴登古城的废弃虽然与地区自然气候条件变化及政治战乱的大时间背景是吻合的，但古城内分布的官署区、冶铜、冶铁和铸币场，说明这是一座具军事、政治、经济重要功能的城郭，非一般县城可比拟。尤其是铸币之所，自然环境的恶化、军事政治的演替，都不会让铸币场内大量的钱币原封不动，弃而不用，直至千年后才被大量发掘，因此，其废弃消亡的原因并不是生态环境恶化、政权演替这样的原因能解释的。

那么究竟是什么原因造成了霍洛柴登古城消亡呢？来看一下我们在这一带进行1 ∶ 5万地质图填图过程中发现的新证据。首先，霍洛柴登古城铸钱窑遗址地层剖面（图5.20）显示其主要岩性为一套含砾粉砂、含砾粉砂质泥岩，代表了洪水泛滥期的沉积特征。

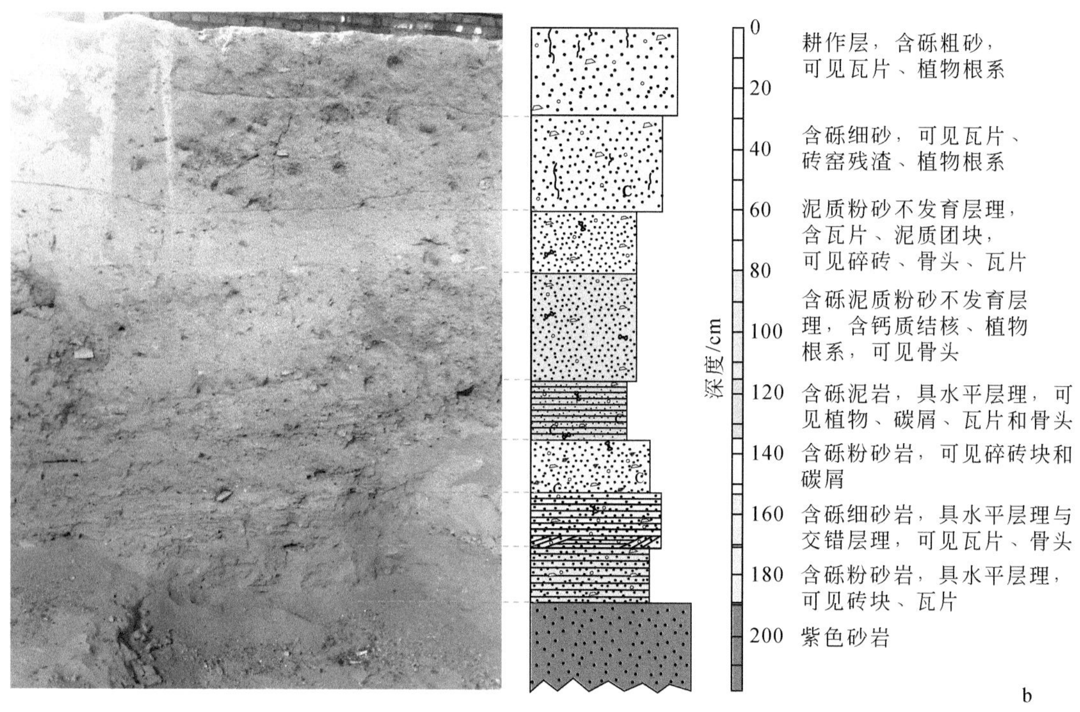


**图 5.20　霍洛柴登古城铸钱窑遗址地层剖面**

a. 古城铸钱窑遗址全貌；b. 古城铸钱窑遗址地层剖面

这洪水究竟是在什么时代暴发的？是不是它造成了古城的仓促废弃？来看一下 $^{14}C$ 和光释光两种测年方法的结果（表 5.1）。$^{14}C$ 测年是通过测试土壤或有机物等样品中的放射性碳元素的含量，从而根据 $^{14}C$ 衰变程度来计算样品年代的一种测试方法。光释光测年法是在热释光基础上发展起来的测年技术。石英等矿物晶体里存在着“光敏陷阱”，当矿物受到电离辐射而产生的激发态电子被其捕获时就成“光敏陷获电子”，它们可以再次被光激发逃逸出“光敏陷阱”，重新与发光中心结合再发射出光，这种光就是光释光信号；利用这种信号进行测年的技术即光释光法。

**表 5.1　霍洛柴登古城剖面样品测年结果**

| 序号 | 采样层位 /cm | $^{14}C$ 测年 /a BP | 光释光测年 /ka |
| --- | --- | --- | --- |
| 1 | 0 ～ 24 | 910±30 | 0.79±0.11 |
| 2 | 24 ～ 60 | 1990±30 | 1.92±0.21 |
| 3 | 60 ～ 80 | 1940±30 | 2.06±0.33 |
| 4 | 80 ～ 116 | 1850±30 | 2.10±0.32 |
| 5 | 116 ～ 135 | 1980±30 | 2.19±0.38 |
| 6 | 135 ～ 153 | 1990±30 | 2.08±0.22 |
| 7 | 153 ～ 170 | 2050±30 | 1.91±0.37 |
| 8 | 170 ～ 188 | 2060±30 | 2.08±0.22 |

古城遗址沉积剖面显示覆盖层下部的水平层理沉积层即为洪水沉积层，年代学的测试结果表明古城被洪水淹没的时代为 2060 ～ 2020a BP，为西汉末年。地质学家们还通过复原全新世千年尺度的降水量变化证明了这一时期的鄂尔多斯高原处于湿润期。洪水沉积上部的风成沙说明霍洛柴登古城被洪水淹没之后逐步荒漠化被掩埋。

与此同时，《汉书·五行志》记载：“绥和二年九月丙辰（即公元前 7 年 11 月 11 日），地震，自京师（即今西安）至北边郡国（即北边八郡）三十余坏城郭，凡杀四百一十五人。”杭锦旗北部狼山山前活动断裂的一期重要构造活动也记录了这次地震，与古城的洪水事件在时间上具有较好的一致性，因此猜测这次洪水泛滥很可能与黄河决堤有关。

废墟是古代派往现代的使节，经过历史的挑剔和筛选。从地质的角度研究消失的古城，能够更为深刻地了解古人生活与自然环境及人文要素之间的相互关系；地理空间的格局分布与消亡规律的多层次研究，将使这个区域的古地理环境变化得到更完整地展示。

## 5.4　昨天的罗布泊

罗布泊地处我国新疆维吾尔自治区东部，其南临阿尔金山，北邻天山，东靠北山，西接塔克拉玛干大沙漠，是塔里木盆地的最低洼处（图 5.21a），海拔 780m，地势平缓，面积达 2 万多平方千米，是我国的第二大古咸水湖，由于形状宛如人耳而被称为“地球之耳”，但它更广为人知的名字是“死亡之海”。但很多人并不知道，罗布泊这片以神秘和死亡著称的不毛之地，原名叫做罗布淖尔，在蒙古语中意为“多水汇集之湖”，在《山海经》里被称作“幼泽”，这里曾经孕育了“楼兰古城”和“小河文化”，是古丝绸之路的咽喉之地。

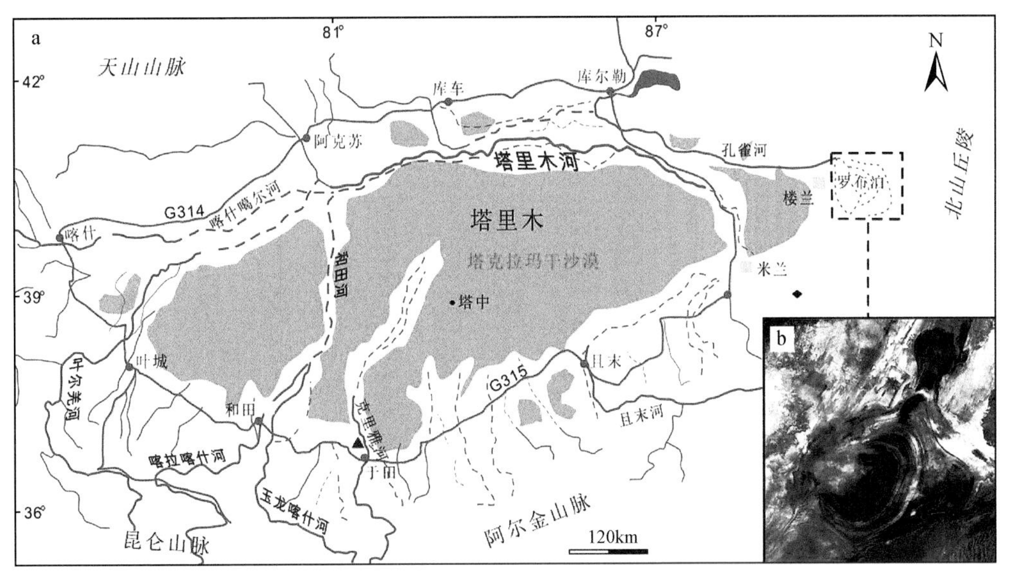


图 5.21　罗布泊地理位置图

a. 塔里木盆地及其周边山脉、水系分布图；b. 罗布泊遥感影像图

罗布泊的奥秘以及发生在丝绸之路上众多的历史故事，一直是国内外探险家、科学家追索的目标，它成了无数神秘故事、探险电影的背景，那么真正的罗布泊究竟是什么样子，它从汪洋大泽到不毛之地到底经历了什么？让我们一起走进罗布泊，揭开它神秘的面纱，从地质学的角度来了解一下罗布泊的前世今生吧。

目前，罗布泊是全球最干旱的地区之一，被称为地球的“旱极”，除了周边山麓有少量咸泉出露以及当地暴雨后形成的临时性积水外，几乎没有积水，完全被坚硬厚大的白色盐壳所覆盖。罗布泊属于大陆性干旱气候（图 5.22），年降水量约为 20 ～ 28mm，年蒸发量约为 1200mm。相对湿度在冬季（12 月～次年 2 月）为全年最高，可达 70%；在 8 月份为全年最低，仅为 25%。罗布泊气候极端干燥，全年大风、沙尘暴和扬沙日平均为 102.5 天，其中 8 级以上大风平均 18.6 天。罗布泊中心气候更加严酷，自然条件极端恶劣，那里没有生命，只有白茫茫一望无际盐壳。

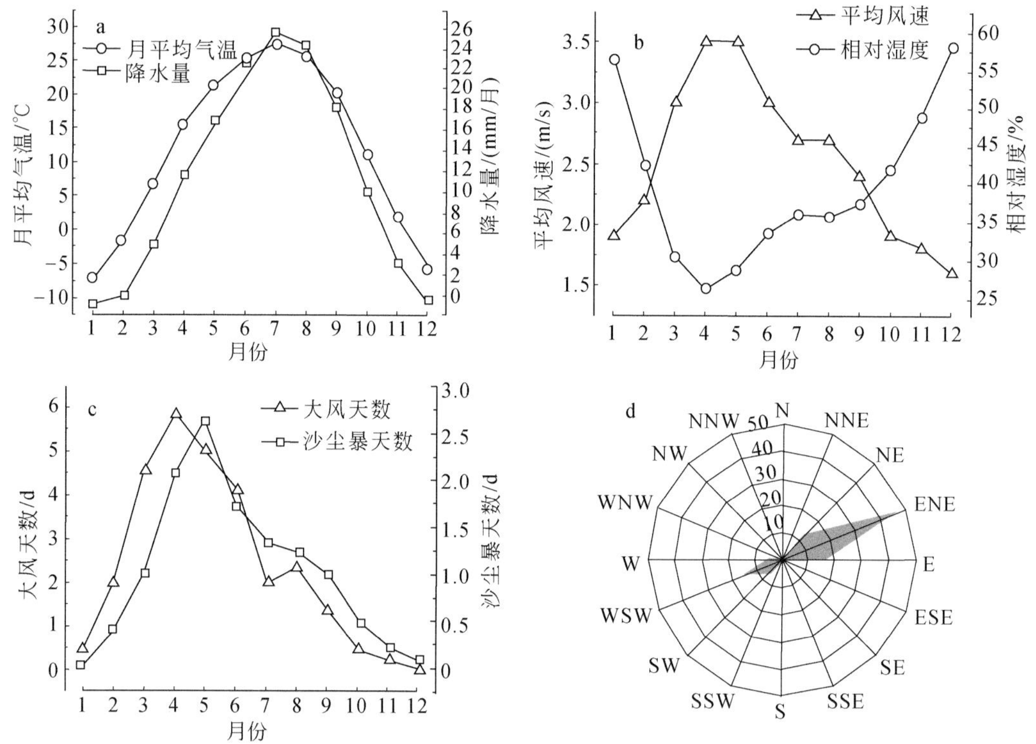


**图 5.22　罗布泊及其周围地区近地表 1953 ～ 2012 年月平均气温、降水量和相对湿度变化及风向图（据 Liu et al.，2019）**

a. 月平均气温和降水量；b. 相对湿度和平均风速；c. 大风天数和沙尘暴天数；d. 最大风速和风向频率图

历史上罗布泊却并非一直如此，据记载，2000 年前的汉代，罗布泊“广袤三四百里，其水亭居，冬夏不增减”，在西岸的楼兰王国时常遇到湖水泛滥。在楼兰的古籍中有很多相关的记载，如“水大波深必汛”，反映了当时气候的湿润程度。西晋初年（公元 265 年），罗布泊的湖水仍然非常广阔，甚至威胁着西岸的楼兰城。

1000 多年来，罗布泊的演化主要受孔雀河和塔里木河下游水量变化的控制，两条河

流有时联合注入罗布泊湖，有时塔里木河又独自向南，迁徙不定，使得罗布泊的湖面出现周期性的涨落。到了现代，罗布泊已经演化到干盐湖 - 成盐阶段，特别是五六十年代，罗布泊上游大面积开荒灌溉，塔里木河和孔雀河逐渐断流，湖面进一步萎缩。至 1972 年，地表水已经完全干枯，形成了茫茫白色的盐海。当年的遥感影像上可以清晰地看到由于湖水逐步缩减，形成了同心环状的湖岸线，如同一只大“耳朵”展现在世人面前(图 5.21b)。

罗布泊就像一个绝世美女，身姿绰约款款而来，而后转身离去消失在历史的长河中，仅仅留下无数的传奇故事让我们遥想缅怀。现在，让我们通过地质图（图 5.23），把目光投向更久远的过往，看一下罗布泊的前世今生吧。

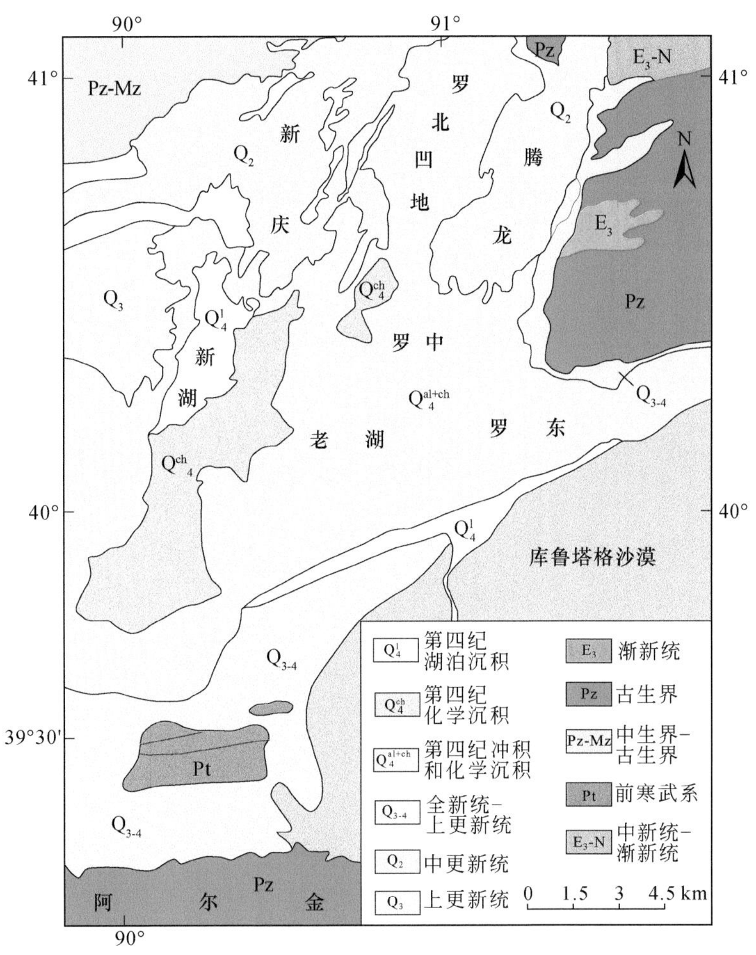


图 5.23　罗布泊及其周围地区地质图

约 260 万～ 78 万年间，这个时间段称为早更新世，形成的地层保留于罗布泊北部，出露厚度约 80m，上部以湖泊相泥、粉砂沉积为主，夹有含石膏泥岩和泥质石膏互层；下部以洪积砾石、砂砾石为主。下部的洪积砂砾石，是在季节性降雨过程中，周边山区发送洪水、泥石流等，把山区破碎的砾石冲刷出来，在开阔地带流水沉积下来形成的，这些砂砾石多呈扇状分布在山前。而上部湖相沉积，是气候相对湿润时期，河流补给至罗布泊的水量增多，罗布泊湖水不断上涨，水面逐渐漫过早期的砂砾石，由河流挟带的泥沙流入湖泊后，悬浮湖水中细小颗粒在平静的湖水中慢慢沉淀下来，从而形成了近水平状的沉积。湖相沉积中含有石膏或与泥岩互层，表明气候变化有波动，在气候湿润的时期，沉积了泥或粉砂，而在比较炎热干旱时期，蒸发量增大，溶解到湖水中矿物质，如石膏、石盐等，达到了溶解饱和度后陆陆续续结晶析出。该套地层在地表出露于罗布泊北部，那里地势较高，只有当湖水面积很大时，湖水才能抵达到这里。这也说明了早更新世时期，总体上罗布泊甚至塔克拉玛干的景观与现今截然不同，这里曾经存在一望无际的古大湖。

约 78 万～ 12.6 万年之间的中更新世，形成的地层出露于罗北凹地东西两侧的新庆和腾龙一带，以河流相的泥沙为主，夹石膏薄层。表明该时期罗布泊地区由于气候已经发生了截然的变化，以干旱为主，从上游补给的河水水量减少，无法与湖水蒸发量达到平衡，罗布泊湖水在烈日炎炎的阳光烘烤下逐渐缩小，仅在罗北凹地尚存有湖水。河流挟带的细沙开始一次次冲刷着曾经广袤的罗布泊，罗布泊再也无法重现早更新世时期古大湖的风采。

约 12.6 万～ 1.17 万年之间的晚更新世，地层只分布于罗布泊南部的湖盆区，以亚黏土、亚砂土为主。这一时期由于气候温暖干燥，来自塔克拉玛干沙漠的黄沙伴随着狂风四处游荡，在湖岸边由于植被减缓了风速，黄沙缓缓降落逐渐堆积成大大小小的沙丘。因此，该套地层在空间上分布不均匀，厚度变化较大，在图 5.23 中可见该套地层仅分布于南部湖盆区西侧。

约 1.17 万年以来的全新世，地层分布于罗北凹地和南部的罗布泊湖盆区，地层顶部为盐壳，向下为亚黏土与亚砂土互层。这一时期气候由湿润转向干热，在罗北凹地，湖水中硫酸盐含量逐渐增高，湖水盐度也越来越高，不断有石膏晶体结晶出来。形成厚厚的盐壳；在南部湖盆区，补给湖水的河流水量锐减，再加上经常光顾的沙尘暴和扬沙，最终使得罗布泊渐渐走向消亡。

地层沉积过程告知我们罗布泊曾经有着广袤的湖水，那曾像海一样的古大湖如今再无潮汐，成了让人闻之变色的“死亡之海”，人类再难踏足其中。很难想象，近 $2\times10^4\text{km}^2$ 的大湖从就这样从地球上消失了，是什么原因造成的呢？答案是罗布泊的消亡与气候环境的演变关系密切。

在实施中国地质调查局气候变化地质记录项目的过程中，我们在罗布泊湖心钻孔，用钻取的黏土－粉砂，通过精确测年、粒度端元法恢复出了 4 万年以来湖水、沙尘暴变化情况，并将其与代表北半球冷暖变化的灵敏气候变化“记录仪”——格陵兰冰芯氧同位素（$\delta^{18}$O）数据进行了对比。结果显示，4 万年以来，罗布泊沙尘暴的强烈活动主要集中在离我们最近的一次冰期（约 28 ～ 15ka）H1 冷事件和 8.2ka 冷事件（图 5.24b）等全球气候变冷时期。其中，在 H1 冷事件时期沙尘暴活动达到了顶峰（图 5.24），罗布泊湖水消耗殆尽。经过这些气候冷事件之后，在北半球暖事件（Is1 ～ Is8）的作用下，罗布泊地区气候又逐渐变得温暖湿润，罗布泊再次处于较高水位，如 40 ～ 26.5ka、15 ～ 9ka 和 6.5 ～ 2ka 期间。

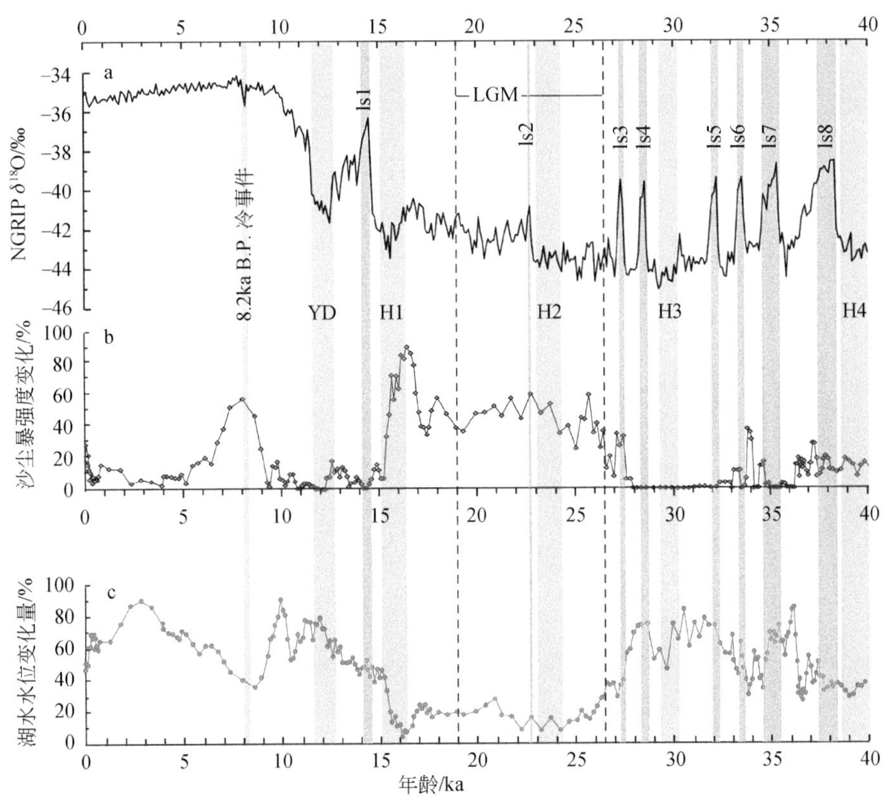


**图 5.24　罗布泊地区 40ka 以来湖水变化、沙尘暴变化与格陵兰冰芯 $\delta^{18}$O 记录对比（据 Liu et al.，2019）**

垂直灰色竖线表示的新仙女木事件（YD）和海因里希事件（H1 ～ H4）数据和暖阶（Is1 ～ Is8）来自 Blockley et al.，2012；末次冰盛期（Last Glacial Maximum，LGM）（26.5 ～ 19ka）

罗布泊 4 万年以来古气候以及沙尘活动记录的变化与格陵兰冰芯氧同位素记录的新仙女木事件（YD）和海因里希事件（H1 ～ H4）期间的降温气候事件几乎可以一一对应，反映了北极快速气候变化对该地区古气候变化有着显著的影响。罗布泊从浩瀚无际的古大湖到布满盐壳的“死亡之海”，全球气候变化起到了主导作用，而现代人类活动、过度使用有限的水资源加速了罗布泊的消亡。

罗布泊的演化对人类产生了怎样的影响呢？现有的资料揭示出人们曾经居住在罗布泊沿岸，昔日这里三面环山，一面临水，湖畔青草萋萋、芦苇摇荡，有草亭木屋、浮桥栈道。人们世世代代临湖而居，以打鱼为生，适宜的环境和丰富的物产催生了丝绸之路上繁盛的“楼兰古城”和“小河古镇”。然而，随着气候环境恶化，罗布泊湖面缩小，水量骤减，湖水由淡水逐渐转变为咸水，湖中鱼儿越来越少，人们祈求上天保佑，得到的却是与日俱增的扬尘和沙尘暴，生存条件日益恶劣。频发的沙尘暴使人们的食物里经常掺入沙粒，而沙粒里的石英等物质对牙齿的磨耗远高于其他物质。2004 年，考古学家发现“小河古人”牙齿磨损程度远远高于其他时代和地域的古代居民，这无疑与风沙频发的生活环境有关。

# 5.5 桀骜不驯的黄河——舞动在河套平原上的黄飘带

黄河是中华民族的母亲河，发源于青藏高原，顺地势蜿蜒北流，至宁夏入河套，绕鄂尔多斯大转弯向东，最后流入渤海（图 5.25）。黄河是可亲的，她慷慨地给予生活在她怀抱里的人们以丰沛的水资源、丰饶的土地和丰富的物产；可黄河又是可畏的，她暴躁无理，常常泛滥、改道，将沃野千里变作不毛之地。黄河是如此的桀骜不驯，一代又一代的人们对她又爱又恨。合理利用黄河带来的资源，避免河泛灾害，是人类与自然和谐共处的基础，也是黄河泛滥区基础地质填图的初衷。

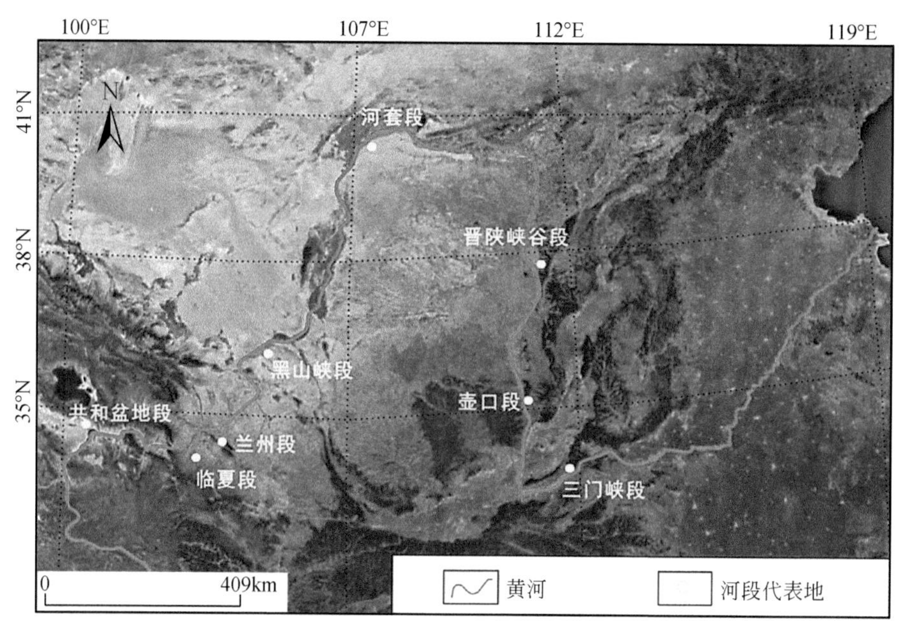


图 5.25 黄河及黄河流域遥感影像图

## 5.5.1 河套地质历史与文明渊源

“黄河百害，唯富一套”，若要说黄河，就不得不提河套。地质历史时期的“河套”，于五百多万年之前的中新世末期便已发育成形。现有地质证据表明，早更新世早期黄河便已经在河套地区蜿蜒流过，进入晋陕峡谷之地。由于河套地区地势低洼、地形开阔平坦，黄河在此经历了多期的“河－湖转换”，不停地蜿蜒、泛滥，沉积营养丰富的泥沙，孕育了水草丰美的“河套平原”（图 5.26）。

图 5.26　河套平原（引自中国国家地理网站，慧斌拍摄）

人类历史时期，“河套”一名始于明代。《明史》有记：“又北有大河（即黄河），自宁夏卫（今宁夏银川）东北流经此，西经旧丰州西，折而东，经三受降城南，折而南，经旧东胜卫（今呼和浩特托克托县），又东入山西平虏卫（今山西朔州平鲁区）界，地可二千里。大河三面环之，所谓河套也。”河套地区河渠成网，阡陌纵横，地多人少，曾经大部分是走西口的移民，有着通往远方的茶马路和京羊道，蒙汉杂居，民风淳朴。

### 5.5.2　黄河改道与地质填图

黄河自流经河套地区以来，就如一条黄飘带一样，被握在“构造”和“气候”两名舞蹈家的手里，在地势平坦的河套平原舞台上迁移、舞动，滋润着这片沃土，也时而给这片土地上的人类带来灾难。

那么，黄河的迁移、摆动有什么规律？黄河不同时期、不同部位沉积下不同的物质，对人类的农业生产、环境治理等有不同的影响。所以，我们更想知道，黄河在这片宽广的平原走过的地方，哪里是砾石？哪里是泥沙？哪里又是泛滥时的决口扇？而新思路、新方法下的第四纪地质填图，解决了这一问题。

河流的演化和沉积是有一定规律可循的。河流较为突出的一岸，会一直加积泥沙，变得更凸；河流凹岸则会受水流的侵蚀，越来越凹，当河流的曲度很大的时候，河水便会截弯取直，遗弃之前的弯曲河道，形成牛轭湖（图 5.27）；正如地质学家 Allen 所介绍的那样（图 5.28），曲流河在河床上会沉积粒度较大的砂石，而在河漫滩上沉积较细的泥沙，丰水期在堤坝的脆弱部位会发生决口，形成沉积粒度较细的决口扇。

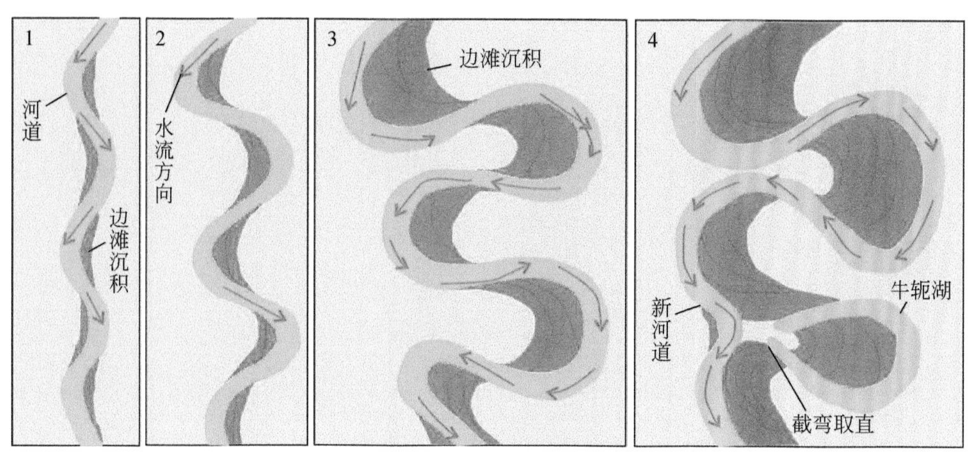


图 5.27　河流演化示意图

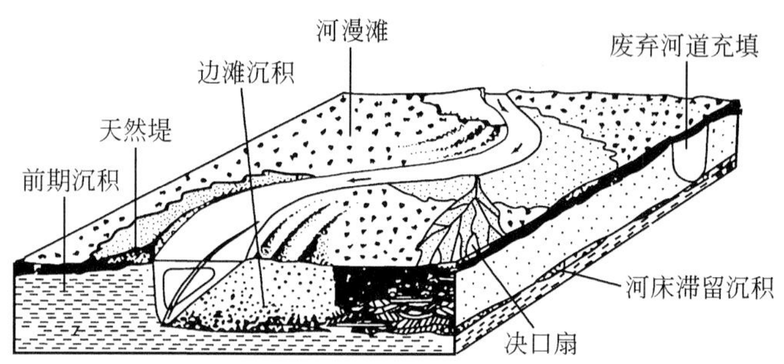


图 5.28　曲流河沉积模式（Allen，1970）

新时期黄河泛滥区的地质填图，引进河流沉积体系的理论模型，通过钻孔揭露方法，应用“逐步逼近原则”确定地质界线（图 5.29），绘制出河套地区地质图骨架，将填图单元划分为河道亚相、堤坝亚相、泛滥平原亚相，以及天然堤、决口扇等微相，并使用“地层 + 成因类型 + 沉积相 + 颜色 + 填充花纹”的立体图面绘制，直观地表达了河泛区的地层结构特征（图 5.30），不仅解决了河泛区第四系地质填图单元稀少，地质图表达单调的问题，还从地貌演化的角度，弄清了黄河的迁移、演化规律。

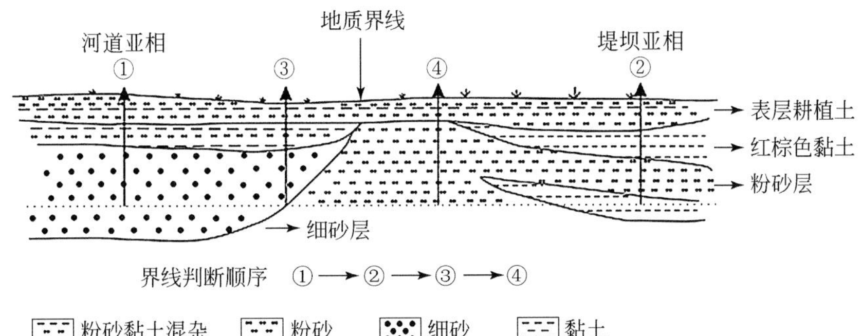


图 5.29　逐步逼近方法确定地质界线示意图（刘晓彤等，2016）

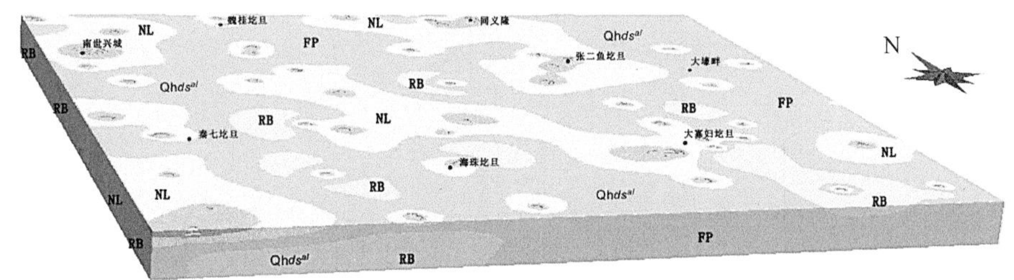


图 5.30　呼勒斯太幅古河道调查区 11m 以浅三维结构模型（贾丽云等，2017）

图中字母代表沉积相：RB. 河道亚相；FP. 泛滥平原相；NL. 天然堤微相

### 5.5.3　黄河在河套地区的迁移演化

最新研究资料显示，黄河早在 2480 万年前，就已流经河套地区，并遗留下了当初黄河的沉积砾石以及拔河 300 多米的黄河阶地。由于河套平原在构造上是一个断陷盆地，盆地最初是一个不对称的地堑，北部的断陷深度远大于南部，所以，黄河最初流入河套地区时，主河道是在河套北部，而后随着河套构造活动的变化和气候影响，黄河主河道迁至河套中部和南部。不过，黄河在河套地区始终自西流向东。

在不同的地质历史时期，黄河在河套平原上南北摆动了几百个来回，仅全新世（约 10000 年之内）就经历了一次自北向南的迁移摆动，黄河的这一演化过程，被特殊地质地貌区地质填图精细地刻画了出来（图 5.31）。

约 10000 年前，黄河古河道从南部和北部分两支自西向东而流，且以北支为主河道，不断小规模南移，古河道以小规模的侧蚀为主。

约 7400 年前，黄河古河道分支迁移到南部塔尔湖附近，形成中部古河道，此时中部和北部古河道在五原县北部汇集东流到乌梁素海，南部一支古河道向复兴镇东北扩展，古河道以决口改道为主。

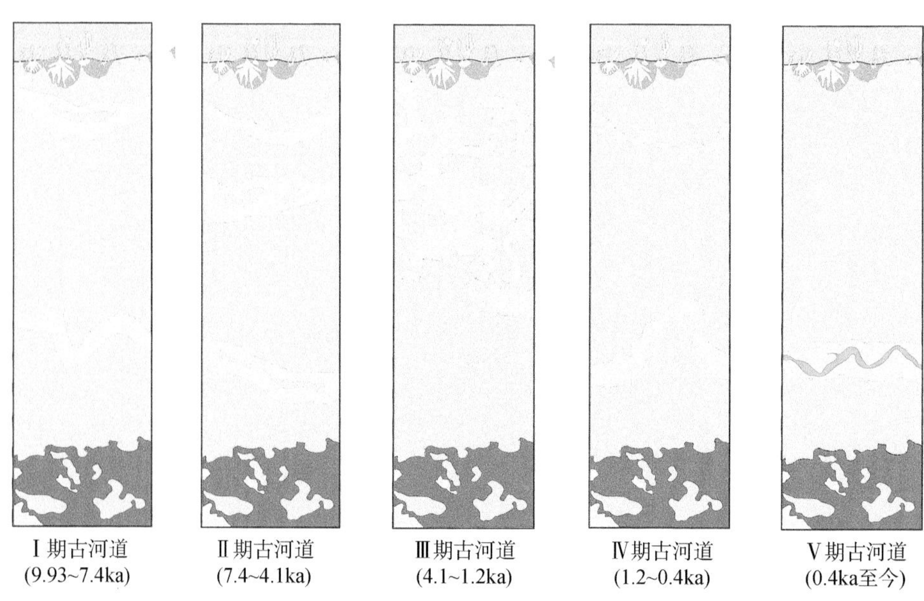


**图 5.31　呼勒斯太等 4 幅填图试点测区显示的河套盆地黄河全新世 5 期古河道**
**（据周青硕，2017 修改）**

约 4100 年前，中部河道规模逐渐扩大；北支河道依旧存在，但河流主道开始向南部塔尔湖区域转移；南部河道经复兴镇，向东与古乌加河河道贯通，汇集东流。

古河道迁移是河流决口改道、侧向侵蚀及后期人类对水利改造综合作用的结果。汉代到北魏时期，据《水经・河水注》，北河仍为主流且河道畅通无阻。从《秦边纪略》一书记载的情况看，至少在明末清初，黄河北河依然沿阴山山根东流，今乌梁素海一带是北河当时所流经的河道。至清道光三十年（公元 1850 年），北河上段（今乌拉河至乌加河一段）长约 15km 的河道终因泥沙淤塞而断流，南河成为主流。

## 5.6　阴山下的敕勒川

一提起塞北草原，相信绝大多数人的脑海里都会浮现出那首《敕勒歌》：敕勒川，阴山下。天似穹庐，笼盖四野。天苍苍，野茫茫。风吹草低见牛羊（图 5.32）。一句“风吹草低见牛羊”，成就了无数人对游牧民族的幻想：天高地阔，云白草青，牛羊成群。那么问题来了，你知道诗歌中所咏唱的敕勒川在哪里？现在是什么样子吗？

图 5.32　诗歌中的敕勒川（杨劲松拍摄）

“敕勒川，阴山下”，诗句表明了敕勒川位于阴山脚下。阴山山脉，按照现代地理学界的定义，西起狼山、乌拉山，中为大青山、灰腾梁山，南为凉城山、桦山，东至大马群山，东西长约 1200km，山脉平均海拔 1500 ～ 2000m。秦汉时期今乌拉山至大青山一线称为“阴山”，狼山至乌拉山则为“阳山”。《水经注 • 河水》中记载“阴山东西千余里”（古代三百步为一里，一里为 500m），说明历史时期阴山范围应该远小于当代的地理界定。位于阴山脚下的敕勒川仅仅限定于阴山某一段的范围，而非囊括整个阴山山脉。据考证，诗歌中的敕勒川应位于现今巴彦淖尔市中部、呼和浩特市和包头市全境、乌兰察布市中部、鄂尔多斯市准格尔旗、达拉特旗、杭锦旗等一带。狭义上的敕勒川主要指现今的土默川平原。

《北史》魏本纪第二记载:“列置新人于漠南，东至濡源，西暨五原、阴山，竟三千里。”司马光的《资治通鉴》卷第一百二十一中云：“东至濡源，西暨五原阴山，三千里中，使之耕牧而收其贡赋。”可见敕勒川依靠阴山的屏障和黄河的滋养，为畜牧业的发展提供了优越的自然条件，曾经是少数民族部落的天然牧场。历史时期，匈奴、敕勒、鲜卑、蒙古等民族都曾在此游牧而居、繁衍生息。自北魏时期，敕勒人（亦称为高车人）乘着高车合聚祭天，走马杀牲，歌声忻忻，行进于草原，在阴山地区择水而栖、择草而牧，呈现出《敕勒歌》所描述的牧民在草原上游牧的豪放景象。

明清两代之后，大量汉民族从山西、陕西等地迁徙至敕勒川地区，带来了中原的农

耕技术，对敕勒川游牧民族产生了重要的影响。由此，农耕民族与游牧民族相互交流，游牧民族逐渐开始学习耕作技术、圈养牲畜，由游牧转变为半农半牧，甚至以农业为主的生产方式。随着农耕文化的快速渗透，敕勒川再难重现“天苍苍，野茫茫，风吹草低见牛羊”的景色了（图 5.33）。

图 5.33　敕勒川地区现代环境（杨劲松拍摄）

为什么敕勒川可以由水草丰美的草原逐渐变成沃野千里的农田？从地理学的角度来看，敕勒川处于亚洲夏季风的北缘，属于半干旱大陆性季风气候，年降水量 300 ～ 400mm，地形以冲积平原为主，既适宜放牧，也可以农耕。即敕勒川处于中国北方的农牧交错带上，史载“使之耕牧而收其贡赋”也说明该地区 2000 年前即为农耕与游牧民族混合而居。

然而，敕勒川地区的天然草原环境变为人工农田环境，耕地以沙质耕地和中轻度盐渍化耕地为主，自然植被破坏严重，生态环境形势日益严峻，严重影响当地的经济社会发展与生态文明建设。可见，人类对自然环境的改造反过来亦会制约人类社会的发展。那么如何从地质背景去理解敕勒川的沧桑变化及其对人类生活的影响呢？首先，让我们以位于敕勒川地区的 1 ： 5 万陶思浩幅区域地质调查（图 5.34）为例，来看一看敕勒川这片土地真正的前世今生吧。

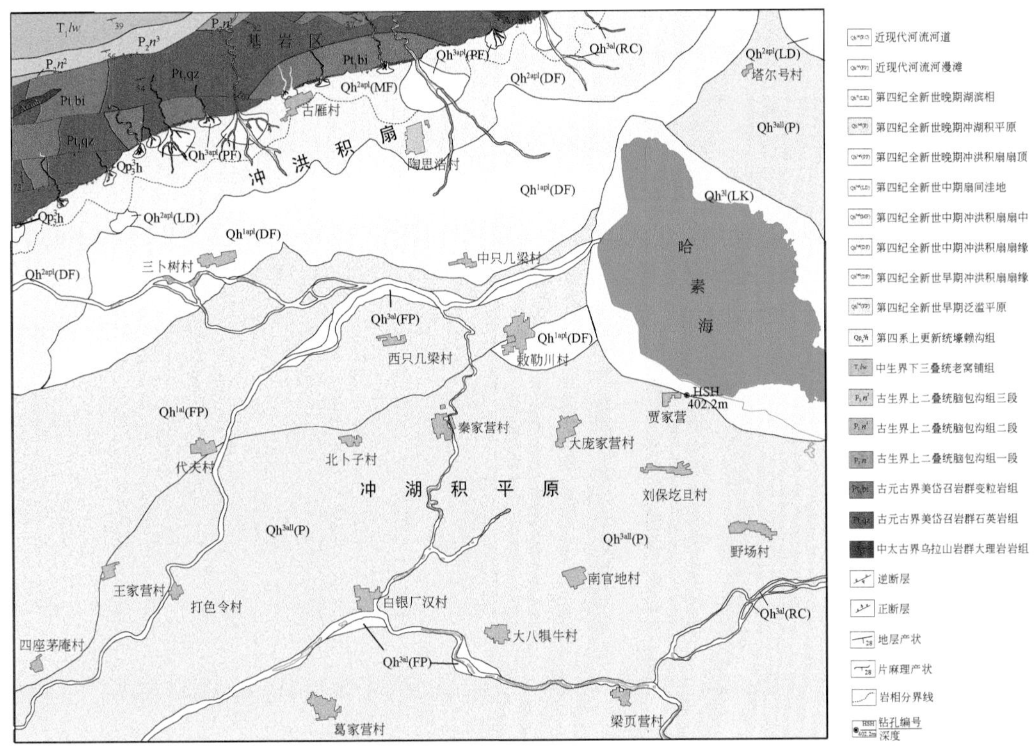


图 5.34　内蒙古陶思浩幅 1 ∶ 5 万地质图

现今敕勒川主要由三部分组成：北部山地、中部冲洪积平原和南部冲湖积平原。其中北部山地由太古宙—中生代的变质岩和沉积岩构成。中部冲洪积平原由三级大型冲洪积扇组成。扇顶和扇中沉积的砂砾石是地下水的运移通道和储存库，是区内重要的水源地。而洪积扇前缘由砂土向黏性土过渡地带，由于透水性变差且地下水埋藏较浅等影响，常有泉水溢出，形成沼泽湿地。敕勒川地区遥感影像资料显示，20 世纪 70 年代洪积扇前缘存在一条东西向呈裙带状的潜水溢出带，为畜牧业的发展提供重要的水源，这也是敕勒川成为优良的天然牧场的重要原因之一。但遗憾的是，随着人类对地下水资源的过度开采，地下水位下降，除了人为干扰影响的哈素海外，山前的沼泽湿地已经基本消失。

敕勒川的主要组成部分为向南至黄河沿岸的冲湖积平原区，覆盖有深厚的第四纪沉积物。区内地表沉积物主要由粉砂及亚砂土组成，是发展农耕生产的基础。那么，敕勒川经历了怎样的沧桑巨变才有了今日的景象？敕勒川的地表面貌较历史时期已截然不同，如果没有人类活动的影响，敕勒川是否还会延续以前的景象？而更早之前，没有历史记录的敕勒川又会是怎样的一番模样？要解答这些问题，我们不得不从黄河的演化讲起。

黄河进入河套平原的历史久远，可能在中新世晚期到早上新世时就已经流入河套平原，彼时河套平原开始形成湖泊，历经湖面的涨落波动，甚至一度干涸。进入第四纪后，河套平原一直存在古湖泊。尤其在距今 6 万～5 万年时期，存在一个超级大湖——“吉兰泰-河套”古大湖，当时古湖范围西至吉兰泰盐湖南部的金三角以南，北到巴彦乌拉山—狼山—

色尔滕山—乌拉山—大青山南缘，南至鄂尔多斯高原北缘，包括现今的库布齐沙漠和乌兰布和沙漠的大部分地区，向东到达呼和浩特，包括河套盆地东部的呼包盆地（陈发虎等，2008）。一个如此雄伟辽阔的大湖，其水源主要来自于黄河的不断补给。即使在中更新世中晚期由于黄河贯通，古大湖由半封闭内陆湖（尾闾湖）变为外流湖，也没有减缓其在距今6万～5万年形成一个超级大湖的步伐。

其实，整个河套地区在更长的地质历史时期都为河流或湖泊环境。通过钻孔资料（图5.35），可以看出在第四纪早期都为河湖相细粒沉积，晚更新世—全新世时期（距今约12.8万～1.17万年）湖泊水面波动频繁并开始不断退缩，河套地区陆地逐步露出水面，但是敕勒川地区仍维持较大的湖面；全新世晚期（距今约5000年）该地区真正成陆，敕勒川的面貌完全由湖泊环境转变为陆地环境，平原内河流发育，水草丰美。

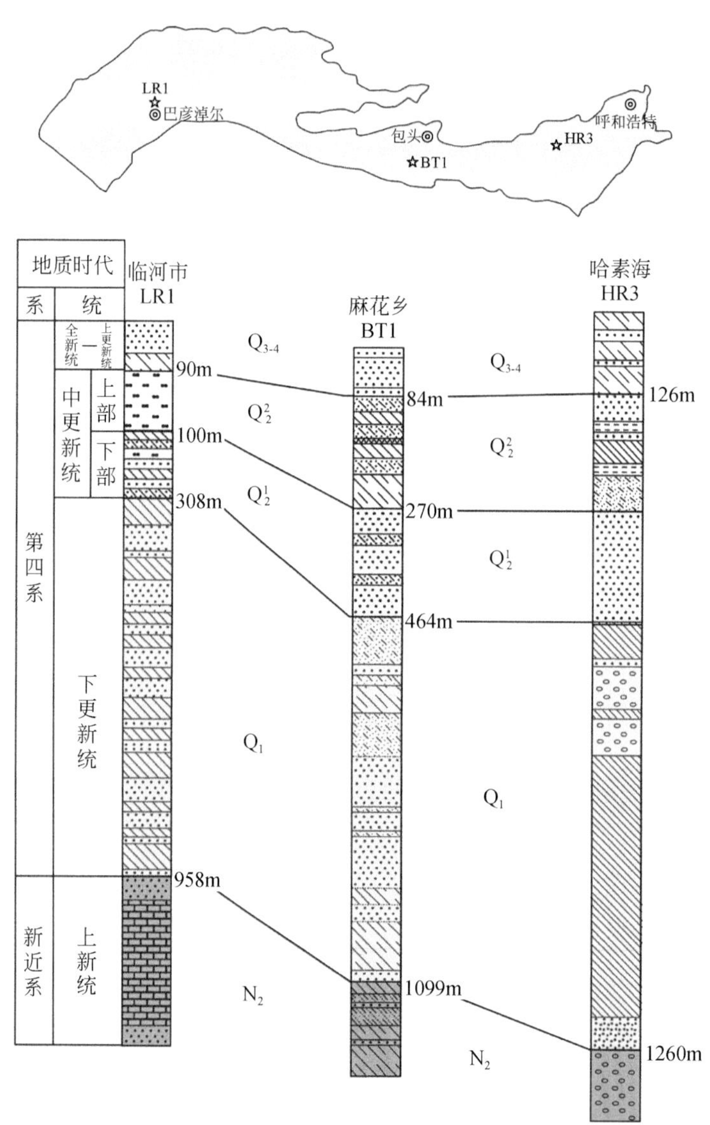


图5.35　河套平原第四纪钻孔岩性对比（石建省和张翼龙，2013）

地质运动造就了风吹草低见牛羊的敕勒川，时间又将它抛在身后。现在的我们很难想象古大湖万里碧波千里浩渺的壮观景象，但是大自然保留了一颗草原明珠给人们，使得我们得以一窥敕勒川当年的风姿，这颗明珠，就是哈素海。

“莽原西去路接天，铁盖穹庐水一湾。玉镜磨平哈素海，巉崖削峭大青山。”（武立胜，《过敕勒川》）这首诗就描述了大青山前哈素海的秀丽景象（图 5.36）。哈素海是蒙古语“哈拉乌素海”的简称，意为黑水湖，位于土默特左旗的西南侧，阴山山脉大青山南麓冲积扇前缘，有“塞外西湖”之美誉。湖泊面积约 30km$^2$，平均水深约 1m，湖内芦苇丛生，飞鸟成群，栖息有天鹅、红嘴鸥、大雁、鹦鹉等 80 余种水鸟。

图 5.36　哈素海景观（杨劲松拍摄）

1962 年之前哈素海水源主要为大青山万家沟、美岱沟下泄的洪水，在哈素海地区积水形成洼地，1962 年修建民生渠引入黄河水补给哈素海，为哈素海现代环境的形成起到至关重要的作用，而之后的围堤修坝，水域被固定在堤坝之内，人为干预的印记更加显著。1976 ～ 2015 年哈素海水域面积动态监测显示，2000 年之前，湖泊水域面积波动较大，人工影响的程度相对较小，主要与区域的大气降水量有关；2000 年之后，为了推动哈素海湿地旅游的发展，维持哈素海的湿地景观，每年通过民生渠定期对哈素海进行黄河水补给，湖面波动不大。

那么，之前的哈素海是怎样的状态，又是如何形成的呢？ 1979 年影像资料显示（图 5.37），大青山山前冲洪积扇前缘存在东西向发育裙带状的串珠洼地，哈素海位于该条带的东部，而且其处于万家沟、美岱沟的泄洪道上，因此，哈素海历史时期可能并

非一典型湖泊，而是处于冲洪积扇前缘的沼泽洼地。哈素海西南部 HSH 钻孔顶部的沉积物为冲积相而不是湖相也支持上述论证。那么地质时期的哈素海会不会是通常认为的黄河变迁而遗留的牛轭湖呢？尚无直接的地质证据支持该结论。假如哈素海的形成如上述所云为一牛轭湖，那么黄河应从西向东流经哈素海以后拐头向南，其必将留有深厚的河床相沉积物保存在古河道上。但从现代的地形地貌特征以及遥感影像看，哈素海在地质历史时期为冲洪积扇前缘洼地的可能性更大。

图 5.37　1979 年 9 月遥感影像（Landsat 数据）

## 5.7　丁村人与运城死海

“汾河流水哗啦啦，阳春三月看杏花，待到五月杏儿熟，大麦小麦又扬花。”这首《汾河流水哗啦啦》唱出了山西人心目中的汾河。汾河是黄河的第二大支流，山西省境内最大的河流，被誉为山西母亲河。汾河发源于山西省神池县太平庄乡西岭村，自北向南流经山西忻州、太原、晋中、临汾、运城等地，全长 713km，流域面积 39721km$^2$，在万荣县荣河镇庙前村汇入黄河。汾河不仅哺育了举世闻名的丁村人，古汾河改道控制了中国四大盐湖之一的运城盐湖的形成。

### 5.7.1　丁村文化

“我是谁，我从哪里来，我要到哪里去？”是数千年来人类追寻的终极哲学命题。1859 年达尔文“进化论”的提出为人们探索“我从哪里来”指出了正确的方向。此后一个半世纪，科学家们通过古人类化石的发掘与研究，描绘出了一幅人类起源的粗线条图景：腊玛古猿、南方古猿、能人、直立人、早期智人、晚期智人。

丁村人属于早期智人，其生活的时代为距今20多万年至距今2.3万年前，属于晚更新世早期的新石器时代遗存，其上承北京猿人，下启山顶洞人，弥补了漫长的时间段里中国古人类断代窗。丁村人发现于山西省襄汾县丁村，西傍汾河水，东依东陉山。自从1954年开始发掘以来，在丁村附近沿汾河两岸约10km的遗址范围内，发现了大量旧石器、同时期的脊椎动物化石及古人类化石（裴文中和贾兰坡，1958；贾兰坡，1955），包括2005件石器、28种动物化石、5种鱼类化石。其中最重要的是1954年发现的三枚人牙化石和1976年发现的一块少儿顶骨化石（裴文中和贾兰坡，1958；王建等，1994）。丁村遗址群内发现的石制品被称为“丁村文化”（裴文中和贾兰坡，1958），具有区域性文化特征，即不论其地质时代早晚，均显示出其文化性质的一致性，以大石片、三棱大尖状器、大尖状器、斧状器、宽型斧状器、石球等典型器物为特征（王建等，1994）。丁村人的石制品及化石保存于侵蚀面以上、红色古土壤条带之下的砂砾石层中。这套砂砾层被命名为“丁村组”（图5.38）。只分布在现代汾河沿岸，是古汾河河流沉积物，组成高出现代河床16～25m的河流阶地（杨景春和刘光勋，1979），其形成的时间为距今14万～7万年前（李有利等，2001）。丁村遗址中发现的动物化石包括鸵鸟、纳玛象、原齿象、三门马、梅氏犀和河套大角鹿等，这些动物现今均已灭绝。但这表明在丁村人生活的时代，汾河河身深广，河床也比现在高出许多，两岸连绵不断的山岗和塬地上，松杉遮天蔽日，蒿藜杂草丛生，气候也比现在温暖，丁村人临汾河而居，在这里过着狩猎、采集的艰苦生活（裴文中，1958）。

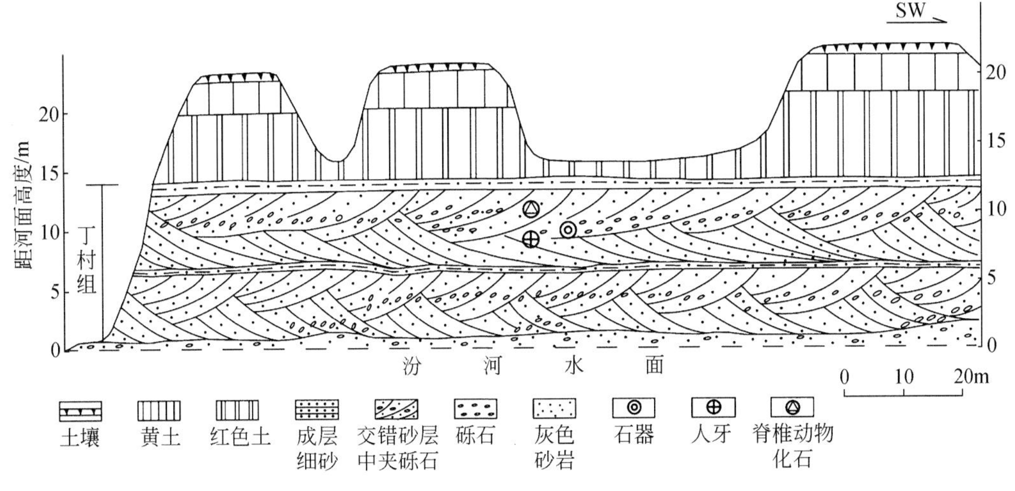


图5.38　丁村文化层剖面简图（贾兰坡，1955）

### 5.7.2　运城盐湖

汾河水不仅仅孕育了丁村文化，还在山西南部造就了我国四大盐湖之一的运城盐湖。运城盐湖位于运城盆地南部，自东北向西南延伸，长约30km，宽3～5km，湖面海拔

324.5m，最深处约 6m，总面积 132km$^2$，是个典型的内陆咸水湖。运城盐湖以其 5000 年的产盐史而闻名于世。据传古代圣君舜帝巡经盐池看到满池白花花的盐粒，兴奋地手抚五弦琴吟出千古绝唱《南风歌》，歌曰：“南风之薰兮，可以解吾民之愠兮。南风之时兮，可以阜吾民之财兮。”意思是“南风清凉阵阵吹啊，可以解除万民的愁苦啊。南风适时缓缓吹啊，可以丰富万民的财物啊。”这里所说的南风吹可以丰富财物，是指每年 5 月运城地区多起东南风，气候干燥，有利于盐田卤水加速蒸发，结晶成盐（蔡克勤和杨长辛，1993）。

盐湖是一种咸化水体，通常是指大于海水平均盐度的湖泊，即含盐度＞ 3.5% $NaCl_{eq}$ 的湖泊（郑绵平，2010）。我国是一个多盐湖国家，有盐湖 1500 多个。我国盐湖形成主要受气候控制，多分布于年降水量小于 500mm 的西部 - 北部干旱和半干旱地区（中华人民共和国气候图集编委会，2002）。而运城盐湖所在的运城地区属于暖温带半湿润大陆性季风气候，年平均降水量 559.3mm，年平均气温 13.6℃。从气候条件来看，运城地区并不是典型的成盐地区。那么究竟是什么力量在温暖湿润的汾河流域孕育出如此规模的盐湖呢？

要查明运城盐湖的成因，首先要知道盐湖的咸化是什么时间开始的。现代盐湖之下的地层可为我们揭示这一奥秘。运城盐湖包含三套不同层位的盐矿体：深部矿体、中部矿体和浅部西滩矿体。其中深部矿体埋深 70 ～ 120m，形成于晚更新世早期；中部矿体埋深 20 ～ 39m，形成于晚更新世晚期；浅部矿体埋深 0.5 ～ 10m，形成于全新世（图 5.39；李有利和杨景春，1994）。根据最深部的盐矿体我们可以确定盐湖最早开始形成于晚更新世早期。那么，在该时期存在什么样特殊的地质条件可以形成盐湖呢？运城盐湖所在的运城盆地为三面封闭、向西开放的断陷盆地。其北部为峨嵋台地，南部及东南部为中条山，西隔黄河与渭河盆地相望（图 5.40）。中条山前断裂（图 5.40，F1）与峨嵋台地南缘断裂（图 5.40，F2）分别为盆地的南界及北界。运城盆地的整体裂陷开始于中新世，之后上新世至中更新世早期（530 万～ 78 万年），运城盆地中湖泊始终存在，只是湖泊的范围发生过几次扩大和缩小。中更新世运城盆地北部的峨嵋台地与盆地之间的高差并没有现今这么大，古汾河由侯马以南的隘口切过峨嵋台地，经闻喜进入运城盆地（郭令智和薛禹君，1958；胡晓猛，1997；图 5.40），为盆地带来了源源不断的水流。而中更新世晚期，约 15 万年前后黄河中游地区曾发生过一次强烈的构造抬升（吴锡浩和王苏民，1998），峨嵋台地南北两侧的断层也发生了强烈的正倾滑运动，北侧峨嵋台地北缘断裂位移量较大（图 5.40，F3），导致峨嵋台地与其南北两侧的高差增大，汾河的下切作用不足以抵消峨嵋台地的抬升作用，最终导致古汾河改道，放弃了向南经隘口、礼元、闻喜进入运城盆地的古河道（图 5.40），转而西流至河津入黄河（胡晓猛，1997）。由于运城盆地内部鸣条岗南北缘断裂（图 5.40，F4，F5）的活动，鸣条岗发生隆起，运城盆地内的另一条河流——涑水河也向西迁移进入黄河不再经过运城古湖，这使得流入运城古湖的水量大大减少，加之区域的不断沉降，运城古湖迅速地萎缩，并于晚更新世以来咸化，沉积了多套含盐地层，并逐渐形成现今的运城盐湖。

我们在运城地区通过地表地质调查、钻探揭露及地球物理方法探测，结合在地方管理部门收集到的近 400 口灌溉水井原始编录材料，基本上查明了上述不同时代地层的基本组成、空间分布及地层结构等，从而建立起运城盆地三维地质结构，形成了运城地区地质图。这张图可以完整系统地反映运城盐湖的形成与发展过程。

| 地层时代 | 成盐时代 | 地层层序 | 柱状图岩性 | 厚度/m | 代表化石 | 沉积阶段：氯化物阶段 | 沉积阶段：硫酸盐阶段 | 沉积阶段：碳酸盐阶段 |
|---|---|---|---|---|---|---|---|---|
| 全新世 | | 7 | | 20 | | | | |
| 晚更新统 | 第二旋回 | 6 | | 20 | | | | |
| | | 5 | | 50 | 含较多瓣鳃类、腹足类、土星介 | | | |
| | 第一旋回 | 4 | | 10 | 中华美花介、近岸正星介 | | | |
| | | 3 | | 5<br>9<br>4 | | | | |
| | | 2 | | 30 | | | | |
| 中更新世 | | 1 | | 50 | 含较多瓣鳃类、腹足类、土星介 | | | |

1.淤泥质亚黏土　2.黏土　3.亚黏土　4.粉砂　5.白云质泥灰岩　6.泥质钙芒硝　7.硼磷镁石　8.晶质芒硝　9.石盐　10.白钠镁矾　11.含盐淤泥　12.瓣鳃类及腹足类化石

**图 5.39　运城盐湖地层柱状图（李有利和杨景春，1994）**

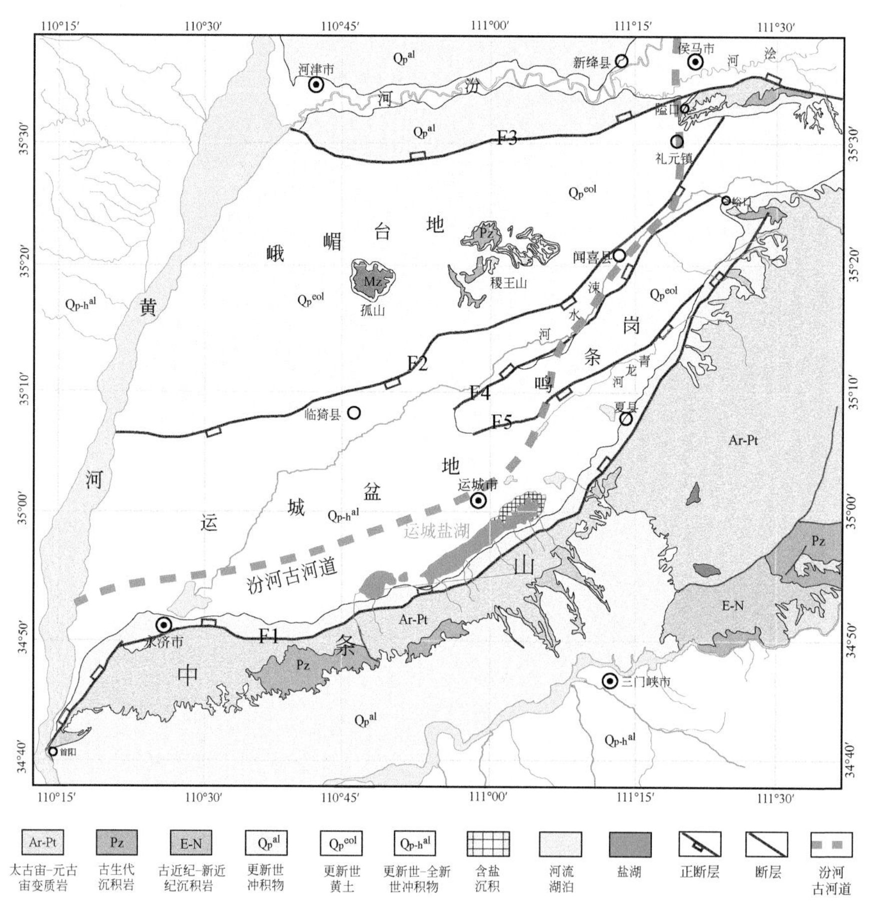


**图 5.40　运城地区地质简图及汾河古河道位置**

F1. 中条山山前断裂；F2. 峨嵋台地南缘断裂；F3. 峨嵋台地北缘断裂；F4. 鸣条岗北缘断裂；F5. 鸣条岗南缘断裂。古汾河河道位置据李有利等，1994；胡晓猛，1997

## 5.8　冻伤的大兴安岭

大兴安岭是祖国大地“金鸡版图”脖颈上斜列着的一抹五彩岭，素有“金鸡冠上绿宝石”之美誉。她是国内目前连片面积最大的国有林区，是绵亘北疆的千里绿色长廊。大兴安岭的浩瀚林海营造了一座巨大的天然氧吧，大森林、大湿地、大界江、大冰雪、大石林及变幻莫测的北极光，彰显着北疆风光独特的大气磅礴与辽阔壮美。这里春天绿意盎然、夏天生机勃勃、秋天野味浓郁、冬天雪舞银飞，不仅四季有不同的景象，就是每一天、每一时都是气象万千，令人心潮起伏：晨观拱北云海、夕望卧虎日暮，晴日朗空万里、雨中山色空蒙，显示着大自然强悍不可抗拒的伟力。

大兴安岭位于黑龙江省、内蒙古自治区东北部，东连绵延千里的小兴安岭，西依呼伦贝尔大草原，南达肥沃、富庶的松嫩平原，北与俄罗斯隔江相望。是内蒙古高原与松辽平原的分水岭。整个山岭北起黑龙江畔，南至西拉木伦河上游谷地，东北－西南走向，全长 1400 多千米，主体海拔 1100 ～ 1400m，南部最高峰黄岗梁海拔 2029m。大兴安岭的森林生态系统是松嫩平原和呼伦贝尔大草原的天然绿色屏障，大兴安岭的层峦叠嶂中，到处是高大的乔木构成的林海，每逢夏日，苍茫森林，如同海洋，有风吹过，便是山呼海啸，阵阵松涛，蔚为壮观。

然而，大多数人不知道的是，在大兴安岭北部，与这壮美的森林相伴的，却是一套广泛发育的冻土层。所谓冻土层，在地质学中指的是 0℃以下并含有冰的各种岩石和土壤。一般来讲，随着纬度增加，年均气温的下降，冻土层的分布范围、深度和厚度逐渐增加。根据中国科学院兰州冰川冻土研究所的研究，大兴安岭地区大部分地区属于大片连续多年冻土带（Ⅰ），少部分属于山地岛状融区多年冻土区（Ⅱ$_1$）、东坡丘陵岛状冻土区（Ⅲ$_3$）（郭东信等，1989）（图 5.41）。尤其是北部地区基本为大片连续多年冻土带和岛状多年冻土带（图 5.41）。在大兴安岭地区进行地质填图，需要揭示冻土层之下覆盖的基岩地质特征及隐伏矿化特征，因此，认识冻土层发育特征，也成为地质填图的重要任务之一。

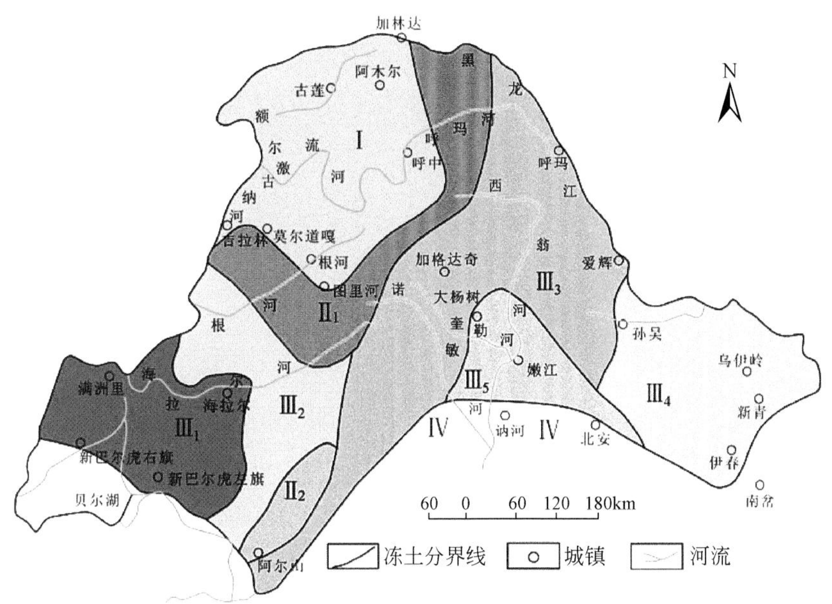


图 5.41　东北大小兴安岭多年冻土分布图（据郭东信和李作福，1981 修改）

Ⅰ. 大片连续多年冻土带；Ⅱ$_1$. 大兴安岭北部山地岛状融区多年冻土区；Ⅱ$_2$. 大兴安岭阿尔山山地岛状融区多年冻土区；Ⅲ$_1$. 呼伦贝尔高原丘陵岛状冻土区；Ⅲ$_2$. 大兴安岭西坡丘陵岛状冻土区；Ⅲ$_3$. 大兴安岭东坡丘陵岛状冻土区；Ⅲ$_4$. 小兴安岭低山丘陵岛状冻土区；Ⅲ$_5$. 松嫩平原北部边缘岛状冻土区

由此可见，大兴安岭虽然绿意葱葱，却也是冷冻的大兴安岭。正所谓青山与冻土共存、林海共雪山一色。那么，如此广泛发育的冻土，给大兴安岭带来了什么样的影响呢?

来大兴安岭自驾游的朋友们，在进入加格达奇地区公路后，经常在路标上看到“前方跳车”的标语（图 5.42）。当还在疑惑“什么是跳车，怎么跳？”时，随着车辆通过跳车路面，车辆上下起伏的颠簸让乘客瞬间明白了“跳车”的含义。经历非常有趣，但相信每位乘客的心里都在质疑着修路者——花钱修了破路，一定是偷工减料、豆腐渣工程！事实真的如此吗？

图 5.42　跳车变形路面及标语（田世攀拍摄）

大兴安岭的林区里有很多路边观景台，很多游客停车观景，眺望森林，心情是悠然自得，但在一些地方，游客们会忽然发现在远处有成片的空地，空地上堆满乱石，在绿色的森林中就像一道伤疤（图 5.43）。在森林保护日益加强的今天，到底是谁敢向我们的绿色家园开刀，是我们保护不力吗？

图 5.43　融冻造成的岩屑坡景观（田世攀拍摄）

随着大兴安岭原生态体验游活动的深入，越来越多的人能够走入森林的腹地，体验小溪流水，古木参天，甚至与野生动物亲密接触。但穿行于林间，却经常碰到一些东倒西歪的倒树以及胡乱堆砌的石头，有明显的“生产活动痕迹”（图 5.44）。难道有人不顾国家发展大政，公然违法破坏森林吗？

如果你把上述的这些“破坏”现象归咎于人类活动，那可真的是冤枉我们自己了。其实，造成以上“恶劣”印象的主要原因是我们的大兴安岭被“冻坏”了。那么，大兴安岭为什么会被冻坏呢？有着什么样的原因？又给我们造成了什么影响呢？

图 5.44　森林中堆石与倒树（王东明拍摄）

首先，造成众多“冻伤”现象的主要原因就是大兴安岭地区温差极大的气候。

大兴安岭地区位于中国最北端，属寒温带大陆性季风气候，季节性温差较大，春秋分明，冬长夏短，尤其在漠河、洛古河地带，冬季长 7 个月以上，日照时间非常短，夏季只有 2 个月左右，每年的 6 ～ 8 月份，日照时间长达 17 小时（张铁安等，2018）。以北部漠河地区为例，其年平均气温为零下 4℃，夏季平均温度在 20℃左右，而冬季温度超过零下 40℃，大面积的冻土形成实在是气候的必然，这些冻土一般厚度约 0.5 ～ 1.5m，并且会随季节变化（金会军等，2006）。

其次，植被的覆盖类型和地形特性影响了冻土的分布（初本君等，1988）。一般来讲，地表植被覆盖厚和黏土层多的地段下部冻土深度一般较厚，多年冻土主要分布在山地阴坡、山鞍部及河谷中，河谷地段厚度可达 3m 以上（田世攀等，2017）。

所以，当冷冻气候发生周期性的变化时，地表便形成了特殊的融冻现象。巨大的温差使得岩石遭受破坏，地表的松散沉积物也因此受到扰动与再分选，从而形成各种冻土地貌。随着季节的交替，这一作用会反复发生，受植被的覆盖情况影响，在不同的地形处就形成了倒石堆、石河、石海及岩屑坡等不同的冻土地貌（田世攀等，2017）。

石海多分布于山势较陡的山地阴坡，形态多呈扇形，主要由棱角状巨大碎石堆积而成，石海岩块的大小与其岩性有关，花岗岩形成的石海块度较大，往往达 50 ～ 150cm，火山岩等形成的岩屑一般小于 50cm，由于植被覆盖面广、裸露基岩面积较小等，石海规模一般不大，面积一般几百平方米至一千平方千米（图 5.43）。

岩屑坡和石河主要由风化崩塌的碎石受重力作用影响沿陡坡向下迁移形成，较狭窄的线状堆积，延伸的方向往往垂交等高线，多沿沟谷延伸，其上部主要为岩块，细粒物质主要沉积于下部。规模大小不一，规模由十几米至几十米不等，大者长达 250m，其迁移速度受坡度、碎石含水量、正负温交替频数等影响，有人统计迁移速度可达 5.99cm/a（戴竞波，1982；图 5.45、图 5.46）。

冻融现象的存在对大兴安岭地区的生态环境造成了重大影响（戴竞波，1982）。前文已经讲到大兴安岭地区属于寒温带大陆性季风气候，年均气温较低，这样的寒冷地区，地表以物理风化为主，土壤形成周期比较长，冻融现象的存在使得土壤裸露，同时破坏

图 5.45　劲松镇岩屑坡（王东明拍摄）

图 5.46　劲松镇石河（朱相禄拍摄）

了植被。没有了植被的保护，土壤流失进一步加快。据地质学家统计，大兴安岭地区土壤厚度非常薄，只有 20 ～ 60cm，而富含有机质的部分非常薄，土壤之下很快就接近残积碎石或者岩石，其上植物难以生长。土壤脱离后，森林系统难以形成丰富的生态群落。而作为众多河流的发源地，大兴安岭地区生态环境的好坏直接影响着区域内的汇水情况，森林植被的破坏会进一步造成下游的松辽盆地、三江盆地的水患和生态系统失衡。

冻融现象不光破坏了生态环境，给林区内的人类活动也带来了负面影响。冻融现象的普遍发育会对林区的重要基础设施和工程施工造成损害，公路、房屋以及国家重大工程莫不深受其害，严重影响着林区的生产生活。

冰冻和绿色同为大兴安岭的名片。著名史学家翦伯赞用“无边林海莽苍苍，拔地松桦千万章”描述大兴安岭的壮丽景色。大兴安岭地区生长着茂密的森林，生存着熊、鹿、麋、貂、山兔、野猪等野生动物，是实打实的绿水青山、生物天堂。过去由于经济发展的需要，大兴安岭地区因过度采伐和生产生活的推进，其生态环境已经遭受了很大程度的破坏。而作为一种自然现象，寒冷气候带来的冻融现象同样对大兴安岭的生态环境造成了影响。在生态环境日益受到重视的今天，我们需要守护好“绿水青山”，更有必要去治疗“冻伤”的大兴安岭，让青山绿水常在，冰天雪地无害，大兴安岭永远是北国的美丽家园。

# 5.9　松软的花岗岩

花岗岩类岩石约占我国陆地面积的 9%，在华南地区更是最为常见的岩石类型之一。生活中，花岗岩常被用作建筑石料，除了因其具有精美的图案外（图 5.47），更是由于它具有非常大的硬度和耐久性。北非吉萨高原荒漠中经历了 4500 年风雨的埃及金字塔历久不衰，足以说明花岗岩的非凡特性。

图 5.47　坚硬美观的花岗岩（邓飞提供，摄于广东广宁）

花岗岩硬还是泥岩硬？当被南方的地质工作者问到这个问题时，你可千万不要惊诧。在华南地区，答案可能要颠覆你的三观。展开一张南方强烈风化区的地质图，问题的答案一目了然。有幸避开第四纪冲洪积层遮盖的丘陵山区，本可在地质图上令世人一睹尊容，展现大自然为自己精心刻画的刺青，可是在南方强烈风化区的地质图上，即便是坚硬的花岗岩也同样无法逃脱黄纱遮盖的运数。

在以广东为代表的典型华南地区，多数时候你在野外见到的花岗岩并不是有棱有角、坚硬密实的岩石，而是岩石经风化作用原地残积的灰白色、棕黄色等颜色的松散砂土（图 5.48）。

如此这般坚硬的花岗岩，在南方却变成了一堆砂土，这看起来似乎有些匪夷所思。实际上，松软的花岗岩遍布华南，不仅是所在地水土流失的罪魁祸首，更是引发崩塌、滑坡、泥石流等地质灾害的幕后真凶。

花岗岩的“软化”主要是由华南湿润的气候决定的。在秦岭以南的华南地区，气候类型属（亚）热带季风型，最冷月均温度在 0℃以上，年降水量在 800mm 以上，是一个相对高温多雨、常年湿润的地区。在这一地区，植被茂密，微生物活跃，化学风化作用速度快而充分，岩石的分解向纵深发展可以形成巨厚的风化层，厚度通常可达几十米，所以在一般情况下，地表很难观察到连续完整的花岗岩风化壳，能

图 5.48　松软的花岗岩风化土（邓飞提供，摄于广东罗定）

够见到的“花岗岩”多已风化呈土状。

气候能有那么大的威力？你可不要小觑气候环境对岩石面貌的塑造作用。虽然任何人都无法全程监测花岗岩的风化过程，可是如果你知道在干燥少雨的埃及矗立 35 个世纪并保存完好的克列奥帕特拉花岗岩尖柱塔，搬到雨水充沛的纽约城中心公园之后，仅过了 75 年就已经面目全非，你的疑虑应该已经消除了。在华南热带和亚热带炎热、湿润、多雨的气候条件下，化学风化对岩石面貌的改造强度明显超过了北方干燥地区的物理风化，在充沛的水的作用下，花岗岩得以发生快速的软化成土作用。

看似密实坚固的花岗岩，是由石英、长石和云母等主要矿物组成的。其中长石是含有钙、钠、钾的铝硅酸盐矿物，在岩石中占比 40% ～ 60%，支撑着岩石的骨架，其在地表环境下化学性质并不稳定，它的风化分解对于岩石的结构、成分变化都起到了决定性的作用。

花岗岩在上覆岩层被剥蚀的过程中，首先会由于卸荷作用形成一系列不同走向的裂隙，将花岗岩切割成类似豆腐块的石块（图 5.49），从而增大了岩石的暴露面积，促进了化学风化的进行。在雨水的淋滤作用下，铝硅酸盐首先发生水解、水化作用，即首先发生碱金属（K、Na）和碱土金属（Ca、Mg）离子的水解淋失，同时发生脱硅作用，即可溶性硅酸根离子的水解淋失。如下列的化学方程式：

$4Na[AlSi_3O_8]$（钠长石）$+6H_2O \longrightarrow Al_4Si_4O_{10}(OH)_8$（高岭石）$+8SiO_2+4NaOH$

$4K[AlSi_3O_8]$（钾长石）$+2CO_2+4H_2O \longrightarrow Al_4[Si_4O_{10}](OH)_8+8SiO_2+2K_2CO_3$

通过上述作用过程，易溶性物质逐渐淋失，而高岭石、蒙脱石、伊利石等难溶黏土矿物逐渐堆积。

经过足可以百万年计的雨水淋滤，伴随着生物、物理和化学作用的配合，岩石首先完成了最表层的成土过程，并将风化前锋不断向深部推进。岩石中镶嵌致密的硅酸盐原生矿物被黏土矿物等次生矿物取代，同时形成了大量的孔隙，相对抗风化的石英（$SiO_2$）

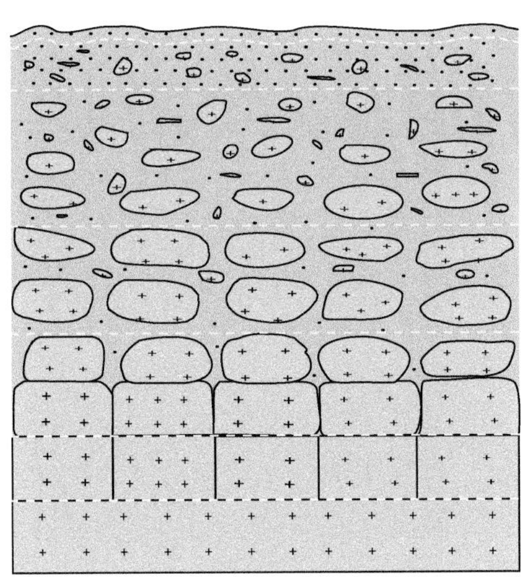

图 5.49　理想的风化壳剖面

多数呈松散粒状残留于残积土中（图 5.50），形成了我们在野外花岗岩区常见的杂色砂土。在持续稳定的湿润气候和地质构造等环境条件下，雨水的持续淋滤还能够使得土被不断染色向红土演化，在一定条件下还可形成铝土矿等表生矿床。

图 5.50　花岗岩风化土显微镜下特征（单偏光）（邓飞提供）

从风化作用的过程可以看出，水在花岗岩风化作用中扮演了最为关键的角色，岩石的成土过程和红化过程都需要大量的水参与化学反应。华南湿润的（亚）热带季风气候为华南地区花岗岩的普遍“软化”和“红化”提供了得天独厚的自然条件。

说到这里，观察细致又爱动脑筋的读者们又要提问了。既然气候从根本上决定了风化，那么为什么同在华南，“松软”的花岗岩也能形成巍峨高耸的名山大川呢？什么样的情

况下花岗岩能够“软化”，又是什么样的情况下花岗岩能够“成山”？

实际上，风化作用就像时间的流逝，是不受任何条件制约而持续进行的。影响风化的因素非常多，除了气候，复杂的内外动力地质作用都是操控着花岗岩地貌形成的幕后大佬。地下水、朝向、植被发育程度等因素都在潜移默化中影响着岩石的风化过程和风化产物。因此，单一的地质体经过不同条件的风化，可以形成复杂的黏土矿物组合，同一类土体也可能来自不同的母岩。但是就花岗岩来说，作为结晶岩石，矿物成分以长石和石英为主，粒径较沉积岩和多数变质岩相对粗大，风化形成的残积土一般以砂土为主，而黏土矿物则是以高岭石为主导的若干黏土矿物组合。

至于地表花岗岩的软硬程度，同样受各种因素控制，但根本取决于一个简单的关系，即风化速率与剥蚀速率的对比关系。从构造活动性上来说，在新构造活动弱，地形起伏较小的条件下，剥蚀作用速率低于风化作用速率，风化层得以保存并不断向深部发展。在新构造运动活跃的地区，强烈的地壳抬升使得隆起区的剥蚀速率远远大于风化壳形成的速率，造成风化作用沿卸荷裂隙拓展的同时，软化的岩石被迅速剥蚀，在这类地区，很难形成松软的花岗岩风化壳，往往形成花岗岩“石蛋”“峰林”等奇特的地貌（图 5.51）。从地形上来说，高山区的物理风化作用占据主导，风化壳的受剥蚀的速率远大于其形成速率。而在低山丘陵区，风化前锋快速向下拓展，且剥蚀速率较低，风化壳得以更好地保存。此外，从地理位置上来说，海边的花岗岩山往往发育很薄的风化壳（图 5.52），这与海边强烈的日照和海风等强烈的剥蚀作用是密不可分的。

地表出露的新鲜花岗岩普遍具有独特的物理性质和美丽的花纹，被广泛开采用于混凝土骨料，尤多用于高级建筑装饰工程和露天雕刻（图 5.53）。风化后的花岗岩虽然失去了坚硬的标签，却形成了瓷土矿、铝土矿等矿产资源。同时，风化新生的黏土矿物能够吸附稀土离子富集成矿。你可别小瞧了这不起眼的花岗岩风化壳，在华南地区，它所蕴藏的中重稀土资源占世界中重稀土储量的 80%，可谓是世界中重稀土的宝库。

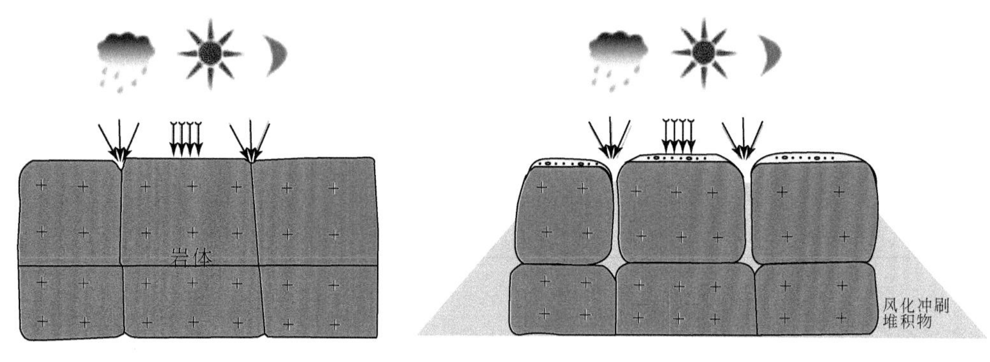

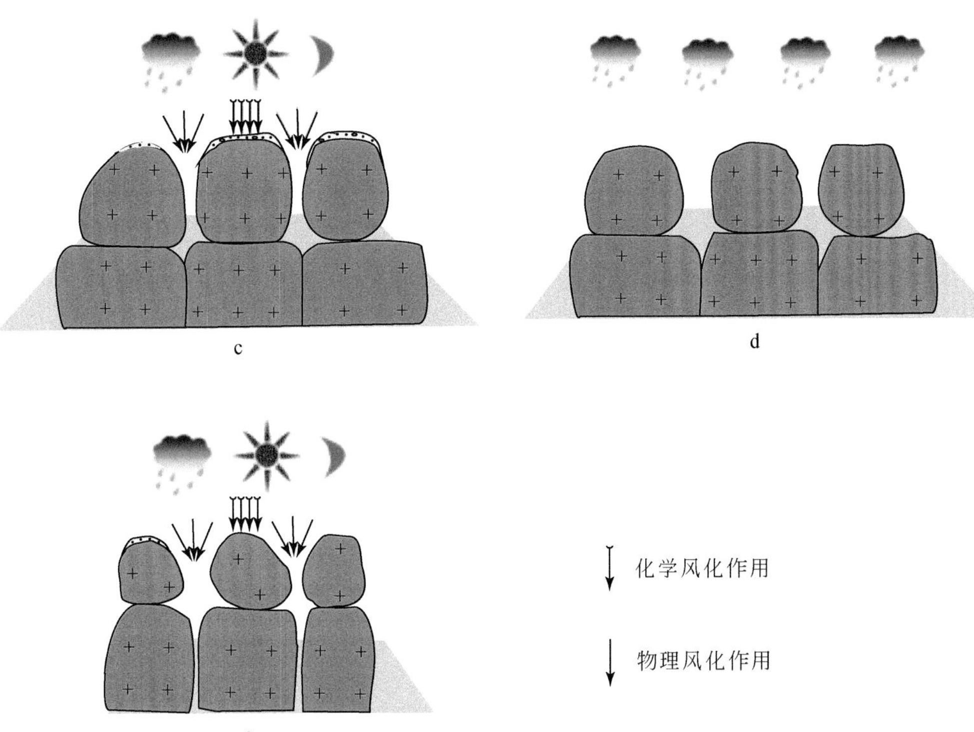


图 5.51　花岗岩石蛋地貌形成演化示意图（韦跃龙等，2017）

a. 花岗岩体暴露地表；b 和 c. 差异风化和侵蚀过程；d. 暴雨冲刷过程；e. 石蛋地貌

图 5.52　粤东沿海花岗岩石蛋地貌（廖示庭提供，摄于广东饶平）

图 5.53　纪念湘江战役的坚硬花岗岩石雕（邓飞提供，摄于广西灌阳）

# 第 6 章　上天入地，游浩瀚星空

## 6.1　苍茫的南极

在地球的最南端，寒风常年不息地在一望无边的白色冰原上咆哮。地平线附近徘徊的太阳，平视着上下起伏的浮冰和远处一座座巨型冰山；蔚蓝的海水中，海豹和企鹅在欢快地游弋；海面上不时会有几只捕食的飞鸟极速掠过。太阳在这里不再是强者，即使在最为温暖的夏季，阳光也很难融化覆盖在山岳之上的厚厚冰盖。在这里，冰雪之歌是永恒的旋律。这就是南极，被称为第七大陆，是地球上发现最晚、唯一没有常住居民和土著居民的大陆，也是“地球上仅存的纯正荒野”。

南极大陆总面积约 $1.4\times10^7km^2$，占世界陆地面积的 10%，是我国陆地面积的 1.45 倍，其 98% 的区域被冰雪覆盖，大陆周围海域也被海冰覆盖，素有“白色大陆”之称。终年不化的积雪逐渐堆积成极厚的冰层，形成南极冰盖，冰盖平均厚度约为 2000m，最厚处达 4750m。南极大陆的平均海拔达到 2350m，居世界之首（图 6.1）。

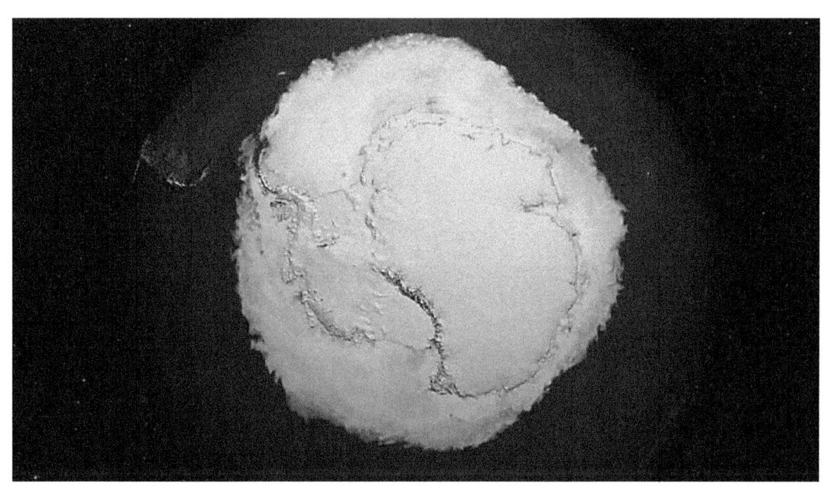

图 6.1　南极“白色大陆”（南极大陆周围海域被海冰覆盖，图片源自 2015 年 10 月 16 日 @NASA）

南极的范围有多大？地域的界限在何处？ 1958 年，南极研究科学委员会（SCAR）认为南极区域应该以南极辐合带作为边界，同时包括辐合带以外一些具有南极环境特征的亚南极岛屿。1959 年的《南极条约》把南纬 60° 以南的区域，包括所有海洋和陆地都认为是南极区域，也就是说，南极区域应该包括南极洲和南大洋两大部分。

在这里，我们按照地质学的惯例，用南极来简称南极大陆和周围岛屿。南极大陆是由地质历史过程中曾经存在过的一个古老冈瓦纳大陆（由现今的南美洲、非洲、澳大利亚、印度和南极等大陆组成）分离解体而形成的。大约 2.5 亿年前，位于地球南半球的冈瓦纳大陆与北半球的劳亚大陆（由现今的北美洲、格陵兰岛以及欧亚大陆的北部等大陆组成）拼接形成了新的超大陆——潘吉亚泛大陆。大约 1.3 亿年前，冈瓦纳大陆开始分裂，非洲、南美洲、澳大利亚和印度等陆块不甘待在原地，纷纷甩开南极陆块向北漂移，最后留下孤独的南极陆块在地球的最南端。大约在 3400 万年前，南美大陆与南极大陆西部的南极半岛彻底分离，形成现在的德雷克海峡，促成了环南极洋流的形成，南极大陆开始变冷，出现山麓冰川。大约 1400 万年前，南极迅速降温，从而形成现今规模巨大的南极冰盖。

横贯南极山脉将南极大陆分成东南极和西南极大陆。东南极面积较大，为一古老的地盾和准平原，是地球上最大和最古老的克拉通之一。西南极面积较小，主要是由山地、高原和盆地组成的褶皱带（图 6.2）。

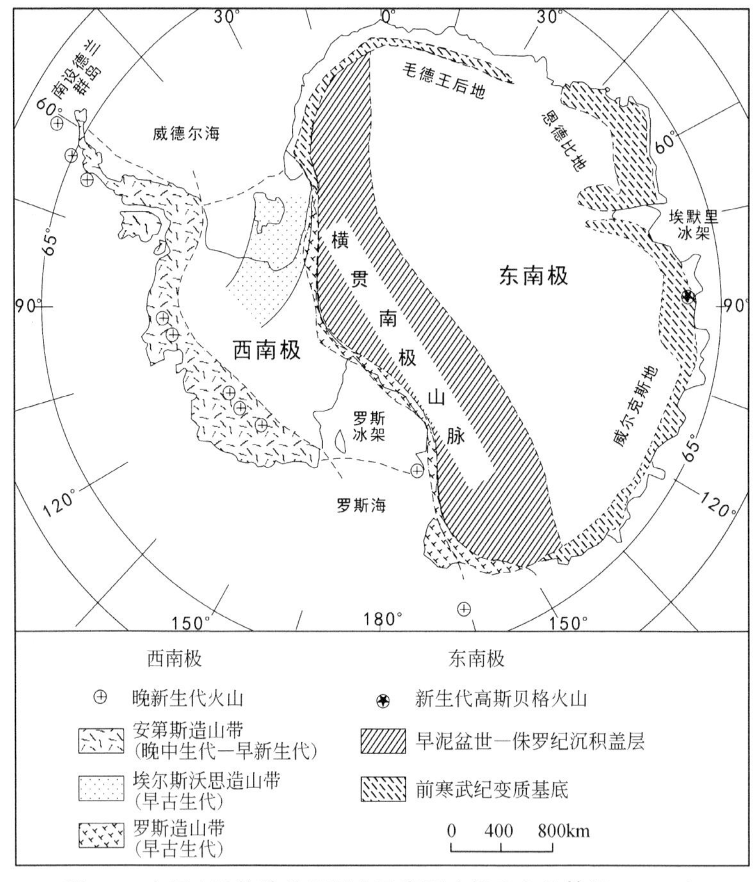

图 6.2　南极大陆构造单元划分示意图（修改自位梦华，1986）

近年来，我国地质学家在南极考察过程中选择了三个不同地区开展了三种不同比例尺地质填图，分别是“东南极格罗夫山地区 1 ∶ 50000 地质图”、“东南极拉斯曼丘陵 1 ∶ 25000 地质图”和“西南极南设得兰群岛 1 ∶ 25 万地质图”。这些地质图的填制，为我国南极地质科学考察奠定了很好的基础。南极大陆是一个神秘美丽的大陆，也是一个自然环境极其恶劣的大陆，在南极进行地质填图充满了挑战和艰险，让我们通过这 3 幅地质图来重新认识一下真实的南极吧。

### 6.1.1　东南极格罗夫山地区地质图（1 ∶ 50000）

《东南极格罗夫山地区地质图（1 ∶ 50000）》是我国在南极内陆第一张大比例尺地质图（胡健民等，2019）。格罗夫山地处兰伯特冰川 - 埃默里冰架冰川系统的东缘，北距中国南极中山站 450km，面积约 3200km$^2$。格罗夫山处于南极内陆下降风极盛区，狂风对冰面新雪的吹蚀力极强，在格罗夫山地区出露大面积的古老蓝冰。在格罗夫山地区的雪冰面上共出露 64 座相对独立的冰原岛峰，大体上构成 5 组北北东 - 南南西向呈雁列式展布的岛链，形成东南高、西北低的地势。

格罗夫山地区蓝冰的平均海拔在 1800 ～ 2000m，岛峰的海拔基本相似，分布在 2200 ～ 2360m 之间，最高峰是位于格罗夫山核心地带北侧的梅森峰，海拔为 2360m（图 6.3）。多数岛峰仅仅是蓝冰表面暴露出来的孤立山头，有时候巨大的冰坡及冰盖上的覆雪会将整个岛峰掩盖到只剩下一块岩石露头。格罗夫山地区岛峰东侧往往被巨大的冰坡掩盖，冰坡上布满了冰裂缝，西侧则常常是一个巨大的冰沟。这些基岩岛峰主要由高角闪岩相 - 麻粒岩相深变质岩组成，这些变质岩主要包括长英质麻粒岩和花岗质片麻岩，还夹有少量镁铁质麻粒岩、紫苏花岗岩、片麻状花岗岩、细晶岩脉、变沉积岩和含方柱石钙硅酸盐岩等。其中格罗夫山地区镁铁质高压麻粒岩的发现，证实这里曾经是两个板块碰撞拼贴的位置，从而揭示南极大陆直至 5.5 亿年左右才完成了最后的拼合。

图 6.3　格罗夫山蓝冰上的梅森峰（韦利杰拍摄）

格罗夫山地区蓝冰上还分布着几个巨大的碎石带，主要有分布在哈丁山两侧的东、西堤碎石带（图 6.4），阵风悬崖西侧 1 ～ 5 号碎石带。这些碎石带是格罗夫山地区自末次冰进事件以来由冰川流动遗留的冰碛物所组成。这些冰碛物均悬浮堆积于古老的蓝冰表面，平面上呈带状分布，形状上具有冰碛堤的特征。碎石带虽然不构成基岩地貌，但它们的分布与蓝冰流动速度和方向有关，大型带状碎石带一般分布在沟谷地带的蓝冰上，可能是由冰盖厚度大、冰流快造成的。阵风悬崖西侧的几个碎石带以及其附近的蓝冰，同时也是南极陨石富集区之一（图 6.5）。

图 6.4　格罗夫山蓝冰上的哈丁山西堤碎石带（韦利杰拍摄）

图 6.5　格罗夫山蓝冰上的陨石（韦利杰拍摄）

根据同位素年代学数据，格罗夫山在 550 ～ 500Ma 期间经历了快速的隆升过程，随后在 500 ～ 350Ma 期间这个阶段经历较长时间的稳定时期，直到大约 350Ma 时期，才重

新开始了再一次较大的隆升阶段，直至大约 150Ma 时到达近地表（Hu et al.，2016）。

### 6.1.2　拉斯曼丘陵地区地质图（1 ： 25000）

拉斯曼丘陵位于东南极的普里兹湾边缘，包括 6 个半岛、10 个大的岛屿和 120 多个小的岛屿，岩石出露面积约 40km$^2$，是南极大陆为数不多的绿洲之一，我国南极中山站就位于拉斯曼丘陵的米洛半岛（图 6.6）。

图 6.6　东南极拉斯曼丘陵（韦利杰拍摄）

2018 年完成的《东南极拉斯曼丘陵地区地质图（1 ： 25000）》（胡健民等，2018a），展示了拉斯曼丘陵地区主要由低压麻粒岩相变沉积片麻岩类以及部分熔融团块组成，包括长英质 - 镁铁质片麻岩、变泥质岩、变砂岩、石英岩、混合岩化副片麻岩和侵入其中的花岗伟晶岩和花岗岩等岩石。同时，大量研究结果表明，这个区域经历了两个阶段的构造 - 变质历史，早期是大约 11 亿～ 10 亿年前格林威尔时期的麻粒岩相变质作用，晚期是大约 5 亿年前的泛非期构造事件，形成了一系列递变的高角闪岩相至低级麻粒岩相结构构造，并伴随着花岗岩化作用和花岗岩体的侵位，以及强烈的变质、变形作用。近几十年来的地质考察与研究，基本上确定了形成于 5 亿年左右的普里兹构造带为晚新元古代到早古生代形成于东南极大陆内部的一条碰撞造山带。这个碰撞造山带的形成，导致东南极大陆最终碰撞拼贴。大体相同或稍晚时间，东、西冈瓦纳陆块沿莫桑比克造山带碰撞，统一的冈瓦纳超大陆最终形成。

### 6.1.3　南设得兰群岛地区地质图（1 ： 25 万）

南设得兰群岛位于西南极威德尔海西部，南极半岛以北，南美洲马尔维纳斯群岛以南约 1200km，距离南极大陆约 150km。南设得兰群岛由乔治王岛、利文斯顿岛、迪塞普申岛等 11 个岛屿及其附近若干小岛组成，总陆地面积约为 3687km$^2$，群岛内约 80% ～ 90%

的土地终年被冰川覆盖。系统的地质填图和对比研究结果表明，不同岛屿上的岩石组成差异明显，本书以该群岛中几个典型的岛屿为例来介绍。乔治王岛是南设得兰群岛中最大的岛屿，基本被新生代火山岩所覆盖，主要由玄武岩、玄武安山岩、安山岩等熔岩和相当成分的火山碎屑岩、火山碎屑沉积岩组成。我国第一个南极科学考察站——长城站就建在该岛的菲尔德斯半岛。与乔治王岛出露岩石一致，该半岛上同样以层状火山岩、火山碎屑岩和火山碎屑沉积岩为主（图 6.7）。另外，还有一套以富含植物化石为特征的地层，其植物群以中型叶为主，包含有落叶树种、常绿树种、松柏类植物、蕨类、苏铁等喜温喜暖的植物，反映与现代暖温带 - 亚热带类似的气候环境。

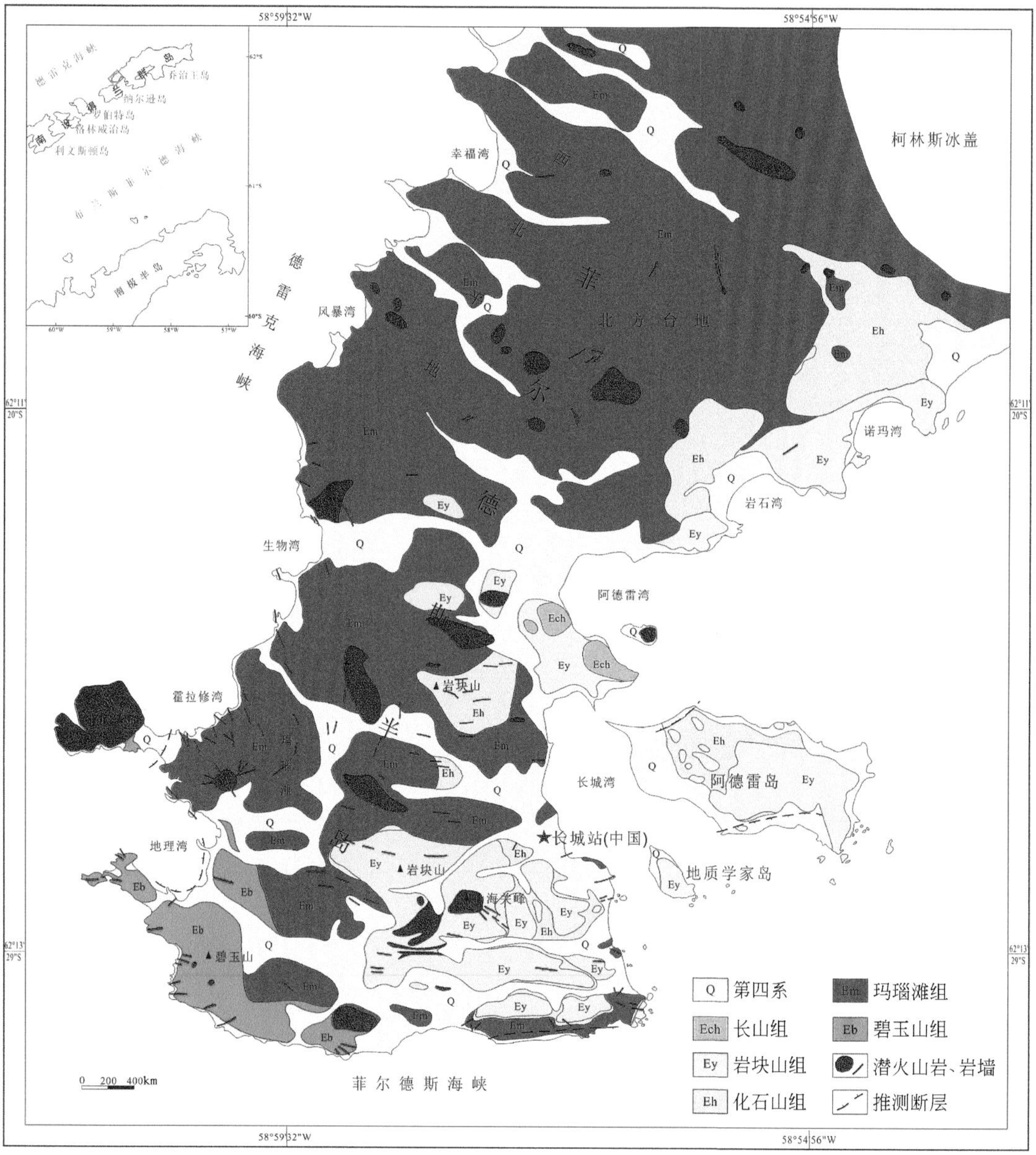

图 6.7　菲尔德斯半岛地质简图（改自李兆鼐等，1996）

利文斯顿岛是南设得兰群岛的第二大岛，由前火山岩基底岩石、弧火山岩、深成岩侵入体等组成，是南设得兰群岛岩浆弧的一个重要组成部分。前火山基底岩石是一套强烈变形、岩层发生倒转的晚三叠世的浅变质沉积岩，岩性主要为块状砂岩、深灰色泥岩、含砾泥岩、砂泥互层等，该套岩石总厚大于 3km。该套岩石中还含有类型丰富的木质管胞和孢粉，反映当时陆生植物相当繁盛，有乔木和灌木，它们以南美杉及松柏类为主，反映了温暖和潮湿的气候环境。大多研究认为这是弧前背景下的海底扇浊流沉积，形成于板块俯冲早期阶段，其物源来自活动的火山区、低级变质的岩浆地带。

迪塞普申岛是由黑色火山岩形成的直径约 14km 的小岛，形成于约 200 万年前布兰斯菲尔德海峡扩张轴的海底火山喷发。它是南极最著名的活火山之一，为复合式层火山，有一个直径为 10km 的破火山口（图 6.8）。破火山口熔岩主要为玄武岩，并具随时间向英安岩成分演化的趋势。

图 6.8　迪塞普申岛（胡健民拍摄）

## 6.2　大洋底的秘密

### 6.2.1　大陆漂移与海底扩张

广阔浩荡的海洋，它是生命起源的摇篮。这个奇妙的世界，拥有强大而神秘的吸引力，无数的探险家、科学家为之着迷。但是，深邃的海水使得它蒙上了一层神秘面纱，使人难窥其底。随着近年来远洋考察和潜航、海洋遥感等技术的不断提高，人们对海洋的认知和理解也越来越深。其实，海底陆地并不像海洋表面那样平整，相反，其形态与地球陆地表面一样崎岖不平。大洋深处埋藏着无数的“高山峻岭”，其高度连喜马拉雅山脉上的各大高峰也相形见绌；海底世界的“瀑布”也要远远大于非洲的尼亚加拉大瀑布；海底深处火山口的喷发频率远远高于陆地表面上的任何一处火山喷发……

随着科技的进步，海洋底部许多鲜为人知的神秘角落一一展现在我们面前，1925 ～ 1969 年，科学家们采用精密的回声测深仪揭示了深洋底崎岖不平的地形，相继绘制了大西洋、太平洋（图 6.9）和印度洋的洋底地貌图，从此揭开洋底世界的神秘面纱。海底世界可谓是气象万千，蔚为壮观，地质学家们把海底分为大陆架、大陆坡和大陆基等海底地貌单元（图 6.10）。大洋盆地是坡度小于千分之一的深海底部，水深在 3000m 以上。洋中脊是地球上规模最大的山脉，它纵贯太平洋、大西洋、印度洋和北冰洋，总长约 $6.4\times10^4$km，宽 1500 ～ 2000km，高出洋底约 3km，其露出洋面以上的部分成为岛屿，如冰岛。洋中脊也是我们将要在后面讲到的新洋底（地质上称为洋壳）开始生长的地方。

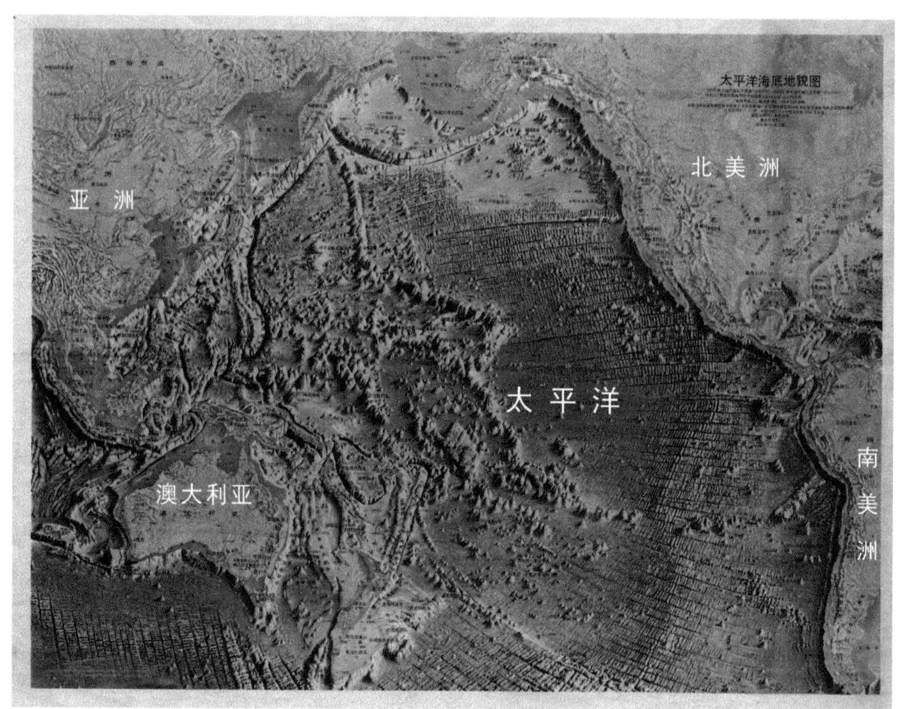


图 6.9　太平洋海底地貌图（中国地质图书馆提供）

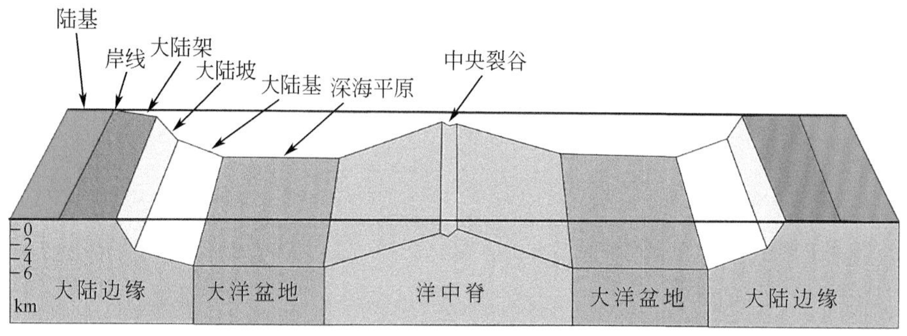


图 6.10　海底地形示意图

真相和不满足是人类进步的动力。人们在清楚认识海底地形及结构之后就开始思考，大洋是怎么形成的？为什么会形成这样的洋底结构形态呢？为了解答这些问题，“海底扩张学说”应运而生。该学说告诉我们，海洋底部是动态变化的：大洋岩石圈因密度较低，漂浮在塑性的软流圈之上。大洋中脊中会不断地涌出岩浆，岩浆冷凝后形成新的洋底，当新的洋底形成后，岩浆还会继续喷出，就像“传送带”一样把一条条新洋底逐渐推向大洋中脊两侧，到达海沟处向下俯冲，重新熔化到地幔中去（图 6.11）。如果在洋壳上方驮有大陆地块，它们将像传送带上的货物那样逐渐被载运而去。海底扩张运动反映了

地幔内存在着环状对流圈，大约经过 2 亿年整个洋底将彻底更新一遍。因此，洋底始终处于新生与消亡的过程中，它永远是年轻的。据测定，太平洋洋底海岭两侧的地壳向外扩张的速度是每年 5 ～ 7cm，大西洋是每年 1 ～ 2cm。

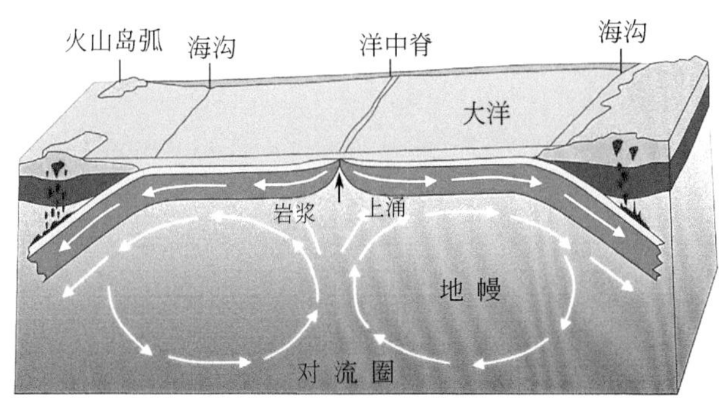


图 6.11 海底扩张图

海底扩张学说最早由加拿大科学家赫斯与迪茨于 20 世纪 60 年代提出，其基础来源于德国气象学家、地球物理学家阿尔弗雷德 • 魏格纳在 1912 年提出的“大陆漂移假说”。该假说认为大陆相对于大洋盆地间以及大陆彼此之间都进行着大规模水平运动，得到了古生物、古气候、大洋底部磁异常条带等方面证据的支持。

海底扩张与我们的生活息息相关。比如，夏威夷岛链作为海底扩张的产物（图 6.12），已成为人们向往的旅游胜地。从图 6.12 中可以看出，夏威夷岛链是由呈线状展布的一系列火山堆构成的火山链，其岩石年龄的分布具有明显的定向性。岛链东南端的夏威夷岛

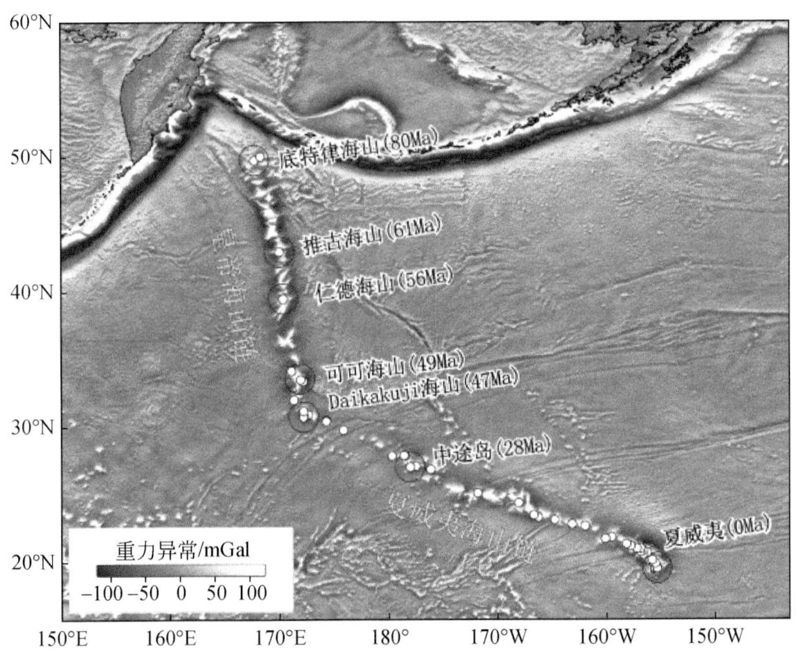


图 6.12 太平洋中夏威夷－皇帝海山链地区重力异常特征与火山年龄分布（李三忠等，2019）

火山年龄不超过80万年，从夏威夷岛沿岛链向西北，随着距离的增加，火山岩的年龄依次增加。现代地质学研究认为，地幔深部的熔岩上涌，形成一个热点，它们向活火山提供富集各种微量元素的岩浆。随着岩石圈板块经过热点的不停运动，先形成的火山从热点处移开并逐渐熄灭成为死火山，新的火山又在热点上方形成，结果就形成了一串年龄定向分布的线状火山链，最终呈现出现在壮美的景观。

### 6.2.2 洋底地质图，扩张的大洋

在人类察觉不到的地下和洋底，大陆在慢慢地漂移，洋底在悄悄地扩张。然而，在地质上这些过程发生的时间是以百万年计的，也就是说一个人终其一生是看不到洋底扩张的过程的。

在洋底地质图中，不同色彩的条带记录了不同时代的洋底扩张过程（图6.13）。最年轻的岩石（红色区域）沿洋脊顶部分布，最古老的洋壳（蓝色区域）位于太平洋西部的大陆和俯冲带附近。当你观察大西洋时，一个以大西洋中脊为中心的对称图案变得很明显。这种模式证实了洋底扩张在扩张中心两侧同样产生新的洋壳的面貌。从洋底地质图中我们也可以观察到洋底扩张的速度：比如，通过对比可以看出太平洋地区的黄色条纹比南大西洋的黄色条纹的宽度大，由于这些条纹是在相同的时间内产生的，所以这个对比证实了太平洋的扩张速度比南大西洋快。

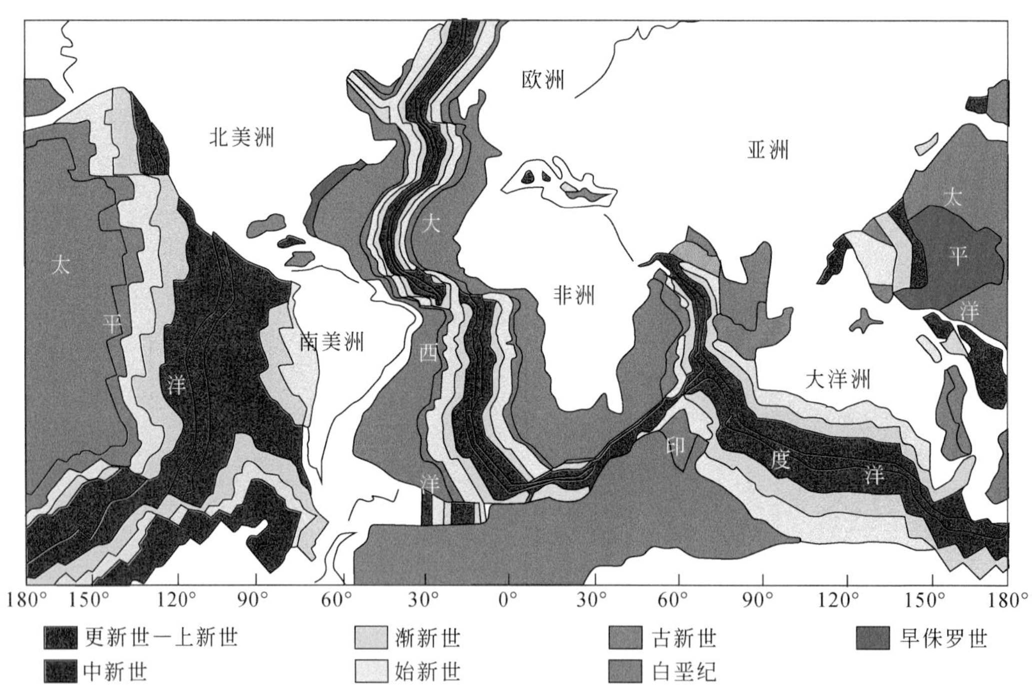


图6.13 大洋底部地质图及深海沉积下洋壳的相对年龄（据 Chernicoff and Whitney，2007修改）

彩色部分为大洋范围，白色部分为大陆范围，图中色彩条带代表了不同时代的洋底岩石

### 6.2.3　深海沉积物，磁性地层柱及全球环境变化对比

想要解开更多大洋深部的秘密，就不得不提及深海沉积物了。“深海沉积物”是指水深大于 2000m 的深海底部的松散沉积物，在揭示古气候变化方面能发挥巨大的作用，一直被视为记录新生代海洋物理和化学过程以及全球气候和环境变化历史的天然档案，被越来越广泛地应用于古气候研究。

刘东生院士在《黄土与环境》一文中写道：“有人曾形象地指出，新近时期古气候环境的历史是藏在大自然用密码写就的一本本‘秘笈’当中的，世界各地的科学家们正在解释和读懂三本这样的‘秘笈’。一本是深海沉积，一本是南极和格陵兰的冰盖，还有一本则是中国的黄土高原。”深海沉积是千万年来海洋变迁的历史档案，比如，在地中海底发现了大量盐层，说明 600 万年前一度干枯成了晒盐场；北冰洋曾经是个暖温带的淡水湖，5000 万年前曾漂满了浮萍满江红（汪品先，2014）。由此可见，深海沉积物作为大自然打造的三个近代气候环境档案库之一，对研究全球气候和环境变化起着重要作用。

此外，还可以利用长寿命宇宙成因放射性核素对深海沉积物进行测年，建立标准地层年龄谱，从而可与磁性地层柱以及全球其他地方的沉积剖面进行对比。相对于冰芯和黄土，它的沉积时间更长，例如青藏高原古里雅冰芯的精确定年是 0.6Ma，而深海沉积物目前可确定的精确沉积记录可达 200Ma。

### 6.2.4　可燃冰

随着人们对大洋底部秘密的探索，科学家们在大洋底部发现一种新型能源——可燃冰，可燃冰蕴藏的天然气资源潜力巨大。据估算，世界上可燃冰中碳的总量是地球上煤、石油、天然气等化石燃料中碳总量的两倍。例如，日本发现的可燃冰推测可供其使用 100 年，而中国发现的可燃冰推测可供使用 200 年。不仅如此，可燃冰还具有能量密度高的特点，因此，可燃冰被誉为“高效清洁能源”和“21 世纪的绿色能源”。

图 6.14　可燃冰

那么什么是可燃冰呢?

可燃冰是在低温高压条件下由天然气（主要为甲烷）与水形成的类冰状的结晶物质，因外观像冰，遇火燃烧，所以称为“可燃冰”（图 6.14）。

“可燃冰”的形成必须同时具备 3 个基本条件：①低温（0 ～ 10℃）；②高压（大于 10MPa 或水深 300m 及更深）；③充足的气源。在某些陆地永久冻土区具备形成条件和使之保持稳定的固体状态的低温高压环境，在海洋深层 300 ～ 500m 的沉积物中都具备这样的低温高压条件（刘勇健等，2010）。因此，可燃冰主要分布于海洋，少量分布于陆地冻土地带。目前，全球共发现 234 处可燃冰产地，49 处获得了可燃冰样品。例如：日本南海海槽、中国南海神狐海域等。

## 6.3　描绘地球深部的蓝图

许志琴院士把当今深部地质探测形象地称之为“伸入地球内部的望远镜”（许志琴等，1984），黄大年教授用毕生精力给地球做 CT（计算机断层扫描）。为何当今的顶尖地质学家如此热衷于研究地球深部结构和地质过程呢？我们都知道，过去野外地质工作者都会随身挎一个背包，里面装着他们必备的“三件宝”——地质锤、放大镜和罗盘。但是随着我们对资源和环境需求的不断增长和对地球认知能力提升，传统的“老三样”已经远远不能满足需要。地质学家们越来越认识到地球内部物质的物理属性、结构构造、地质过程及其动力学机制才是地球科学研究的实质（董树文等，2010）。了解地球深部物质特性和运动过程，是理解地表山脉与盆地如何形成、矿床如何产生和地质灾害如何发生等问题的最核心所在。因此，揭开地球深部地质结构与物质组成的奥秘、理解深部与浅部互动过程，成为现今地球科学主要发展趋势（董树文等，2012）。而探测技术的飞速发展，使得地球科学开启了从讲述地壳表层的地质现象与成因向描绘地球深部的蓝图进军的新征程。

那么这张蓝图该如何绘制？要怎样给地球做 CT 呢？地质学家们已经有很多有效的方法，其中常用的是地球物理探测方法（如人工地震探测、天然地震探测、大地电磁测量等）和超深钻探（黄大年等，2012）。地球物理探测方法实际上像 CT 一样，是运用不同的场源对地球深部进行远距离探测，获取地球内部的图像。例如，人工地震探测就是利用人工源产生的地震波，穿透地球内部深达数千米至几十千米的具有不同物理性质的岩层，然后这些波返回地表，被检波器接收（图 6.15a），随后对检波器记录到的数据进行处理，形成我们能看到的反映地球深部结构的图像。天然地震探测原理与人工地震探测的方法基本一致，只不过是用天然地震作为震源（图 6.15b）。大地电磁测量是利用天然交变大地电磁场作为场源，通过在地面测点观测大地电磁场分量的时间和空间分布，获取地下不同岩层的导电性结构，生成相应的图像。钻探就是针对地球深部探测目的，运用合适的钻探设备和工艺进行钻探验证（图 6.16）。目前，我国已经研制出“地壳一号”万米钻机，但无法和地球物理探测的深度相比较。

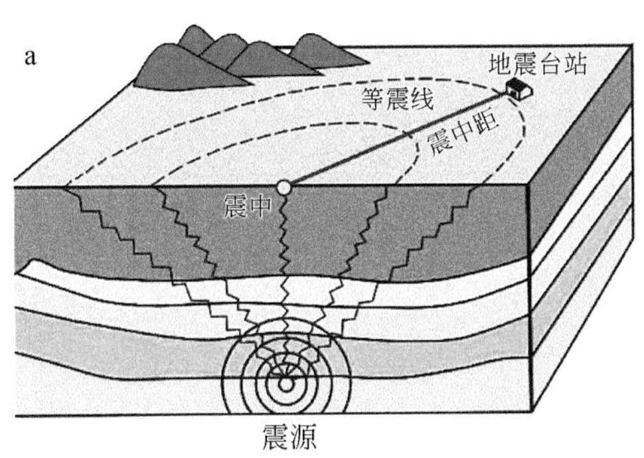


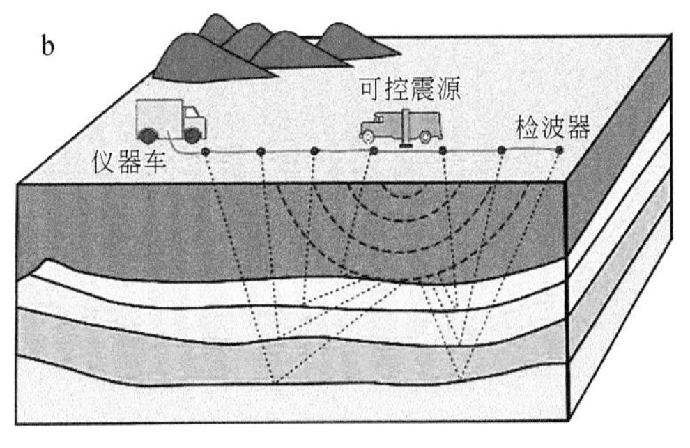


图 6.15　地震探测原理图

a. 天然地震探测；b. 人工地震探测

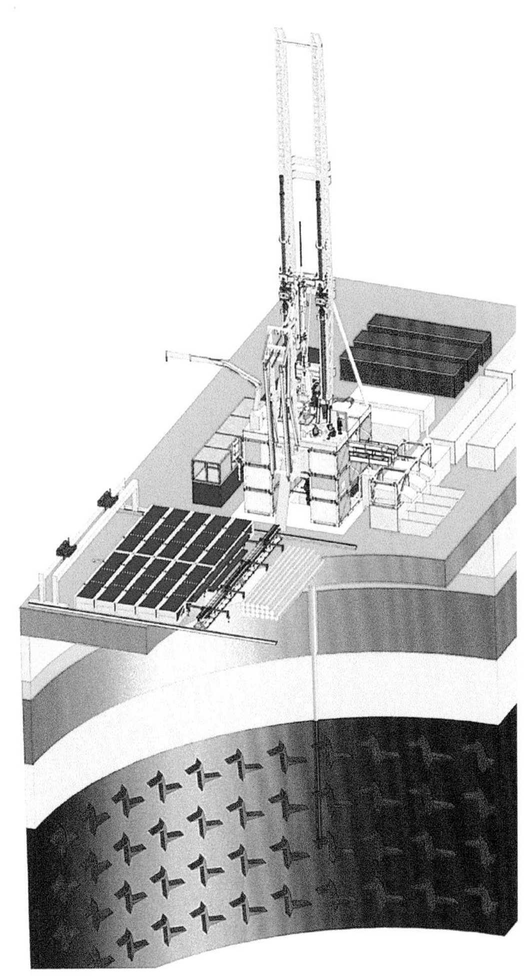

图 6.16　德国波茨坦地质研究中心（GeoForschungsZen-trum Potsdam）"InnovaRig"深部钻探装置图

近几十年来，一些发达国家相继实施了深部探测重大计划，去揭露地球深部奥秘。例如，加拿大1984～2003年实施岩石圈探测计划（Lithoprobe），运用深地震反射剖面揭示了若干大型矿集区的深部控矿构造，使加拿大的地球科学研究走到世界的前列。2003年，美国组织开始实施“地球透视”计划（EarthScope），在全国范围系统部署地震阵列网，高密度开展地球深部的地球物理综合探测，目的是深入认识北美大陆地球内部结构、地块演化与成因。其最新的成果揭示了北美大陆西部的Mendocino三联点的深部结构及其地球软流圈流动特征，显示出地球岩石圈中存在着板片窗、Gorda软流圈物质和地幔楔，这种结构控制了地表火山活动（图6.17）。地球岩石圈结构图像还显示出，法拉隆板块俯冲到内华达山脉下面，使得在内华达山脉下面的岩石圈地幔和下地壳出现了既热又轻的软流圈（图6.18）。图6.17和图6.18实际上是展示地球深部结构的一种特殊类型的地质图。2006年，澳大利亚实施“澳大利亚大陆结构与演化”（AuScope）计划，在全球尺度上，从时空以及从表层到深部，建立国际一流水平的澳大利亚大陆的结构和演化的研究构架，从而更好地了解它们对自然资源、灾害和环境的控制作用，致力于澳大利亚社会未来的繁荣、安全和持续。

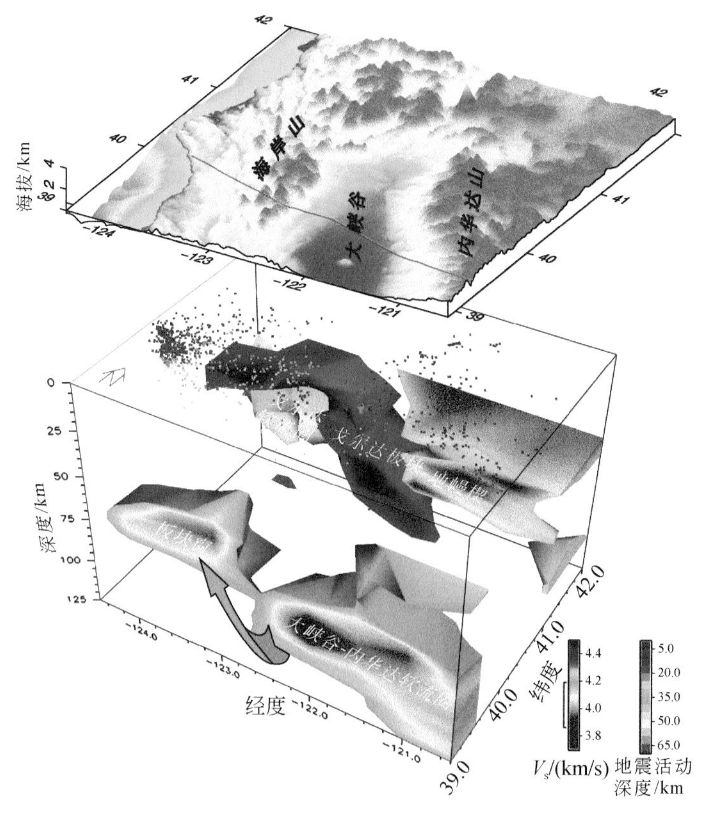


图6.17　北美大陆西缘Mendocino三联点岩石圈结构图（Liu et al.，2012）

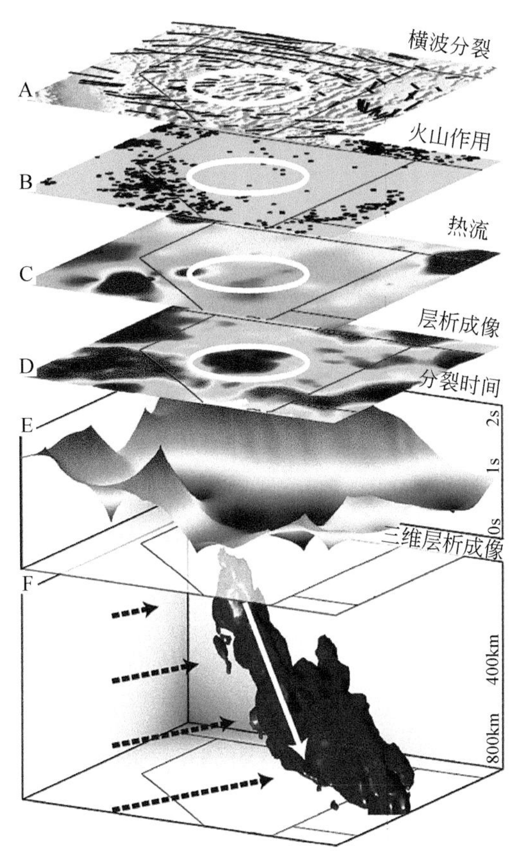


图 6.18　北美大陆西缘内华达山脉之下的地幔下降流（据 West et al.，2009）

我国从 2008 年 10 月开始实施“深部探测技术与实验研究专项”（Sinoprobe），系统部署了穿越我国主要构造单元的 3000km 深地震反射剖面、全国 4°×4° 与部分地区 1°×1° 高精度区域电性基准点观测、庐枞矿集区立体填图试验、7 个科学钻探备选地区深部综合探测与钻探试验、深部探测技术装备研究等工作，获得一些关键地区地球深部结构与物质（董树文等，2012）。目前深部探测水平已经达到世界先进水平，研究已经取得了重大的进展，例如，为了探究青藏高原这一最年轻的高原的形成和生长特征，运用了多种地球物理方法，在它的边缘开展深部地质探测工作，建立了三维地壳结构模型，这可能是我们见到的由地表延伸到地下 60km 深度范围的岩石圈地质图（图 6.19）。这个模型给我们很直观地展示了地球岩石圈（地壳 - 上地幔）的厚度分布情况。同时，我国科学家还利用天然地震监测数据，首次建立了南极大陆地壳模型，模型很直观地显示了南极大陆岩石圈和地壳厚度分布规律（图 6.20）。

未来我国深部地质研究将针对地下几百米至几百千米的不同深度目标体，开展调查与研究，全面揭示地球深部的奥秘（图 6.21）。主要有以下几个层次的探测：

1）高精度浅层探测（0 ～ 200m）与含水层结构、浅层地温能、城市地下空间、浅层砂岩铀矿目标体系。

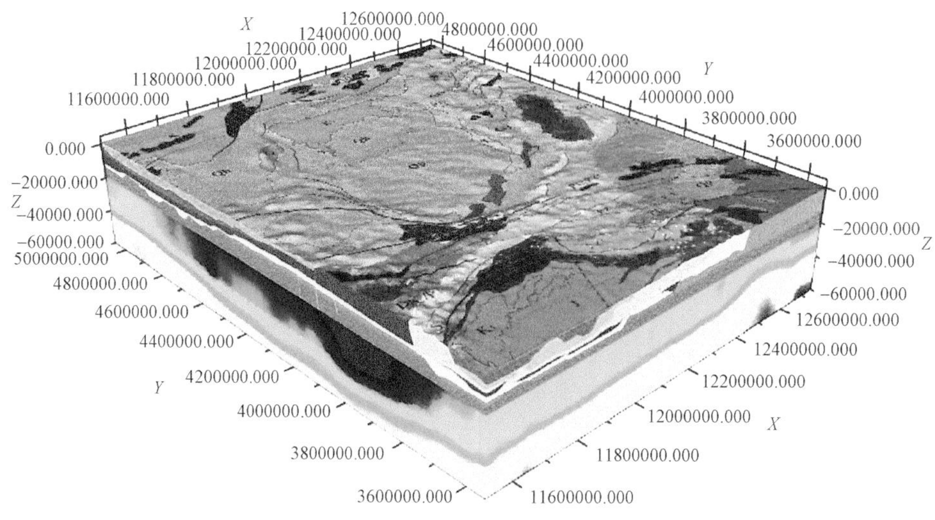


图 6.19　中央造山带与南北构造带交汇区深部结构图

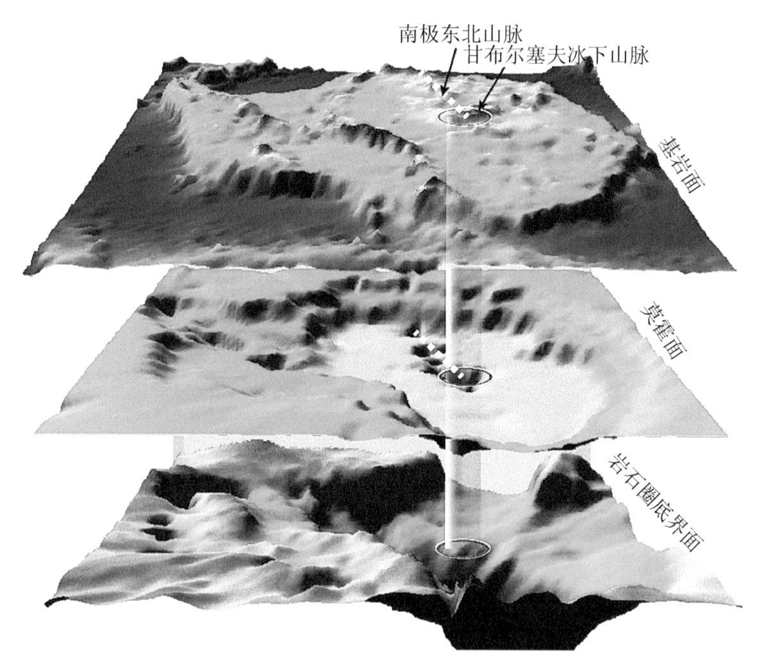


图 6.20　南极板块岩石圈结构（据 An et al.，2016）

2）高分辨率中浅层探测（200 ～ 1000m）与金属矿、煤炭、铀矿、页岩油开采、深层地下空间目标体系。

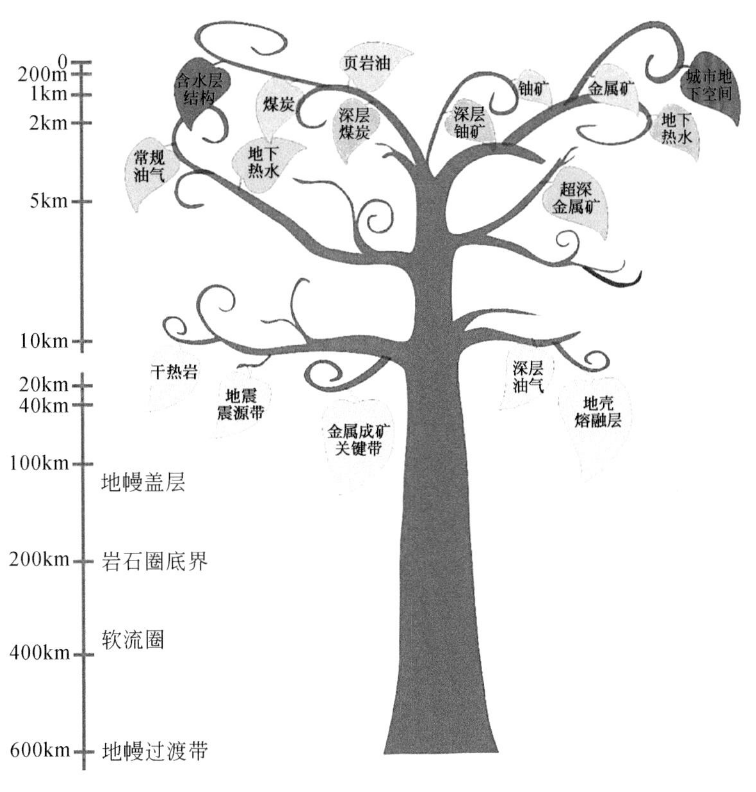


图 6.21　地球深部不同目标体的探测

3）高中分辨率中深层探测（1000 ～ 2000m）与金属矿第二勘查空间、深层煤炭、深层铀矿、地下热水目标体系。

4）中高分辨率中深层探测（2000 ～ 5000m）与常规油气、地下热水、超深金属矿目标体系。

5）中分辨率上地壳探测（5 ～ 10km）与深层油气、干热岩目标体系。

6）中分辨率中地壳（10 ～ 20km）与大陆震中带、地壳熔融层。

7）低分辨率下地壳（20 ～ 40km）与地壳流变带、莫霍面与壳幔过渡带，金属成矿关键带。

8）上地幔盖层 – 岩石圈底界（40 ～ 200km）与板块边界及其俯冲、碰撞、裂解深部结构，控制成山、成盆、成矿、成灾的一级分布。

9）地幔过渡带（400 ～ 600km）与板块循环“加工厂”，浅部地幔柱根带、火山发源地、深部 $CO_2$ 源。

通过上面几个层次的地球探测工作，相信在不久的将来将全面揭示地球深部层圈相互作用、深部物质循环与动力学过程，全面提升地球深部认知水平，揭开地球深部的奥秘。

# 6.4 嫦娥奔月——地质学家的梦想

## 6.4.1 明月几时有？

相传在远古的时候，后羿的妻子嫦娥被逄蒙所逼，无奈之下吃了西王母赐给后羿的一粒不死之药后飞去了月宫。嫦娥的奔月而去，造成后羿的无尽思念。“明月几时有？把酒问青天。……但愿人长久，千里共婵娟。”宋代苏轼这首词充分表达出人们常常将月亮作为对亲人、朋友思念的寄托。

科学家们说，月球是地球唯一的天然卫星，自它诞生 40 多亿年来，从未离开过地球的身旁（图 6.22）。

图 6.22 月球与地球（引自美国 NASA 官网）

探寻月球的奥秘，一直是人类不断追求的梦想。早期神话传说，到后来的望远镜观测，再到 20 世纪 50 年代苏联、日本和欧美发达国家开始对月球的探测和研究，先后发射了多种月球探测器奔向月球，去寻找我们人类共同的梦想。2007 年 10 月 24 日 18 时 5 分，我国的“嫦娥一号”成功发射升空，在圆满完成各项使命后，于 2009 年按预定计划受控撞月，中国也成为第五个发射月球探测器的国家。

这些探测器的升空，积累了大量有关月球表面形貌、地质背景、物质组成、内部结构和表面环境等的数据资料，并陆续编制了各种比例尺的月球地形图、地质图和构造图。这些地质图的编制，帮助我们更加清晰地认识月球的起源与演化。

### 6.4.2　绚丽多彩的月球

通过月球探测器和天文望远镜拍摄的月球表面照片都是灰色的（图 6.23）。中国的地质科学家们应用我国首次月球探测工程所获得的各种数据资料，以及国外其他探月数据，开展了月球撞击坑及溅射堆积物分析，以及岩石类型、地层和构造的划分，年代学和月球演化历史的综合分析，用不同颜色代表月球撞击坑和堆积物的不同类型和时代，并圈定了构造单元，从而编制出了彩色的月球地质图。这些地质图让我们可以更加清晰地认识月球的起源和演化过程。

图 6.23　月球表面特征（引自美国 NASA 官网）

月球地质图的不同地质体是通过月球表面的地貌、陨石坑的形态和压盖关系来划分的。通过 CCD 影像数据，可以看出月球表面存在高原、盆地（如雨海）、山脉（如侏罗山）、陨石撞击坑（如柏拉图坑）和月溪等地貌类型（丁孝忠等，2012）（图 6.24）。其中高原代表了月球最早期物质；盆地代表了早期撞击事件形成的多环盆地（如虹湾），同时也形成了周缘的山脉堆积；陨石撞击坑则代表晚期随着撞击作用的减弱而形成的规模较小的撞击坑。目前月球表面的物质组成除了高原区为原始岩石外，其他地区的物质都是撞击坑形成的陨石残留体和溅射物。依据月球撞击坑大小、形态、充填堆积物的多少和保留的程度等特征，大致可以将撞击坑划分为碗形、中央峰、多环、辐射型、充填、残缺和残余等七种类型，溅射堆积物可划分为月坑内中央峰陨石残体堆积岩或中央峰回落堆积岩组、月坑内中心回落和滑塌堆积岩组、月坑内弧形断块阶梯状堆积岩组、月坑外堤状粗角砾堆积岩组、月坑外细角砾堆积岩组、月坑外辐射纹堆积岩组、月坑内堆积岩组、月坑外堆积岩组、月坑及堆积岩、次生坑及堆积岩和小坑链及堆积岩等十一种类型。

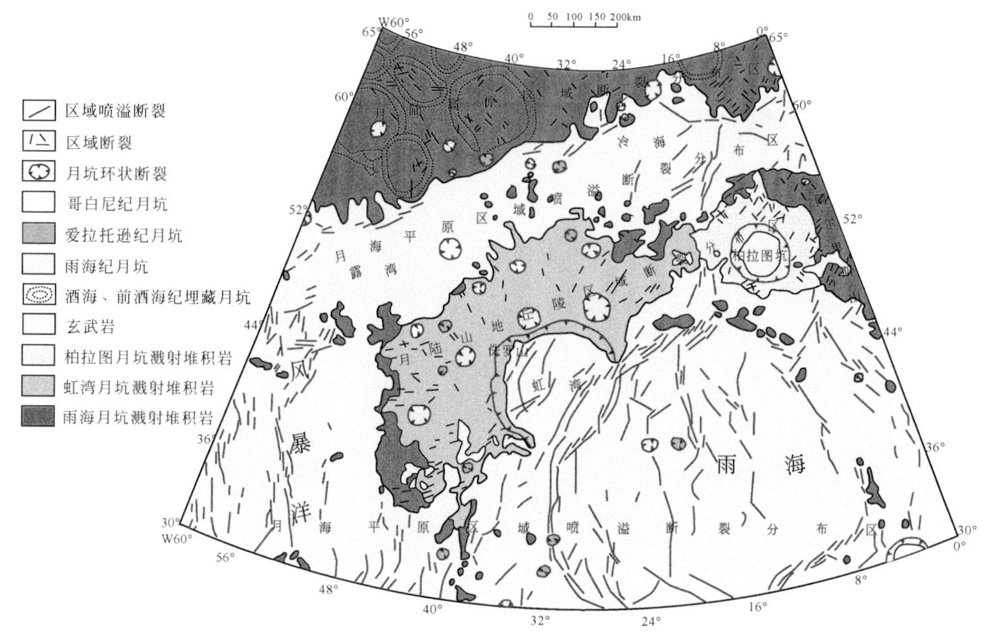


图 6.24　月球虹湾及邻区地质构造图（丁孝忠等，2012）

各类探测数据和极其少量的探测器采获样品和月球陨石样品的研究表明，月球上主要岩石类型为玄武岩。而且同位素测年和化学分析结果表明，不同类型的玄武岩与其喷发活动的时期等有关，所以划分出玄武岩类型也可以为岩石时代提供间接证据。这些玄武岩岩石类型划分的依据主要是通过探测器获取的各类数据中氧化物含量，其中 $TiO_2$ 是重要的参数指标，其含量多少可以反映火山喷发与同化作用的强弱。根据 $TiO_2$ 含量的差异，可以划分出高、中、低三种玄武岩类型，同时也分别对应早、中、晚三个形成阶段。

另外月球表面除了各种地貌类型、物质组成外，还发育有各种断裂构造。根据断裂发育的构造位置和性质，可将断裂系统划分为月海区域喷溢断裂、月坑堆积区区域断裂、月陆区域断裂和月坑断裂系统，其中月坑断裂系统可进一步划分为月坑环形断裂、月坑内弧形断裂和龟裂断裂。

在这些绚丽的地质图中，通过颜色对不同地貌、撞击坑及溅射堆积物、岩石类型和断裂构造的分类表达，可以清楚地看出月球所经历的多彩生命史。虹湾幅地质图上部和中部的红色出露区总体代表了月球最早期的物质组成，而大面积分布的蓝色地区则代表了最早期强烈的陨石撞击残留物质（图 6.24）。而在虹湾和柏拉图等撞击坑四周显示了环带状分布特征，代表了不同类型的溅射堆积物，非常直观地呈现出月球遭受陨石撞击后的壮观景象。而在虹湾周缘的溅射堆积物表面，还有大量绿色的撞击坑，则代表了后期的陨石撞击。所以与地球地质图不同，月球地质图主要呈现的是月球形成后遭受陨石撞击的过程。

### 6.4.3　嫦娥五号预选着陆区地质填图

**1. 地质单元划分及年代确定**

前不久，在我们填图试点项目资助下，中国地质大学（武汉）肖龙教授团队完成了嫦娥五号预选着陆区 1 ： 25 万地质图（Zhao et al.，2017；Qian et al.，2018）。他们通过对嫦娥五号预选着陆区多源遥感数据的解译分析及对以往覆盖该区域地质资料的分析，总结了嫦娥五号预选着陆区内主要地质单元模式年龄及地质时代（表 6.1）。

表 6.1　嫦娥五号预选着陆区内主要地质单元模式年龄及地质年代

| 地质单元代号 | 模式年龄/Ga | 地质年代 | 主要特征 |
| --- | --- | --- | --- |
| Em3 | 1.21 | 晚爱拉托逊世 | 高钛玄武岩，$TiO_2$ 约 3.5% ～ 7%，属高钛月海玄武岩，FeO 较高（16% ～ 18%），在假彩色影像中呈蓝色。撞击构造少，溅射物覆盖范围广，发育少量皱脊 |
| Em2 | 1.51 | 晚爱拉托逊世 | 低钛玄武岩，$TiO_2$ 约 3% ～ 4.5%，FeO 约 15% ～ 16.5%，在假彩色影像中呈蓝紫色。撞击坑密度小，发育少量规模较小、延伸较短的皱脊构造 |
| Em1 | 2.30 | 晚爱拉托逊世 | |
| sd | 约 3.0 | 早爱拉托逊世 | 吕姆克山地区陡峭穹丘物质，在吕姆克山地区共有 7 个陡峭穹丘单元，其中 6 个位于 IR3 吕姆克高原物质内。该单元坡度相对较大（>5°） |
| Im3 | 3.16 | 早爱拉托逊世—晚雨海世 | 极低钛月海玄武岩，$TiO_2$ 约 1.1% ～ 2%，FeO 约 14.5% ～ 16%，在假彩色影像中呈暗紫红色。撞击坑密度大，二次坑密集，溅射物覆盖广 |
| Im2 | 3.39 | 晚雨海世 | 发育数个较大的撞击坑。极低钛玄武岩为主，$TiO_2$ 约 0.8% ～ 2%，FeO 约 13.5% ～ 17%，在假彩色影像中呈橙红色。该单元撞击坑数量多，直径大，东侧被大量二次坑及溅射物覆盖，西侧受二次坑影响较小 |
| Im1 | 3.42 | 晚雨海世 | 低钛玄武岩，$TiO_2$ 约 1.2% ～ 3.2%，FeO 约 14.5% ～ 17.5%，在假彩色影像中呈紫红色。二次坑发育较少 |
| ld | 约 3.5 | 晚雨海世 | 吕姆克山地区低矮穹丘物质，坡度相对较小（<5°），直径从 3 ～ 10km |
| IR3 | 3.51 | 晚雨海世 | 吕姆克高原物质，极低钛玄武岩为主，$TiO_2$ 约 1.2% ～ 2.4%，FeO 约 14% ～ 17.5% |
| IR2 | 3.58 | 晚雨海世 | 吕姆克高原物质，主要为极低钛玄武岩，$TiO_2$ 约 1% ～ 1.9%，FeO 约 13% ～ 16%，发育 5 个低矮穹丘 |
| IR1 | 3.71 | 晚雨海世 | 吕姆克高原物质，$TiO_2$ 约 1.2% ～ 2.8%，FeO 约 13.5% ～ 16.5%，以发育北东东向线性凹陷为特征 |

撞击坑统计定年方法是目前为止对没有月球样品返回地区定年的唯一方法。该方法的原理可以概括为：月球表面自形成以来，不断遭受着撞击作用，越老的区域具有越高的撞击坑密度。标准的月球地质年代表见表 6.2。

表 6.2　月球地质年代表

<table>
<tr><th colspan="3">地质年代</th><th>年龄界线 /Ga</th><th>地质特征</th></tr>
<tr><td rowspan="3">新月宙</td><td colspan="2">哥白尼纪（C）</td><td>0 ～ 0.8</td><td>形成具有辐射纹的新鲜撞击坑</td></tr>
<tr><td rowspan="2">爱拉托逊纪(E）</td><td>晚爱拉托逊纪（E2）</td><td>0.8 ～ 2.8</td><td>形成无辐射纹的撞击坑</td></tr>
<tr><td>早爱拉托逊纪（E1）</td><td>2.8 ～ 3.16</td><td>高钛月海玄武岩喷发</td></tr>
<tr><td rowspan="4">古月宙</td><td rowspan="2">雨海纪（I）</td><td>晚雨海世（I2）</td><td>3.16 ～ 3.80</td><td>剧烈的玄武岩喷发</td></tr>
<tr><td>早雨海世（I1）</td><td>3.80 ～ 3.85</td><td>形成雨海、东海等多环盆地</td></tr>
<tr><td colspan="2">酒海纪（N）</td><td>3.85 ～ 3.92</td><td>形成了酒海盆地等 12 个大型撞击盆地以及严重退化的撞击坑</td></tr>
<tr><td colspan="2">艾肯纪（A）</td><td>3.92 ～ 4.2</td><td>形成了以南极艾肯盆地为代表的 30 个大型撞击盆地</td></tr>
<tr><td>冥月宙</td><td colspan="2">前艾肯纪（pA）</td><td>4.2 ～ 4.56</td><td>斜长质月壳形成</td></tr>
</table>

**2. 地质填图**

预选着陆区地质填图工作在地质单元划分并进行定年的基础上，结合以往覆盖预选着陆区的地质资料完成。地质图的图示图例及填图单元颜色的选择以《行星地质填图指南》和《FGDC 地质图符号化的数字制图标准》为标准，同时参考了美国地质调查局所编制的月球地质图。在颜色的选择上，按照同一地质时代的地质单元色调一致，年龄越老颜色越深（图 6.25）。

**3. 预选着陆区主要地质序列**

通过嫦娥五号预选着陆区 1 ∶ 25 万填图工作，嫦娥五号预选着陆区内主要地质单元及其年龄得到限定，预选着陆区的地质框架及地质序列得以建立。通过预选着陆区地质填图，我们还可以建立该地区的地质演化序列：①月球岩浆洋演化形成了原始长石质月壳。②风暴洋撞击事件挖掘了原始长石质月壳，形成了原始风暴洋。③雨海撞击事件挖掘出了富 Th、U 及 K、稀土元素、P 等不相容元素的 urKREEP 物质，同期形成的溅射物组成了阿尔卑斯建造，分布于嫦娥五号预选着陆区之中。④吕姆克高原物质逐渐喷发，先后形成了 IR1、IR2、IR3 三个单元的火山高原物质。⑤嫦娥五号预选着陆区西部晚雨海世低钛极低钛月海玄武岩单元形成，该玄武岩活动是预选着陆区内最大的岩浆活动。⑥随着月球逐渐冷却收缩，月壳逐渐加厚，玄武岩岩浆房逐渐下降，风暴洋地区玄武岩活动逐渐减弱。风暴洋北部由于 Th、U 等放射性元素和不相容元素富集，其放射性衰变产生了大量热量，这些额外的热量为风暴洋北部年轻的玄武岩活动提供了能量，最终产生了预选着陆区范围内的晚爱拉托逊世高钛玄武岩活动。该玄武岩活动所形成的高钛玄武岩覆盖了预选着陆区的东部大部地区。⑦爱拉托逊纪以来预选着陆区内的岩浆活动逐渐减弱，在预选着陆区东部晚爱拉托逊世高钛月海玄武岩单元之中喷发形成了一火山穹窿。⑧预选着陆区内的火山岩浆活动几乎完全停止，随着空间风化作用和哥白尼纪撞击作用对预选着陆区的改造逐渐形成了嫦娥五号预选着陆区现在的面貌。

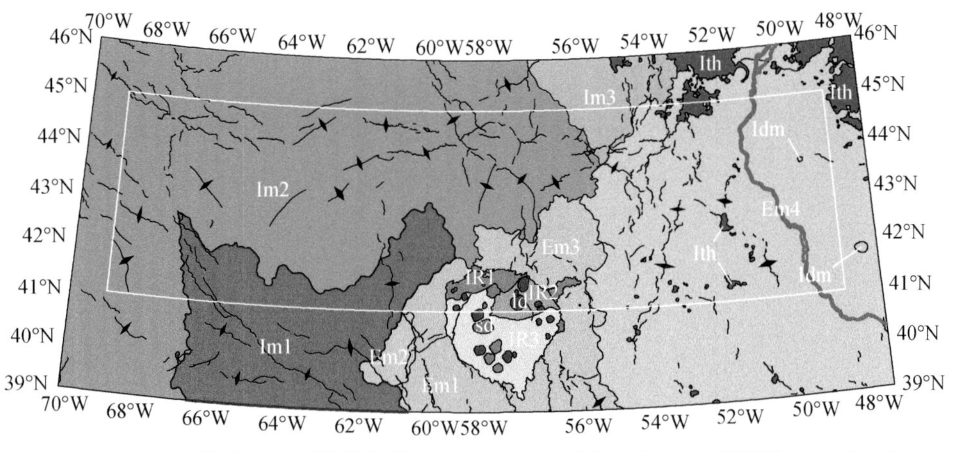


| 地质年代 | 月海物质 | 吕姆克高原物质 | 穹丘物质 | |
|---|---|---|---|---|
| 埃拉托逊纪 | Em4<br>Em3<br>Em2<br>Em1 | | sd | 皱脊<br>月溪<br>高地物质 |
| 雨海纪 | Im3<br>Im2<br>Im1 | IR3<br>IR2<br>IR1 | Id<br>Idm | |

图 6.25　嫦娥五号预选着陆区地质图（兰伯特投影）

### 6.4.4　寻找新的家园

100 多年来，有关月球起源与演化的假说至今仍众说纷纭，难以形成一个统一的说法。争论的焦点在于月球和地月系的起源，月球与地球是独立形成，还是由地球分裂出来的？月球形成时就是地球的卫星，还是在后期的演化中被地球俘获而成为地球卫星的？任何天体都有它形成、发展与衰老的演化过程。月球现今是一个内部能源接近枯竭、内部活动近于停滞的僵死的天体，所以研究月球的起源和演化过程，对于认识我们生存的地球演化过程和生命周期提供了得天独厚的范本（图 6.26）。对了解太阳星云的成分、分馏、凝聚与吸积过程、类地行星的形成与演化、地月系统的形成与演化等也具有重要意义。这些问题将通过我们人类不断绘制更加详细的月球地质图，逐步接近最真实的月球，那会儿我们将能够绘制出一张地球 - 月球惺惺相惜的美好画面。

虽然通过光谱、影像和地形数据编制形成的地质图，可以反映月球表面的基本物质组成和演化过程，但是月球起源与变迁的时代仍然需要直接的岩石样品进行同位素测年

图 6.26　地月一张图（引自美国 NASA 官网）

才能获得，这就需要人类利用月球探测器带回月球的岩石样品或者寻找掉落在地球的月球陨石样品。然而陨石样品是一种可遇而不可求的东西，至 2013 年，已公布发现月球陨石 165 个，总重量 65.2kg，而且绝大多数发现于南极。这些月球陨石样品为人类认识月球的物质组成提供了非常重要的信息，但是仍不足以解决我们对月球的诸多疑问，登月获取样品便成为唯一的途径。

随着地球资源环境的持续恶化，人类必将需要寻找新的资源和能源基地，而月球也成为人类寻找新基地的首选。但是人类首先需要知道月球上有哪些资源将来是可供人类使用的，地质学家必将成为这项事业的开创者。随着航天技术的发达，地质学家有朝一日也将登上月球，就像我们行走在地球上，一个个点，一条条线，脚踏实地地去完成月球地质图。

# 参考文献


安芷生，张培震，王二七，等 . 2006. 中新世以来我国季风－干旱环境演化与青藏高原的生长［J］. 第四纪研究，26（5）：678-693.

白鸽 . 2012. 我对白云鄂博铁铌稀土矿床的研究过程及往见新识［J］. 地质学报，86（5）：679-682.

白志荣，白虹 . 2013. 霍洛柴登古城发现铸钱作坊遗址［J］. 鄂尔多斯文化遗产，（1）：57-58.

蔡克勤，杨长辛 . 1993. 山西运城盐湖开发史及其古代制盐技术成就［J］. 化工地质，15（4）：261-268.

陈发虎，范育新，春喜，等 . 2008. 晚第四纪“吉兰泰－河套”古大湖的初步研究［J］. 科学通报，53（10）：1207-1219.

陈敬安，万国江 . 2000. 洱海近代气候变化的沉积物粒度与同位素记录［J］. 自然科学进展：国家重点实验室通讯，10（3）：253-259.

陈克强 . 2011. 地质图的产生、发展和使用［J］. 自然杂志，33（4）：222-230.

陈文，万渝生，李华芹，等 . 2011. 同位素地质年龄测定技术及应用［J］. 地质学报，85（11）：1917-1947.

陈忠大，龚日祥，罗以达，等 . 2009. 杭州城市地质调查报告［R］. 杭州：浙江省地质调查院 .

初本君，高振操，杨世生，等 . 1988. 黑龙江省第四纪地质与环境［M］. 北京：海洋出版社 .

戴竞波 . 1982. 大兴安岭北部多年冻土地区地温特征［J］. 冰川冻土，4（3）：53-63.

邓辉，夏正楷，王琫瑜 . 2001. 从统万城的兴废看人类活动对生态环境脆弱地区的影响［J］. 中国历史地理论丛，16（2）：104-113.

邓起东，汪一鹏，廖玉华，等 . 1984. 断层崖崩积楔及贺兰山山前断裂全新世活动历史［J］. 科学通报，29（9）：557-560.

邓小林，刘振敏 . 1992. 新疆巴里坤湖的形成与演化［J］. 化工地质，4：17-23.

丁道衡 . 1933. 绥远白云鄂博铁矿报告［J］. 地质汇报，23.

丁林，Maksatbek S，蔡福龙，等 . 2017. 印度与欧亚大陆初始碰撞时限、封闭方式和过程［J］. 中国科学：地球科学，（3）：37-53.

丁孝忠，韩坤英，韩同林，等 . 2012. 月球虹湾幅（LQ-4）地质图的编制［J］. 地学前缘，19（6）：15-24.

丁仲礼，刘东生 . 1989. 中国黄土研究新进展（一）黄土地层［J］. 第四纪研究，（1）：24-35.

丁仲礼，刘东生 . 1991. 1. 8Ma 以来黄土－深海古气候记录对比［J］. 科学通报，（18）：1401-1403.

董树文，李廷栋，高锐，等 . 2010. 地球深部探测国际发展与我国现状综述［J］. 地质学报，84（6）：743-770.

董树文，李廷栋，陈宣华，等 . 2012. 我国深部探测技术与实验研究进展综述［J］. 地球物理学报，55（12）：

3884-3901.

房立民，杨振升 . 1991. 变质岩区 1 ： 5 万区域地质填图方法指南［M］. 武汉：中国地质大学出版社 .

冯文勇 . 2008. 鄂尔多斯高原及毗邻地区历史城市地理研究［D］. 兰州：兰州大学 .

冯小铭，郭坤一，王爱华，等 . 2003. 城市地质工作的初步探讨［J］. 地质通报，22（8）：571-579.

高秉章，洪大卫 . 1991. 花岗岩类区 1 ： 5 万区域地质填图方法指南［M］. 武汉：中国地质大学出版社 .

高星，袁宝印，裴树文，等 . 2008. 水洞沟遗址沉积 - 地貌演化与古人类生存环境［J］. 科学通报，（10）：1200-1206.

葛荣峰，张庆龙，王良书，等 . 2010. 松辽盆地构造演化与中国东部构造体制转换［J］. 地质论评，56（2）：180-195.

耿树方，范本贤 . 2007. 百年来中国地质编图和地质制图发展简史［C］//“中国区域地质调查历史的回顾暨纪念丁文江先生诞辰 120 周年学术研讨会”论文汇编：29-36.

辜平阳，陈瑞明，查显峰，等 . 2016. 高山峡谷区 1 ： 50000 地质填图技术方法探索与实践：以新疆乌什北山为例［J］. 地质力学学报，22（4）：837-855.

辜平阳，陈锐明，胡健民，等 . 2018. 高山峡谷区 1 ： 50000 填图方法指南 . 北京：科学出版社 .

郭东信，李作福 . 1981. 我国东北地区晚更新世以来多年冻土历史演变及其形成时代［J］. 冰川冻土，3（4）：1-16.

郭东信，黄以职，王家澄，等 . 1989. 大兴安岭北部霍拉河盆地地质构造在冻土形成中的作用［J］. 冰川冻土，（3）：215-222.

郭慧秀，贾科利 . 2015. 基于 GIS 的生态脆弱移民区土地资源承载力评价——以红寺堡区为例［J］. 宁夏工程技术，14（4）：375-379.

郭令智，薛禹君 . 1958. 从第四纪沉积物讨论山西汾河与涑水在地貌演化上的关系 . 中国第四纪研究，1（1）：107-115.

郭卫星，漆家福 . 2008. 同沉积褶皱生长地层中沉积与构造关系［J］. 现代地质，22（4）：520-524.

郭兴伟，张训华，王忠蕾，等 . 2012. 从海洋角度看中国大地构造编图进展［J］. 海洋地质与第四纪地质，32（1）：141-150.

何彤慧，王乃昂，李育，等 . 2006. 历史时期中国西部开发的生态环境背景及后果——以毛乌素沙地为例［J］. 宁夏大学学报：人文社会科学版，28（2）：26-31.

何作霖 . 1935. 绥远白云鄂博稀土类矿物初步研究［J］. 中国地质学会志，14（2）：279-282.

胡健民 . 2016. 特殊地区地质填图工程概况［J］. 地质力学学报，22（4）：803-808.

胡健民，陈虹，梁霞，等 . 2017. 特殊地区地质填图技术方法及应用成果［J］. 地质力学学报，23（2）：181.

胡健民，王伟，刘晓春，等 . 2018a. 东南极拉斯曼丘陵地区地质图（1 ： 25000）［Z］. 北京：中国地质科学院地质力学研究所 .

胡健民，王建桥，邱士东，等 . 2018b. 覆盖区区域地质调查技术要求（1 ： 50000）（试行）［S］. 北京：中国地质调查局 .

胡健民，赵越，刘晓春，等 . 2019. 东南极格罗夫山地区地质图（1 ： 50000）［M］. 北京：科学出版社 .

胡晓猛 . 1997. 古汾河在峨嵋台地上的变迁［J］. 安徽师范大学学报（自然科学版），20（2）：154-158.

黄大年，于平，底青云，等 . 2012. 地球深部探测关键技术装备研发现状及趋势［J］. 吉林大学学报：地球科学版，42（5）：1485-1496.

黄桂华，黄立峰. 2010. 生态移民地区跨越式发展的思考——以宁夏吴忠市红寺堡区为例［J］. 贵州民族研究，31（132）：101-105.

黄敬军，魏永耀，姜国庆，等. 2014. 徐州城市地质调查报告［R］. 南京：江苏省地质调查研究院.

贾根，魏永耀，李朗，等. 2020. 宿迁城市地质调查报告［R］. 南京：江苏省地质调查研究院.

贾兰坡. 1955. 山西襄汾县丁村人类化石及旧石器发掘报告［J］. 科学通报，1（23）：23-26.

贾丽云，叶培盛，张绪教，等. 2017. 新构造填图方法探索、应用与实践——以内蒙古呼勒斯太苏木图幅 1 ∶ 5 万填图试点为例［J］. 地质力学学报，23（2）：189-205.

金会军，于少鹏，吕兰芝，等. 2006. 大小兴安岭多年冻土退化及其趋势初步评估［J］. 冰川冻土，28（4）：467-476.

金江军，潘懋. 2007. 近 10 年来城市地质学研究和城市地质工作进展述评［J］. 地质通报，26（3）：366-370.

金旭. 1994. 地幔羽构造论：板块构造后理论发展的新范例［J］. 世界地质，13（1）：35-42.

靳鹤龄，李明启，苏志珠，等. 2006. 220ka 以来萨拉乌苏河流域地层磁化率与气候变化［J］. 中国沙漠，26（5）：680-686.

靳鹤龄，李明启，苏志珠，等. 2007. 萨拉乌苏河流域地层沉积时代及其反映的气候变化［J］. 地质学报，81（3）：307-315.

雷启云，柴炽章，杜鹏，等. 2015. 1739 年平罗 8 级地震发震构造［J］. 地震地质，37（2）：413-429.

李保生，靳鹤龄，祝一志，等. 2004. 萨拉乌苏河流域第四系岩石地层及其时间界限［J］. 沉积学报，22（4）：676-682.

李超岭，杨东来，于庆文. 2002. 数字地质调查与填图技术方法研究［J］. 中国地质，29（2）：214-217.

李恩菊，谢春林. 2010. 统万城废弃的原因分析［J］. 中国沙漠，30（5）：1047-1052.

李国玉，吕鸣岗. 2002. 中国含油气盆地图集［M］. 北京：石油工业出版社.

李海兵，付小方，司家亮，等. 2008. 汶川地震（$M_s$ 8. 0）地表破裂及其同震右旋斜向逆冲作用［J］. 地质学报，82（12）：1623-1643.

李锦轶，王克卓，李亚萍，等. 2006. 天山山脉地貌特征，地壳组成与地质演化［J］. 地质通报，25（8）：895-909.

李烈荣，王秉忱，郑桂森. 2012. 我国城市地质工作主要进展与未来发展［J］. 城市地质，7（3）：1-11.

李秋立. 2015. U-Pb 定年体系特点和分析方法解析［J］. 矿物岩石地球化学通报，34（3）：491-500.

李三忠，曹现志，王光增，等. 2019. 太平洋板块中 - 新生代构造演化及板块重建［J］. 地质力学学报，25（5）：642-677.

李曙光. 2013. 多车型动态交通分配问题研究［M］. 北京：科学出版社.

李四光. 1973. 地质力学概论［M］. 北京：科学出版社.

李天池. 1983. 阿尔卑斯山地的自然环境［J］. 山地研究，1（4）：63-64.

李廷栋. 2004. 中国地质编图的先驱：黄汲清先生［J］. 地质论评，50（3）：240-242.

李廷栋. 2007. 国际地质编图现状及发展趋势［J］. 中国地质，（2）：206-211.

李廷栋. 2013. 当前国际地质编图的一些动态［J］. 地质论评，59（2）：208-216.

李向前，赵增玉，张祥云，等. 2017. 1 ∶ 50000 生祠堂幅地质图［Z］. 北京：中国地质调查局.

李向前，赵增玉，邱士东，等. 2018. 长三角平原区 1 ∶ 50000 填图方法指南［M］. 北京：科学出版社.

李向前，郭刚，盛君，等 . 2019. 泰州城市地质调查报告［R］. 南京：江苏省地质调查研究院 .

李友枝，庄育勋，蔡纲，等 . 2003. 城市地质：国家地质工作的新领域［J］. 地质通报，22（8）：589-596.

李有利，杨景春 . 1994. 运城盐湖沉积环境演化［J］. 地理研究，13（1）：70-75.

李有利，杨景春，苏宗正 . 1994. 运城盆地新构造运动与古河道演变［J］. 山西地震，（1）：3-6.

李有利，傅建利，胡晓猛，等 . 2001. 用黄土地层学方法研究丁村组的时代［J］. 地层学杂志，25（2）：102-106.

李兆鼐，郑祥身，刘小汉，等 . 1996. 南极乔治王岛菲尔德斯半岛和纳尔逊岛斯坦斯伯赖半岛地质图［M］. 北京：地质出版社 .

林年丰，汤洁 . 2003. 第四纪环境演变与中国北方的荒漠化［J］. 吉林大学学报：地球科学版，33（2）：183-191.

刘东生 . 1985. 黄土与环境［M］. 北京：科学出版社 .

刘嘉麒，倪云燕，储国强 . 2001. 第四纪的主要气候事件［J］. 第四纪研究，21（3）：239-248.

刘少峰，张金芳，李忠，等 . 2004. 燕山承德地区晚侏罗世盆地充填记录及对盆缘构造作用的指示［J］. 地学前缘，11（3）：245-254.

刘勇健，李彰明，张丽娟，等 . 2010. 未来新能源可燃冰的成因与环境岩土问题分析 ［J］. 广东工业大学学报，27（3）：83-87.

刘晓彤，叶培盛，张绪教，等 . 2016. 河流沉积分析在浅覆盖第四纪填图中的应用：以内蒙古河套地区 1 ： 50000 填图试点为例 ［J］. 地质力学学报，22（4）：868-881.

刘玉海 . 2001. 城市地质图的特点・编图原则・方法［J］. 工程地质学报，9（1）：17-23.

罗超，彭子成，杨东，等 . 2006. 新疆罗布泊地区的环境演化［J］. 自然杂志，28（1）：37-41.

马晓鸣，何登发，李涤，等 . 2011. 巴里坤盆地晚古生代火山岩年代学及构造演化［J］. 地质科学，46（3）：798-807.

马志邦 . 1997. 巴里坤湖晚第四纪沉积物铀系年龄研究［J］. 科学通报，42（22）：2368-2375.

牛宝贵，和政军，宋彪，等 . 2003. 张家口组火山岩 SHRIMP 定年及其重大意义［J］. 地质通报，22（2）：140-141.

欧阳自远 . 2005. 月球科学概论 . 北京：中国宇航出版社 .

裴文中 . 1958. 山西襄汾县丁村附近 103 地点的哺乳动物化石［J］. 古生物学报，6（4）：359-374.

裴文中，贾兰坡 . 1958. 山西襄汾县丁村旧石器时代遗址发掘报告［M］. 北京：科学出版社 .

彭文彬，聂军胜，宋友桂，等 . 2014. 用锆石 U/Pb 测年技术追踪黄土红黏土物源：进展与展望 ［J］. 海洋地质前沿，30（2）：1-9.

仇保兴 . 2015. 海绵城市（LID）的内涵、途径与展望［J］. 建设科技，1（3）：11-18.

渠洪杰，王猛，余佳，等 . 2016. 北京西山沿河城地区早白垩世火山 - 沉积盆地的充填过程及构造意义［J］. 地质论评，6：1403-1418.

任纪舜，徐芹芹，赵磊，等 . 2015. 寻找消失的大陆［J］. 地质论评，61（5）：969-989.

上田诚也 . 2006. 大陆漂移、海底扩张和板块 / 地幔柱构造［J］. 张永仙，译 . 世界地震译丛，（6）：56-75.

尚彦军，岳中琦，王思敬，等 . 2005. 全风化花岗岩化学及矿物成分在全土和黏粒中的不同表征［J］. 地质科学，40（1）：95-104.

石建省，张翼龙 . 2013. 河套平原地下水资源及其环境问题调查评价报告 ［R］. 石家庄：中国地质科学院水文地质环境地质研究所 .

石建省，张翼龙，李浩基，等 . 2014. 河套平原地下水资源及其环境问题调查评价报告［R］. 石家庄：中国地质科学院水文地质环境地质研究所 .

史念海 . 1980. 两千三百年来鄂尔多斯高原和河套平原农林牧地区的分布及其变迁［J］. 北京师范大学学报：社会科学版，（6）：1-14.

寿嘉华 . 2004. 做好新时期地质编图工作，为我国经济社会可持续发展服务——在全国地质编图委员会成立大会上的讲话［J］. 国土资源通讯，（2）：23-24.

孙东怀，王鑫，李宝锋，等 . 2013. 新生代特提斯海演化过程及其内陆干旱化效应研究进展［J］. 海洋地质与第四纪地质，33（4）：135-151.

孙锋 . 2011. 环境地质调查工作发展史研究［D］. 北京：中国地质大学（北京）.

孙继敏 . 2004. 中国黄土的物质来源及其粉尘的产生机制与搬运过程 ［J］. 第四纪研究，24（2）：175-183.

孙有斌，强小科，孙东怀，等 . 2001. 新近纪以来中国黄土高原的风尘记录［J］. 地层学杂志，25（2）：94-101.

陶奎元，岳文浙，谢家莹，等 . 2003. 南京六合地质公园综合评价［J］. 资源调查与环境，24（2）：115-121.

田世攀，王东明，朱相禄，等 . 2017. 黑龙江 1 ： 5 万望峰公社、太阳沟、壮志公社、二零一工队幅浅覆盖区填图试点报告 ［R］.

万渝生，刘敦一，董春艳，等 . 2009. 中国最老岩石和锆石［J］. 岩石学报，25（8）：1793-1807.

汪海燕，岳乐平，李建星，等 . 2014. 全新世以来巴里坤湖面积变化及气候环境记录［J］. 沉积学报，32（1）：93-100.

汪品先 . 2014. 大洋钻探：钻到海底之下，揭开地球的秘密 ［J］. 文汇报，2014-02-21（12）.

王珥力，刘成林 . 2001. 罗布泊盐湖钾盐资源［M］. 北京：地质出版社 .

王国灿，廖群安，张雄华，等 . 2017. 1 ： 50000 板房沟幅地质图 ［Z］. 北京：中国地质调查局 .

王国灿，陈超，胡健民，等 . 2018. 戈壁荒漠覆盖区 1 ： 50000 填图方法指南［M］. 北京：科学出版社 .

王国灿，张孟，冯家龙，等 . 2019. 东天山新元古代——古生代大地构造格架与演化新认识［J］. 地质力学学报，25（5）：798-819.

王建，陶富海，王益人 . 1994. 丁村旧石器时代遗址群调查发掘简报［J］. 文物世界，（3）：1-75.

王炯，李光云，杨静，等 . 2010. 新疆巴里坤盆地石炭系油气勘探前景［J］. 断块油气田，（3）：293-295.

王弭力，刘成林，焦鹏程 . 2006. 罗布泊盐湖钾盐矿床调查科研进展与开发现状［J］. 地质论评，52（6）：757-764.

王尚义，董靖保 . 2001. 统万城的兴废与毛乌素沙地之变迁［J］. 地理研究，20（3）：347-353.

王苏民 . 1993. 湖泊沉积的信息原理与研究趋势［M］. 北京：海洋出版社 .

王涛，计文化，胡健民，等 . 2016. 专题地质填图及有关问题讨论［J］. 地质通报，（5）：633-641.

王涛，毛晓长，邱士东，等 . 2019. 区域地质调查技术要求（1 ： 50000）［S］. 北京：中国地质调查局 .

王晓琨 . 2011. 内蒙古河套地区秦汉时期城址的分布及类型［J］. 草原文物，2（2）：46-55.

王忠蕾，张训华，温珍河，等 . 2012. 地质编图研究现状及发展方向［J］. 海洋地质前沿，28（1）：21-29.

韦跃龙，王国芝，陈伟海，等 . 2017. 广西浦北五皇山国家地质公园花岗岩景观特征及其形成演化［J］.

热带地理，37（1）：66-81.
位梦华 . 1986. 奇异的大陆：南极洲［M］. 北京：地质出版社 .
魏家庸 . 1991. 沉积岩区 1 ∶ 5 万区域地质填图方法指南［M］. 武汉：中国地质大学出版社 .
魏子新，翟刚毅，严学新，等 . 2010. 上海城市地质图集［M］. 北京：地质出版社 .
温珍河，张训华，郝天珧，等 . 2014. 我国海洋地学编图现状、计划与主要进展［J］. 地球物理学报，57（12）：3907-3919.
翁文灏 . 1928. 热河北票附近地质构造研究［J］. 地质汇报，11：1-23.
吴冲龙，牛瑞卿，刘刚，等 . 2003. 城市地质信息系统建设的目标与解决方案［J］. 地质科技情报，22（3）：67-72.
吴福元，徐义刚，高山，等 . 2008. 华北岩石圈减薄与克拉通破坏研究的主要学术争论［J］. 岩石学报，24：1145-1174.
吴国清 . 2006. 中国旅游地理［M］. 上海：上海人民出版社 .
吴锡浩，王苏民 . 1998. 关于黄河贯通三门峡东流入海问题［J］. 第四纪研究，（2）：186-186.
夏训诚，王富葆，赵元杰 . 2007. 中国罗布泊［M］. 北京：科学出版社 .
新疆维吾尔自治区地质局 . 1967. K-46-4（巴里坤）地质矿产图说明书（上）［Z］.
邢光福，杨祝良，陈志洪，等 . 2015. 华夏地块龙泉地区发现亚洲最古老的锆石［J］. 地球学报，36（4）：395-402.
徐银波 . 2015. 油气之光：松辽盆地的油气勘探史［N］. 中国矿业报，2015-07-23.
许志琴 . 1984. 阿尔卑斯旋回中喜马拉雅山链和阿尔卑斯山链的主要变形特征［J］. 地球学报，（2）：87-98.
许志琴，杨经绥，侯增谦，等 . 2016. 青藏高原大陆动力学研究若干进展［J］. 中国地质，43（1）：1-42.
闫顺，穆桂金，许英勤，等 . 1998. 新疆罗布泊地区第四纪环境演变［J］. 地理学报，65（4）：332-340.
杨杰东，陈骏，饶文波，等 . 2007. 中国沙漠的同位素分区特征 ［J］. 地球化学，（5）：516-524.
杨景春，李有利 . 2005. 地貌学原理 ［M］. 北京：北京大学出版社 .
杨景春，刘光勋 . 1979. 关于“丁村组”的几个问题［J］. 地层学杂志，3（3）：194-199.
杨永梅，杨改河，冯永忠，等 . 2006. 毛乌素沙漠沙化过程探析［J］. 西北农林科技大学学报（自然科学版），34（8）：103-108.
杨岳清，赵芝，王成辉 . 2016. 风化壳离子吸附型稀土矿成矿作用及制约条件［J］. 地质论评，62（B11）：429-431.
姚亦峰 . 2011. 城市景观与风景名胜规划［M］. 南京：南京大学出版社 .
叶良辅 . 1920. 北京西山地质志［J］. 地质专报（甲种），（1）：14-16.
余中元，闵伟，韦庆海，等 . 2015. 松辽盆地北部反转构造的几何特征、变形机制及其地震地质意义：以大安 - 德都断裂为例［J］. 地震地质，37（1）：13-32.
俞鸿年，卢华复 . 1986. 构造地质学原理［M］. 北京：地质出版社 .
喻劲松，荆磊，王乔林，等 . 2016. 特殊地质地貌区填图物化探技术应用［J］. 地质力学学报，22（4）：893-906.
袁林 . 2004. 从人口状况看统万城周围环境的历史变迁：统万城考察札记一则［J］. 中国历史地理论丛，19（3）：144-148.

张伯声 . 1956. 从黄土线说明黄河河道的发育［J］. 科学通报，（3）：8-13.
张宏仁，张永康，蔡向民，等 . 2013. 燕山运动的“绪动”［J］. 地质学报，87（12）：1779-1790.
张洪瑞，侯增谦 . 2015. 大陆碰撞造山样式与过程：来自特提斯碰撞造山带的实例［J］. 地质学报，89（9）：1539-1559.
张进，曲军峰，张庆龙，等 . 2018. 基岩区构造地质填图方法思考、实践、探索［J］. 地质通报，37（2-3）：192-221.
张培善，陶克捷 . 1986. 白云鄂博矿物学［M］. 北京：科学出版社 .
张铁安，张昱，韩松山 . 2018. 黑龙江区域地质调查与片区总结（送审稿）［R］.
张宗祜 . 1989. 中国黄土［M］. 北京：地质出版社 .
章雨旭，江少卿，张绮玲，等 . 2008. 论内蒙古白云鄂博群和白云鄂博超大型稀土－铌－铁矿床成矿的年代［J］. 中国地质，35（6）：1129-1137.
赵越，杨振宇，马醒华 . 1994. 东亚大地构造发展的重要转折［J］. 地质科学，29（2）：105-119.
赵越，崔盛芹，郭涛，等 . 2002. 北京西山侏罗纪盆地演化及其构造意义［J］. 地质通报，21（4-5）：211-217.
赵越，徐刚，张拴宏，等 . 2004. 燕山运动与东亚构造体制的转变［J］. 地学前缘，11（3）：319-328.
赵增玉，陈火根，潘懋，等 . 2014. 基于 GOCAD 的宁芜盆地云台山地区三维地质建模［J］. 地质学刊，38（4）：652-656.
郑绵平 . 2010. 中国盐湖资源与生态环境［J］. 地质学报，84（11）：1613-1622.
郑翔，吴志春，张洋洋，等 . 2013. 国外三维地质填图的新进展［J］. 东华理工大学学报：社会科学版，32（3）：397-402.
中国科学院地球化学研究所 . 1998. 白云鄂博矿床地球化学［M］. 北京：科学出版社 .
周青硕 . 2017. 河套地区全新世黄河古河道迁移演化规律及其成因机制［D］. 北京：中国地质大学（北京）.
庄育勋，杜子图，李友枝 . 2003. 支撑城市可持续发展的地质调查工作［J］. 地质通报，22（8）：563-570.
Allen J R L. 1970. Sediments of the modern Niger Delta: a summary and review ［J］. Society of Economic Paleontologists and Mineralogists Special Publication, 15：138-151.
An M J，Douglas A W，Zhao Y. 2016. A frozen collision belt beneath ice: an overview of seismic studies around the Gamburtsev Subglacial Mountains，East Antarctica ［J］. Advances in Polar Science，27（2）：78-89.
Annan A P，Davis J L. 1976. Impulse radar sounding in permafrost ［J］. Radio Science，11（4）：383-394.
Bergmann M，Mützel S，Primpke S，et al. 2019. White and wonderful? Microplastics prevail in snow from the Alps to the Arctic［J］. Science Advances，5（8）：eaax1157.
Blockley S P E，Lane C S，Hardiman M，et al. 2012. Synchronisation of palaeoenvironmental records over the last 60,000 years，and an extended INTIMATE1 event stratigraphy to 48,000 b2k ［J］. Quaternary Science Reviews，36：2-10.
Bowler J M，Chen K Z，Yuan B Y. 1987. Systematic variations in loess source areas：evidence from Qaidam and Qinghai basins，western China ［M］// Liu T S. Aspects of Loess Research . Beijing：China Ocean Press：39-51.
Bristow C S，Augustinus P C，Wallis I C，et al. 2010. Investigation of the age and migration of reversing

dunes in Antarctica using GPR and OSL, with implications for GPR on Mars [J]. Earth and Planetary Science Letters, 289 (1-2): 30-42.

Caporali A, Aichhorn C, Barlik M, et al. 2009. Surface kinematics in the Alpine Carpathian Dinaric and Balkan region inferred from a new multi-network GPS combination solution [J]. Tectonophysics, 474 (1): 295-321.

Carlson R L, Christensen N I, Moore R P. 1980. Anomalous crustal structures in ocean basins: continental fragments and oceanic plateaus [J]. Earth and Planetary Science Letters, 51 (1): 171-180.

Chao E C T. 1997. The sedimentary carbonate-hosted giant Bayan Obo REE-Fe-Nb ore deposit of Inner Mongolia, China: a cornerstone example for giant polymetallic ore deposits of hydrothermal origin [M]. US Government Printing Office.

Chernicoff S, Whitney D. 2007. Geology: an introduction to physical geology[M]. 4th ed. London: Pearson Prentice Hall.

Coon J B, Fowler J C, Schafers C J. 1981. Experimental uses of short pulse radar in coal seams [J]. Geophysics, 46 (8): 1163-1168.

Cosgrove R B, Milanfar P, Kositsky J. 2004. Trained detection of buried mines in SAR images via the deflection-optimal criterion [J]. IEEE Transactions on Geoscience and Remote Sensing, 42 (11): 2569-2575.

Cunningham D, Owen L A, Snee L W, et al. 2003. Structural framework of a major intracontinental orogenic termination zone: the easternmost Tien Shan, China [J]. Journal of the Geological Society, 160 (4): 575-590.

Dal Piaz G V, Bistacchi A, Massironi M. 2003. Geological outline of the Alps [J]. Episodes, 26 (3): 175-180.

Davis G A, Cong W, Yadong Z, et al. 1998. The enigmatic Yinshan fold-and-thrust belt of northern China: new views on its intraplate contractional styles [J]. Geology, 26 (1): 43-46.

Davis J L, Annan A P. 1989. Ground penetrating radar for high-resolution mapping of soil and rock stratigraphy [J]. Geophysical Prospecting, 37: 531-551.

Deng Q, Sung F, Zhu S, et al. 1984. Active faulting and tectonics of the Ningxia-Hui Autonomous Region, China [J]. Journal of Geophysical Research, 89: 4427-4445.

Derbyshire E, Meng X M, Kemp R A. 1998. Provenance, transport and characteristics of modern aeolian dust in western Gansu Province, China, and interpretation of the Quaternary loess record [J]. Journal of Arid Environments, 39: 497-516.

Dickins J M, Choi D R, Yeates A N. 1992. Past distribution of oceans and continents [C]//Chatterjee S, Hotton N. New Concepts in Global Tectonics. Lubbock: Texas Tech University Press: 193-199.

Dickson G O, Pitman III W C, Heirtzler J R. 1968. Magnetic anomalies in the South Atlantic and ocean floor spreading [J]. Journal of Geophysical Research, 73 (6): 2087-2100.

Dietz R S. 1961. Continent and ocean basin evolution by spreading of the sea floor [J]. Nature, 190 (4779): 854-857.

Dong S, Zhang Y, Zhang F, et al. 2015. Late Jurassic-Early Cretaceous continental convergence and

intracontinental orogenesis in East Asia: a synthesis of the Yanshan Revolution [J]. Journal of Asian Earth Sciences, 114: 750-770.

Dong Y, Zhang G, Neubauer F, et al. 2011. Tectonic evolution of the Qinling orogen, China: review and synthesis [J]. Journal of Asian Earth Sciences, 41 (3): 213-237.

Drew L J, Meng Q R, Sun W J. 1990. The Bayan Obo iron-rare-earth-niobium deposits, Inner Mongolia, China [J]. Lithos, 26 (1-2): 43-65.

Duo J, Wen C Q, Guo J C, et al. 2007. 4. 1 Ga old detrital zircon in western Tibet of China [J]. Chinese Science Bulletin, 52 (1): 23-26.

El-Said M A H. 1956. Geophysical prospection of underground water in the desert by means of electromagnetic interference fringes [J]. Proceedings of the IRE, 44 (1): 24-30.

Fan H R, Yang K F, Hu F F, et al. 2016. The giant Bayan Obo REE-Nb-Fe deposit, China: controversy and ore genesis [J]. Geoscience Frontiers, 7 (3): 335-344.

Grenerczy G, Sella G, Stein S, et al. 2005. Tectonic implications of the GPS velocity field in the northern Adriatic region [J]. Geophysical Research Letters, 32 (16): L16311.

Heezen B C, Ewing M, Miller E T. 1953. Trans-Atlantic profile of total magnetic intensity and topography, Dakar to Barbados [J]. Deep Sea Research, 1 (1): 25-33.

Heirtzler J R, Le Pichon X. 1965. Crustal structure of the mid-ocean ridges: 3. Magnetic anomalies over the mid-Atlantic ridge [J]. Journal of Geophysical Research, 70 (16): 4013-4033.

Heirtzler J R, Dickson G O, Herron E M, et al. 1968. Marine magnetic anomalies, geomagnetic field reversals, and motions of the ocean floor and continents [J]. Journal of Geophysical Research, 73 (6): 2119-2136.

Hendrix M S, Dumitru T A, Graham S A. 1994. Late Oligocene-early Miocene unroofing in the Chinese Tian Shan: An early effect of the India-Asia collision [J]. Geology, 22 (6): 487-490.

Hess H. 1962. History of ocean basins [C] //Engeln A, James H, Leonard B. Petrologic Studies-A Volume in Honor of A. F. Buddington. New York: Geological Society America: 599-620.

Hsü K J. 1978. When the black sea was drained [J]. Scientific American, 238: 53-63.

Hsü K J, Ryan W B F, Cita M B. 1973. Late Miocene desiccation of the Mediterranean [J]. Nature, 242 (5395): 240-244.

Hsü K J, Montadert L, Bernoulli D, et al. 1977. History of the Mediterranean salinity crisis [J]. Nature, 267 (5610): 399-403.

Hu J, Zhao Y, Liu X, et al. 2010. Early Mesozoic deformations of the eastern Yanshan thrust belt, northern China [J]. International Journal of Earth Sciences, 99 (4): 785-800.

Hu J, Ren M, Zhao Y, et al. 2016. Source region analyses of the morainal detritus from the Grove Mountains: evidence from the subglacial geology of the Ediacaran-Cambrian Prydz Belt of East Antarctica [J]. Gondwana Research, 35: 164-179.

Hussong D M, Fryer P. 1981. Structure and tectonics of the Mariana arc and forearc: drillsite selection surveys [G] // Hussong D M, Uyeda S, et al. Initial Reports of the Deep Sea Drilling Project, Vol. 60, U.S. Govt. Printing Office, Washington, D.C., 33-44.

Korhonen J V, Fairhead J D, Hamoudi M, et al. 2007. Magnetic anomaly map of the world, scale 1 ∶ 50,000,000 1st edition ［M］. Paris：Commission for Geological Map of the World，UNESCO.

Le Bas M J，Kellere J，Kejie T，et al. 1992. Carbonatite dykes at bayan Obo，inner Mongolia，China ［J］. Mineralogy and Petrology，46（3）：195-228.

Le Pichon X，Heirtzler J R. 1968. Magnetic anomalies in the Indian Ocean and sea-floor spreading ［J］. Journal of Geophysical Research，73（6）：2101-2117.

Lin A M，Rao G，Hu J M，et al. 2013. Reevaluation of the offset of the Great Wall associated with the ca. M 8. 0 Pingluo earthquake of 1739，Yinchuan graben，China ［J］. Journal of Seismology，17（4）：1281-1294.

Lin A M，Hu J M，Gong W B. 2015. Active normal faulting and the seismogenic fault of the 1739 M ~ 8. 0 Pingluo earthquake in the intracontinental Yinchuan Graben，China ［J］. Journal of Asian Earth Sciences，114：155-173.

Liu J，Wang R，Zhao Y，et al. 2019. A 40,000-year record of aridity and dust activity at Lop Nur，Tarim Basin，northwestern China ［J］. Quaternary Science Reviews，211：208-221.

Liu K，Levander A，Zhai Y，et al. 2012. Asthenospheric flow and lithospheric evolution near the Mendocino Triple Junction ［J］. Earth and Planetary Science Letters，323：60-71.

Meng Q R，Hu J M，Jin J Q，et al. 2003. Tectonics of the late Mesozoic wide extensional basin system in the China-Mongolia border region ［J］. Basin Research，15（3）：397-415.

Meyer M C，Faber R，Spötl C. 2011. Speleothems and mountain uplift ［J］. Geology，39（5）：447-450.

Molnar P，Stock J M. 2009. Slowing of India’s convergence with Eurasia since 20 Ma and its implications for Tibetan mantle dynamics ［J］. Tectonics，28（3）：1-11.

Morey R M. 1974. Continuous subsurface profiling by impulse radar ［C］. // Proc. Spec. Conference on Subsurface Exploration for Underground Excavation and Heavy Construction，ASCE，New York，213-232.

Morey R M. Continuous subsurface profiling by impulse radar，conference on subsurface exploration for underground excavation and heavy construction ［J］. American Society of Civil Engineer：213-232.

North Greenland Ice Core Project Members. 2004. High resolution climate record of the Northern Hemisphere reaching into the last Glacial Interglacial Period ［J］. Nature，431：147-151.

Nur A，Ben-Avraham Z. 1982. Oceanic plateaus，the fragmentation of continents，and mountain building ［J］. Journal of Geophysical Research：Solid Earth，87（B5）：3644-3661.

Patterson C. 1956. Age of meteorites and the earth ［J］. Geochimica et Cosmochimica Acta，10（4）：230-237.

Pfiffner O A. 2005. The Alps ［J］. Encyclopedia of Geology，16（1）：125-135.

Pitman W C，Heirtzler J R. 1966. Magnetic anomalies over the Pacific-Antarctic ridge ［J］. Science，154（3753）：1164-1171.

Pumpelly R. 1866. Geological researches in China，Mongolia and Japan during the year 1862-1865 ［J］. Smithsonian Contributions to Knowledge，202：38-39.

Qian Y Q，Xiao L，Zhao S Y，et al. 2018. Geology and scientific significance of the Rümker region in northern Oceanus Procellarum：China’s Chang’E-5 landing region ［J］. Journal of Geophysical Research：Planets，123：1407-1430.

Rao G，Lin A，Yan B. 2015. Paleoseismic study on active normal faults in the southeastern Weihe Graben，central China［J］. Journal of Asian Earth Sciences，114：212-225.

Rao G，Chen P，Hu J，et al. 2016. Timing of Holocene paleo-earthquakes along the Langshan Piedmont Fault in the western Hetao Graben，North China：Implications for seismic risk［J］. Tectonophysics，677：115-124.

Richthofen F V. 1882. On the mode of origin of the loess［J］. Geological Magzine，9（2）：293-305.

Sandweiss D H，Kelley A R，Belknap D F，et al. 2010. GPR identification of an early monument at Los Morteros in the Peruvian coastal desert［J］. Quaternary Research，73（3）：439-448.

Sengör A M C，Natal in B A. 1996. Turkic-type orogeny and its role in the making of the continental crust［J］. Annual Review of Earth and Planetary Sciences，24（1）：263-337.

Sengör A M C，Natal in B A，Burtman V S. 1993. Evolution of the Altaid tectonic collage and Palaeozoic crustal growth in Eurasia［J］. Nature，364（6435）：299.

Smith D G，Jol H M. 1995. Ground penetrating radar：antenna frequencies and maximum probable depths of penetration in Quaternary sediments［J］. Journal of Applied Geophysics，33（1-3）：93-100.

Tu G，Zhao Z，Qiu Y. 1985. Evolution of Precambrian REE mineralization［J］. Precambrian Research，27（1-3）：131-151.

Waite A H，Schmidt S J. 1962. Gross errors in height indication from pulsed radar altimeters operating over thick ice or snow［J］. Proceedings of the IRE，50（6）：1515-1520.

Wang C C，Chi Y S. 1933. The coal field of Mentoukou，West of Peiping［J］. Bulletin of the Geological Society of China：399-413.

Wang J P，Shen M M，Hu J M，et al. 2015. Magnetostratigraphy and its paleoclimatic significance of PL02 borehole in the Yinchuan Basin［J］. Journal of Asian Earth Sciences，114：258-265.

West J D，Fouch M J，Roth J B，et al. 2009. Vertical mantle flow associated with a lithospheric drip beneath the Great Basin［J］. Nature Geoscience，2（6）：439.

Wilde S A，Valley J W，Peck W H，et al. 2001. Evidence from detrital zircons for the existence of continental crust and oceans on the Earth 4. 4 Gyr ago［J］. Nature，409（6817）：175.

Willis B，Blackwelder E，Sargent R H. 1907. Research in China［M］. Washington：Press of Gibson Brothers.

Wilson J N，Gader P，Lee W H，et al. 2007. A large-scale systematic evaluation of algorithms using ground-penetrating radar for landmine detection and discrimination［J］. IEEE Transactions on Geoscience and Remote Sensing，45（8）：2560-2572.

Wong W H. 1927. Crustal movements and igneous activities in Eastern China since Mesozoic time［J］. Bulletin of the Geological Society of China，6（1）：9-37.

Wong W H. 1929. The Mesozoic Orogenic Movement in Eastern China［J］. Bulletin of the Geological Society of China，8（1）：33-44.

Xiao W，Huang B，Han C，et al. 2010. A review of the western part of the Altaids：a key to understanding the architecture of accretionary orogens［J］. Gondwana Research，18（2-3）：253-273.

Yang J H，Wu F Y，Shao J A，et al. 2006. Constraints on the timing of uplift of the Yanshan Fold and Thrust Belt，North China［J］. Earth and Planetary Science Letters，246（3-4）：336-352.

Yang X，Lai X，Pirajno F，et al. 2017. Genesis of the Bayan Obo Fe-REE-Nb formation in Inner Mongolia，north China craton：a perspective review［J］. Precambrian Research，288：39-71.

Yin A，Nie S，Craig P，et al. 1998. Late Cenozoic tectonic evolution of the southern Chinese Tian Shan［J］. Tectonics，17（1）：1-27.

Zekollari H，Huss M，Farinotti D. 2019. Modelling the future evolution of glaciers in the European Alps under the EURO-CORDEX RCM ensemble［J］. The Cryosphere Discussions，13：1125-1146.

Zhang S H，Zhao Y，Li X H，et al. 2017a. The 1. 33-1. 30 Ga Yanliao large igneous province in the North China Craton：Implications for reconstruction of the Nuna（Columbia）supercontinent，and specifically with the North Australian Craton［J］. Earth and Planetary Science Letters，465：112-125.

Zhang S H，Zhao Y，Liu Y. 2017b. A precise zircon Th-Pb age of carbonatite sills from the world’s largest Bayan Obo deposit：implications for timing and genesis of REE-Nb mineralization［J］. Precambrian Research，291：202-219.

Zhang Z，Sun J，Tian Z，et al. 2016. Magnetostratigraphy of syntectonic growth strata and implications for the late Cenozoic deformation in the Baicheng Depression，Southern Tian Shan［J］. Journal of Asian Earth Sciences，118：111-124.

Zhao J N，Xiao L，Qiao L，et al. 2017. The Mons Rümker volcanic complex of the Moon：a candidate landing site for the Chang’E-5 mission：geology of Lunar Mons Rümker region［J］. The Journal of Geophysical Research Planets，122：1419-1442.

Zhu D C，Zhao Z D，Niu Y L，et al. 2011. Lhasa Terrane in southern Tibet came from Australia［J］. Geology，39：727-730.

Zhu D C，Zhao Z D，Niu Y，et al. 2013. The origin and pre-Cenozoic evolution of the Tibetan Plateau［J］. Gondwana Research，23（4）：1429-1454.

Zhu X，Sun J，Pan C. 2015. Sm-Nd isotopic constraints on rare-earth mineralization in the Bayan Obo ore deposit，Inner Mongolia，China［J］. Ore Geology Reviews，64：543-553.